深空探测技术前沿系列

Modeling and
Simulation of Spacecraft
Control System

航天器控制系统
建模与仿真

朱圣英 崔平远 徐 瑞 著

高等教育出版社·北京

内容提要

　　航天器工程是一项高风险、高复杂度而又高精度的系统工程，在研制航天器控制系统的过程中，系统建模与仿真是一个不可缺少的重要环节并贯穿始终，它是验证和优化系统设计的重要手段。本书基于作者团队多年教学实践和科研成果，侧重介绍航天器控制系统建模与仿真的基本概念和基本理论，同时也给出了典型对象的动力学与控制系统理论模型和具体的仿真实现。前 8 章主要介绍航天器控制系统数学建模仿真方法，进而对半物理仿真和全物理仿真的相关技术进行讲解；后 4 章以月球着陆、火星接近、小天体绕飞等深空探测任务为例，结合前面提出的理论模型和设计思想，给出了航天器控制系统建模与仿真的应用案例。

　　本书可作为飞行器设计、控制类专业的本科生和研究生的教学用书，也可作为相关专业科研工作者的参考用书。

图书在版编目（CIP）数据

　　航天器控制系统建模与仿真 / 朱圣英，崔平远，徐瑞著 . -- 北京：高等教育出版社，2021.7
　　ISBN 978-7-04-056050-3

　　Ⅰ. ①航… 　Ⅱ. ①朱… ②崔… ③徐… 　Ⅲ. ①航天器－飞行控制系统－系统建模②航天器－飞行控制系统－系统仿真 　Ⅳ. ① V448.2

　　中国版本图书馆 CIP 数据核字（2021）第 078220 号

HANGTIANQI KONGZHI XITONG JIANMO YU FANGZHEN

策划编辑	张　冉	责任编辑　张　冉	封面设计　李树龙	版式设计　童　丹
插图绘制	邓　超	责任校对　窦丽娜	责任印制　韩　刚	

出版发行	高等教育出版社	咨询电话	400-810-0598
社　　址	北京市西城区德外大街 4 号	网　　址	http://www.hep.edu.cn
邮政编码	100120		http://www.hep.com.cn
印　　刷	涿州市星河印刷有限公司	网上订购	http://www.hepmall.com.cn
开　　本	787mm×1092mm　1/16		http://www.hepmall.com
印　　张	16.5		http://www.hepmall.cn
字　　数	290 千字	版　　次	2021 年 7 月第 1 版
插　　页	4	印　　次	2021 年 7 月第 1 次印刷
购书热线	010-58581118	定　　价	96.00 元

本书如有缺页、倒页、脱页等质量问题，请到所购图书销售部门联系调换
版权所有　侵权必究
物料号　56050-00

前　　言

  航天器工程是一项高风险、高复杂度而又高精度的系统工程。在研制航天器控制系统的过程中，系统建模与仿真是一个不可缺少的重要环节并且贯穿始终，它是验证和优化系统设计的重要手段。航天器控制系统仿真技术是建立在控制理论、计算技术和相似原理基础上的一门综合性很强的新技术学科。计算技术是仿真系统的关键部分，其核心是计算机控制系统和处理系统。航天器控制系统仿真规模庞大、结构复杂，与电子学、光学、精密机械等有着非常密切的联系。

  本书是作者团队在多年教学实践和科研成果的基础上形成的结晶，撰写过程中也参考了国内外多篇重要文献。本书既侧重航天器控制系统建模与仿真的基本概念和基本理论，又着重介绍了典型对象的动力学与控制系统理论模型和具体的仿真实现。本书本着重思想、重应用的理念，考虑到实际工作的需要，注重工程应用，可作为飞行器设计、控制类专业本科生和研究生的教学用书，也可作为相关专业科研工作者的参考用书。

  本书共 12 章：前 8 章主要介绍航天器控制系统数学建模仿真方法，进而对半物理仿真和全物理仿真的相关技术进行介绍；后 4 章以月球着陆、火星接近、小天体绕飞等深空探测任务为例，结合前面提出的理论模型和设计思想，给出了 4 个航天器控制系统建模与仿真的应用案例。第 1 章介绍了航天器控制系统仿真的基本概念以及仿真在航天器系统研制中的作用。第 2 章对航天器轨道动力学建模进行了介绍，并以近地卫星为对象，给出了轨道动力学仿真实例。第 3 章在介绍航天器姿态动力学模型的基础上，给出了刚体航天器姿态动力学仿真实例。第 4 章针对航天器测量敏感器的工作特点，着重介绍了太阳敏感器、地球敏感器、恒星敏感器、光学相机、激光测距仪等的测量原理与模型。第 5 章则针对执行机构的工作特点，着重介绍了推力器、飞轮、磁力矩器等系统的组成与工作原理，并给出了建模实例。第 6 章主要讨论了数学仿真原理及相关方法和计算机辅助设计分析方法。第 7 章围绕航天器物理仿真，对半物理仿真、全物理仿真系统的构成与原理进行了讲述，并对运动仿真器、目标仿真器进行了介绍。第 8 章对仿真计算机的特点、需求和发展趋势进行了讨论，并着重介绍了两种实时仿真计算机。第 9 章针对航天器姿态确定与控制，给出了星敏感器和速率陀螺联合定姿方法以及反作用飞轮姿态稳定控制方法，并对相关算法进行了仿真分析。第 10 章建立了月球软着陆轨道动力学模型，介绍了径向最优轨迹和燃耗次优的多项式显式制导律，并在此基础上进行了月球软着陆制导控制仿真及分析。第 11 章围绕火星接近段的任务特点，设计了自主光学观测方案，给出了基于预测制导的轨道控制算法，进行了火星探测器接近段轨道确定和控制的仿真分析。第 12 章针对小天体绕飞光学导航的仿真验证需求，构建了光学导航半物理仿真实验系统，并开展了半物理仿真实验与分析。

　　本书前 8 章主要由朱圣英、崔平远撰写；后 4 章主要由朱圣英、徐瑞撰写。本书在撰写过程中参考了其他同志的有关著作和文献，在此致以崇高的敬意和衷心的感谢！作者的学生修义、隋志辉、赵春城、景钰杰、杨贺、杨哲、刘璟等协助完成了书中部分内容的整理和校对工作，在此表示感谢！

　　感谢北京理工大学"特立教材"出版基金对本书出版的资助。

　　由于科学技术的不断发展和作者水平有限，书中难免存在疏漏与不足之处，恳请广大读者不吝指正。

作者

2020 年 11 月于北京

目　　录

第 1 章 概　　论

系统建模与仿真技术在各类应用需求的牵引及有关学科技术的推动下，已经发展形成了综合性的专业技术体系，并迅速地发展为一项通用性、战略性技术。它与高性能计算一起，正成为继理论研究和实验研究之后第三种认识、改造客观世界的重要手段。目前，系统建模与仿真技术已成为航空航天、信息、生物、材料、能源、先进制造等高新技术和工业、农业、商业、教育、军事、交通、社会、经济、医学、娱乐等众多领域广泛采用的一项技术。航天器控制系统的设计是一个庞大、烦琐的过程，考虑到经济性、安全性以及高效性等工程要求，仿真技术在航天器控制系统设计与研制中起着不可替代的作用。

1.1　仿真的基本概念与特点

科学实验是人类认识世界和改造世界的重要手段，进行科学实验有两种途径可循：一是在客观世界的原型上进行，例如飞机或火箭的飞行实验；二是用原型的代替物（模型）做实验，例如风洞实验。用模型做实验进行科学研究的方法称为仿真。

从一般意义上讲，系统仿真可以理解为在对一个已经存在或尚不存在但正在开发的系统进行研究的过程中，为了了解系统的内在特性，必须进行一定的实验；而由于系统不存在或其他一些原因，无法在原系统上直接进行实验，只能设法构造既能反映系统特征又符合系统实验要求的系统模型，并在该系统模型上进行实验，以达到了解或设计系统的目的。

仿真技术综合集成了计算机、网络、图形图像、多媒体、软件工程、信息处理、自动控制、系统工程等多个高技术领域的知识。仿真技术是以相似原理、模型理论、系统技术、信息技术以及仿真应用领域的有关专业技术为基础，以计算机系统以及与应用相关的物理效应设备和仿真器为工具，利用模型对已有的或设想的系统进行研究、分析、实验与运行的一门多学科的综合性技术。

仿真作为一门技术在 20 世纪下半叶得到迅猛发展，主要是由于其具有如下特点。

（1）可操作性。对于有些事物，人类尚无法控制它们的发生或停止（例如，大到宇宙的变化、自然环境的更替,小到质子与电子之间的相互作用),但在仿真实验中却很容易地对事物模型加以控制,并可以多次进行重复实验。

(2)可观测性。有些研究对象或过于庞大(例如社会现象),或距离太远(例如深空探测),或变化太慢(例如天体环境的改变),或极具危险性(例如森林火灾),人们很难直接进行观测,但在模型上做仿真实验却容易做到。

(3)经济性。在原型上做实验常常要付出高昂的代价(例如导弹的打靶实验),而在模型上做实验(仿真)则省钱、省力、省时间。

(4)预测性。有时人们希望通过实验验证自己的某些想法(例如某项工程方案的设计),由于事物尚未出现,无法在原型上做实验,但可利用模型进行仿真实验。

仿真不仅可以研究简单事物的局部性质,还可以研究复杂系统的整个动态变化过程,提供全过程的信息。仿真较之理论和实际实验,具有良好的可控性(时间比例尺和模型实验)、非破坏性、安全性、经济性、高效性、不受外界条件限制、允许多次重复和应用广泛等特点。

目前,仿真已广泛应用于工程技术领域(如水利、化工、电力、航空、航天等)与非工程技术领域(如管理、经济、军事等),并取得了良好的效果。在国防系统和国民经济的各个领域,仿真技术的应用正在获得日益明显的社会效益和经济效益。航天器工程是一项高风险、高投入、高复杂度而又高精度的系统工程。在研制航天器控制系统的过程中,仿真是一个不可缺少的环节并贯穿整项工程的始终[1]。

1.2　航天器控制系统及其构成

航天器在空间的运动包括轨道运动和姿态运动。轨道运动是指航天器随其质心的平动。姿态运动是指航天器绕其质心的转动。所有在轨道上工作的航天器都具有某种形式的控制系统,以满足飞行任务对航天器的轨道运动或姿态运动或二者兼有的要求。对于绝大多数航天器来说,在其执行任务期间,轨道和姿态都有严格的要求。例如:通信卫星要求其天线波束始终覆盖地球某个区域;天文卫星要求其镜头对准某个天体;深空探测器在巡航飞行阶段要求其对日定向,以保证星上电源能量的充足。航天器大都采用既有轨道控制功能又有姿态控制功能的控制系统,常称为航天器姿态和轨道控制系统,也称为航天器运动控制系统。轨道确定与控制和姿态确定与控制有时有共用的敏感器和执行机构[2]。

无论是轨道控制还是姿态控制，都有非自主和自主两种方式。依赖于地面测轨且由地面决策并发出控制指令的控制方式称为非自主控制。非自主控制系统由航天器上的设备和对航天器进行跟踪测轨、姿态确定、计算、发送指令的地面设备组成。绝大多数近地卫星轨道控制常采用星–地大回路控制，属于非自主控制方式。由地面站精确定轨常常需要多次航天器过顶时的观测数据，地面站的大型计算机利用最优估计方法对雷达测量的历史数据进行处理，得到轨道参数，航天器在地面站以外时的位置和速度则要靠外推得到。

不依赖于地面设备而完全由航天器上的仪器设备独立完成轨道确定和姿态确定并发出控制指令的控制方式称为自主控制。航天器自主控制的关键是自主轨道确定和自主姿态确定。若航天器的轨道参数完全由星上测轨设备来确定，且该设备的工作不依赖于地球上或其他外界的导航与通信设备，那么这种轨道确定或者说导航就是自主的。自主导航是自主轨道控制的前提条件和关键所在。自主导航要求航天器自身具有高精度实时定轨的能力。航天器自主导航的方法有天文导航、惯性导航、光学–惯性组合导航、陆标跟踪系统等。姿态测量就是利用航天器上的姿态敏感器获得包含航天器姿态信息的物理量（电压、电流或其他信息）；姿态确定就是对航天器姿态测量数据进行处理，给出航天器的姿态参数。姿态测量和姿态确定是姿态控制的前提，常把实现姿态测量和姿态确定的那部分系统统称为姿态测量系统，它是姿态控制系统的组成部分。在自主姿态控制系统中，姿态测量和姿态确定都由航天器自主完成。

无论是航天器轨道的制导与导航系统还是姿态的确定与控制系统，从部件的角度来看，都可以分为敏感器（测量）、控制器（信息处理）、执行机构（改变航天器的运动状态）和作为控制对象的航天器本体四大部分；而航天器的运动总是离不开地球、太阳、月亮、恒星、大气等空间环境对它的影响，它们组成一个复杂的动力学系统[3]。典型航天器控制系统的构成和工作原理如图 1–1 所示。

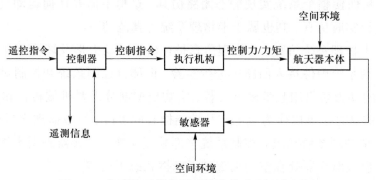

图 1–1 典型航天器控制系统的构成和工作原理

敏感器是获取航天器轨道、姿态空间状态信息并输出与空间状态参数呈函数关系的电信号的星上装置。敏感器一般包括光学导航相机、激光测距仪、红外地球敏感器、太阳敏感器、星敏感器、磁强计、陀螺和加速度计等。控制器的功能是由模拟逻辑或数字计算机实现控制规律或控制对策,把星上敏感器和执行机构连接起来,从而完成对航天器的控制任务。随着计算机技术的发展,绝大部分航天器搭载星载计算机,星载计算机不仅能完成轨道姿态确定和控制所需的计算任务,而且具有自检测试、故障诊断和处理功能,还可以通过地面遥控通道注入数据,进行轨道根数及控制参数的更新,甚至在轨重新编程,因此大大提高了控制系统的可靠性,增加了系统的灵活性。可用的执行机构有喷气发动机、动量轮、反作用飞轮、控制力矩陀螺、磁力矩器、重力梯度杆等。航天器控制执行机构依据产生力/力矩的原理分为质量排出式、动量交换式和环境场式三种类型。通过相应地配置几个同类型的执行机构或相应地组合不同类型的执行机构,可以使航天器控制系统获得多种不同的控制手段,有助于优化设计和提高可靠性。

对航天器控制系统进行仿真首先要建立整个系统的数学模型或物理模型,然后在模型上做实时或非实时、数学或物理的各种实验。

1.3 航天器控制系统仿真的分类

根据所介入模型的不同,航天器控制系统仿真可以分为以下四种。

(1)计算机仿真,也称为全数学仿真。应用计算机构造与实际系统相符合的数学模型来进行实验和研究,关键是建立满足实验目的所要求的数学模型。

(2)静态闭路仿真。航天器姿态动力学、传感器和执行机构采用数学模型,控制器采用实物。数学模型与实物之间有一个接口装置,通过它产生模拟信号和负载,从而使整个系统实现静态闭路仿真。这里不需要任何运动模拟器,但是可以进行实时仿真,其也属于半物理系统仿真范畴。

(3)半物理系统仿真。半物理仿真是在仿真的动力学及环境条件下将部分或全部控制系统硬件接入回路中进行实验,但部分控制系统和控制对象(航天器本体)的动力学仍用数学模型代替。实物模型部分需要机械转台和目标模拟器。这种仿真方法可以作为星上产品性能检验的手段,可以做到定量仿真。

(4)全物理系统仿真。控制系统全部采用实物,航天器采用实物模型,即由气浮台模拟航天器处在空间失重和无摩擦状态下的姿态运动。

以上四种系统仿真类型与实际姿态控制系统的关系如表 1-1 所示。这四种仿真类型基本上分属于三种级别的仿真水平[4]：第一级为数学仿真；第二级为半物理仿真（第二类和第三类皆是）；第三级为全物理仿真。就仿真深度和水平而言，一级比一级复杂和逼真。图 1-2 表示这三级仿真的水平和相互关系。由于全物理仿真目前还受气浮台技术的限制，满足不了高精度、长寿命航天器系统定量仿真的要求，因此对于某些航天器控制系统，有时还要求通过模型飞行实验才能最后定型。

表 1-1　系统仿真类型与实际姿态控制系统的关系

实际姿态控制系统	系统仿真类型			
	计算机仿真 （全数学仿真）	静态闭路仿真	半物理系统仿真	全物理系统仿真
对象动力学	数学模型	数学模型	数学模型、实物模型 （伺服机械转台）	实物模型 （气浮台）
姿态敏感器	数学模型	数学模型	实物	实物和目标模拟器
控制器 （星上计算机）	数学模型	实物	实物	实物
执行机构	数学模型	数学模型	数学模型	实物

1.3.1　数学仿真

数学仿真就是在计算机上对系统的数学模型进行实验。航天器控制系统数学仿真通常与控制系统计算机辅助分析相结合，完成航天器轨道动力学的时域仿真和控制系统的频域分析。

航天器数学仿真主要包括以下内容：

（1）空间环境模型仿真，包括地球引力场、磁场、空气动力学、太阳辐射压力、日 – 月 – 地摄动等仿真；

（2）航天器轨道动力学及制导与导航系统仿真；

（3）航天器姿态动力学与控制系统仿真，包括三轴稳定卫星姿态确定与控

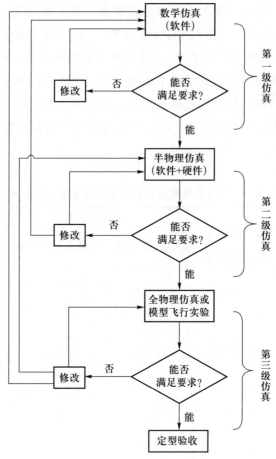

图 1-2 三级仿真流程示意图

制系统仿真、自旋卫星姿态确定与控制系统仿真、多刚体系统动力学分析及控制仿真、带晃动液体贮箱及大型挠性附件卫星的姿态确定与控制系统仿真、返回卫星的姿态确定与控制系统仿真等。

数学仿真最关键的问题是建立能精确反映系统性能的数学模型。建立系统数学模型有两种方法，即理论建模和实验建模。复杂的动力学系统建模常常需要两种方法并用。依据理论建立的数学模型不仅需要通过实验来获取有关参数，也有待于通过实验进行验证和修正。复杂航天器的结构一般由主刚体、挠性附件（大型天线和太阳帆板）和带有晃动液体的燃料贮箱组成，系统高度复杂，很难得到精确的理论模型并求解，总在一定的假设条件下对其数学模型进行简化，这就使验模工作显得十分重要。通过测量航天器在轨运行参数来验证和修正航天器的数学模型是最为有效的方法，但难度颇大。

1.3.2　半物理仿真

航天器控制系统半物理仿真就是动力学应用数学模型的非数学仿真。半物理仿真是在仿真的动力学及环境条件下将部分或全部控制系统硬件接入回路中进行实验，但部分控制系统和控制对象（航天器本体）的动力学仍用数学模型代替。虽然数学仿真可以得到航天器在不同参数组合和初始条件下的性能结果，但是半物理仿真仍然是航天器研制中一个十分重要的环节。这是由于：

（1）一个实际系统其结构相当复杂，数学模型很难精确地概括其全部细节，有时某些细节的局部误差可能使系统性能发生质的变化，在这种情况下，数学仿真虽然取得了满意的结果，但在半物理仿真时则有可能发现其误差大大超出了设计要求或者发现新的问题。

（2）某些环境（如温度变化）或干扰（如电磁干扰）对部件性能的影响很难建立准确的数学模型，由此引起的系统性能的改变也只能通过实验发现。

（3）研制过程中粗心大意造成的错误（如敏感器或执行机构极性装反）是不能通过数学仿真被发现的，却很容易在半物理仿真中被发现并纠正。

（4）对于一个已研制出来的复杂航天器，在其上天之前，非常有必要对其控制系统做出综合性能的定量评价。为了实现某种指标，实验过程中常常对控制系统的硬件或软件参数进行局部修改，而半物理仿真则是系统性能鉴定和优化设计的一种手段。

对于不同的应用目的，半物理仿真有不同的实验规模和表现形式，基本上可分为计算机在回路仿真、控制系统电性能综合测试和敏感器/控制器在回路仿真三种。半物理仿真要求将控制系统的硬件接入回路，需要有一系列仿真设备的支持。这些设备主要包括运动仿真器、目标仿真器、仿真计算机、实验测控设备和接口等。

1.3.3　全物理仿真

在航天器控制系统研制中，全物理仿真特别适用于对象动力学数学模型不够成熟、尚未确认的情况。此时半物理仿真不能满足要求，应用全物理仿真对控制系统方案进行验证是十分必要的。除了航天器控制系统全物理仿真，还有机械系统全物理仿真，例如太阳电池翼等机构展开的测试实验和交会对接中对接机构的测试实验都应用了全物理仿真技术。

全物理仿真是航天器研制中特有的一种仿真方法，它利用单轴气浮台或三轴气浮台来模拟航天器在外层空间的无阻尼运动。与半物理仿真相比，全物理仿真不需要仿真计算机的参与，航天器动力学和运动学的仿真完全由气浮台来实现。气浮台是一个无动力、无摩擦的设备，它靠高压气体浮起。当高压气体从底座通入时，在空气轴承与轴承座之间形成一层气膜，使台体浮起实现无摩擦相对运动。全物理仿真实验要求气浮台（包括其搭载物）与实际航天器具有相等的惯量，或者两者的惯量比等于实验时的执行机构控制力矩与实际航天器的执行机构控制力矩之比。三轴气浮台实验可以模拟航天器三轴耦合运动，特别适用于验证带有飞轮或控制力矩陀螺的航天器控制系统性能。这类系统的控制力矩通常都很小，为了使气浮台的不平衡力矩不至于影响实验精度，需要对气浮台的静态平衡做严格调整。在实验过程中，台体的质心可能由于喷气、温度变化等原因而产生漂移，要使整个实验过程保持这样小的不平衡度，显然难度很大。为了减小空气动力对实验精度的影响，最好将气浮台放在真空罐里进行实验。

全物理仿真主要用来研究难以建立精确数学模型的部件对控制系统性能的影响，例如飞轮的干摩擦、斜装轮的三轴耦合、太阳帆板的挠性等。但是要为系统构造一套全物理模型并不是一件简单的事，尤其是复杂系统，将耗费巨大的投资，周期也很长[1]。

1.4　航天器控制系统仿真的功能

仿真技术和系统仿真手段可以应用到航天器整个研制过程中，包括预研阶段和航天器发射以后的运行阶段。归纳起来，可以把航天器控制系统仿真的功能分述如下[5]。

1）系统优化设计

应用数学仿真可以对控制系统进行各种各样的研究和优化设计，特别是在方案预研和方案设计阶段。利用数学仿真可以进行控制系统方案选择、方案论证和参数寻优，也就是所谓的优化设计。图 1-3 为应用数学仿真对航天器控制系统进行优化设计的流程。图中第一个方块表示研究对象 —— 控制系统。首先根据仿真目的和所关心的问题建立数学模型，然后根据数学模型进行计算机程序设计，如果应用计算机辅助设计并和数据库结合起来，则程序设计就变成对各种子程序和数据库进行编排与组合。

航天器控制系统采用计算机辅助设计时应建立两种软件包：一种是工具软件包，应具有通用性，可以与一般控制工程所用的工具包结合起来；另一种是

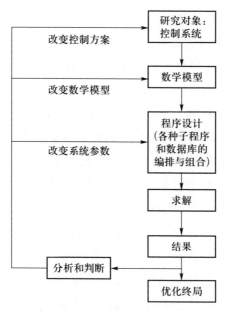

图 1-3 应用数学仿真对航天器控制系统进行优化设计的流程

对象（用户）软件包，应根据航天器控制特点建立，该软件包包括刚体和挠性体姿态动力学、各种空间扰动力矩（气动力矩、磁力矩、重力梯度力矩、太阳辐射力矩等）模型、各种运动学和坐标转换等数学模型及相应计算程序。

利用图 1-3 所示的流程计算任何一个复杂航天器的控制系统都是非常方便和省时的，很快可以得到所需结果，然后再根据计算结果进行分析和判断。为了达到最优设计，可能要改变系统参数、改变数学模型，甚至改变控制方案。这些计算过程进行得很快，而改变参数又可以通过计算机自动进行。这就是优化设计，它与那种单纯对方程式求解的传统设计方法有着本质上的不同。采用仿真手段后，航天器控制系统的设计水平有了质的飞跃。

系统数学仿真有实时和非实时两种。若要求数学仿真与下一步的半物理仿真具有一致性，即要求数学模型与相应实物具有互换性，则数学仿真要求实时进行，否则非实时也可以。

2）控制方案验证

通过全物理仿真开展航天器控制系统方案验证和技术可行性研究。以采用飞轮的姿态控制为例，世界上许多国家都通过气浮台进行全物理仿真实验，从而验证控制系统方案的正确性。下面列举了验证的具体问题：

（1）对具有偏置动量轮的姿态控制系统，验证各轴动量耦合特性、姿态稳定性能、章动和章动阻尼特性。

（2）当零动量反作用飞轮低速运行时，特别是过零时，其轴承摩擦力矩将严重影响姿态精度。通过气浮台仿真实验，对这些摩擦力矩可以进行适当补偿，从而有效地提高姿态精度。

（3）对于框架动量轮和控制力矩陀螺来说，要验证框架挠性和轴承摩擦力矩对姿态控制的影响，确定消除办法，此外，还要验证动量管理和操作方案。

（4）验证飞轮和框架饱和的卸载机理及卸载过程对姿态精度的影响。

（5）对于采用双框架动量轮控制姿态的可行性和优越性，已经在多次三轴气浮台全物理仿真实验中得到验证。

（6）验证应用飞轮的新姿态控制方案和新的控制结构，例如具有冗余度的斜装轮和可控偏置动量轮系统（一个动量轮和两个反作用飞轮），通过三轴气浮台全物理仿真实验使这些新结构很快得到了应用。

（7）验证利用可变程序星上计算机控制飞轮三轴稳定的硬件和软件的正确性。

通过气浮台进行全物理仿真具有重要作用，它是方案论证和功能验证不可缺少的工具。数学仿真不能完全代替全物理仿真，应该利用这两者不同的特点，相互补充、相互配合，以获取更精确的、更可靠的仿真结果。

3）产品性能检验

产品性能检验通常是系统研制完成后和航天器发射前在半物理或全物理仿真实验室内进行，通过实验结果定量或半定量地对系统的性能做出评价。如果实验后对系统进行了较大修改，则要反复进行验证仿真。采用物理仿真手段对航天器控制系统各阶段产品性能进行闭路验收。

4）故障分析模拟

为了提高可靠性及可使用性，航天器通常配备多种冗余部件，系统具有可重构功能。由于故障表现的多样性，对在轨航天器故障的判断仍然是一个难题，仿真是解决这个问题的一条重要途径，既可以采用全数学仿真，也可以采用半物理仿真。故障仿真可分为故障预想仿真和故障对策仿真。前者在航天器发射之前进行，对航天器运行时可能发生的各种故障加以设想，并利用一定的办法生成某种（硬件和／或软件）故障，在实验室里进行仿真，仿真结果存入数据库，一旦航天器在轨运行时出现故障，便可与这些结果进行对比，判断故障原因。后者是当航天器在轨运行期间发生故障时，用仿真的手段重现故障现象，确定故障部位，并对排除故障或挽救措施的对策进行仿真。

5）部件动态实验

应用仿真技术可为研制新姿态控制部件进行符合空间条件的闭路动态实验,从而减少或代替飞行实验。例如,应用三轴机械转台和星光模拟器对星敏感器进行闭路动态实验,利用三轴气浮台对所研制的磁悬浮飞轮进行全物理仿真实验。这些手段都大大缩短了研制周期,提高了产品质量和可靠性。在某种意义上,航天器控制系统仿真可以代替一部分飞行实验的作用。

6）操作和宇航员训练仿真

航天器分为载人与不载人两种。前者如航天飞机和载人飞船,都要通过仿真来对宇航员进行训练。这与通过飞行仿真器对飞机驾驶员进行训练是类似的。但是与飞行驾驶员的训练仿真相比,宇航员的训练仿真是更加复杂和更加重要的。

1.5 航天器研制流程及仿真的作用

航天器的研究阶段可划分为概念研究、方案论证、初样研制、正样研制四个阶段[6]。概念研究是正式开展航天器研制前的一个阶段。首先要完成系统概念评审或可行性关键评审,然后根据用户需求或预测的卫星发展趋势提出要研制航天器的总体技术性能指标,还要对这些性能指标进行深入的分析,提出可以实现的技术途径、需要解决的关键技术、应预先研究的课题、需要增加的新设施和新设备、需要的研制经费和研制周期等。方案论证的主要工作是根据研制任务书确定航天器的性能指标和使用要求,结合材料、元器件、工艺技术水平等条件,选出一个整体优化的总体方案。另外,对需要采用的新技术、新材料等影响方案实现的关键项目要开展预先研究,并进行原理性实验或模型实验[7]。初样阶段完成地面实验所需的工程样星研制,包括电性星、热控星和结构星等。通过开发包括检验软件在内的各种设备和测试用例,测试航天器各种功能与性能是否满足要求。正样研制阶段是研制能够飞行的正式航天器。当制造出正式产品后,要进行鉴定实验和验收实验等。

图 1-4 为航天器控制系统的研制流程,从图中可以看出,航天器研制各阶段甚至在轨运行均离不开仿真,仿真是验证和优化系统设计的重要手段[1,8]。

（1）方案预研阶段。根据下达任务的要求,若需要采用新的控制方案或者新的控制原理,则需要进行气浮台全物理仿真实验,其关键是解决控制方案原理性是否可行。这里所说的新的控制方案是相对的,对于某些控制方案,虽然它不完全是新的，但是人们对它的把握性很小，这时仍然应该把它当成新的控制方案来处理。

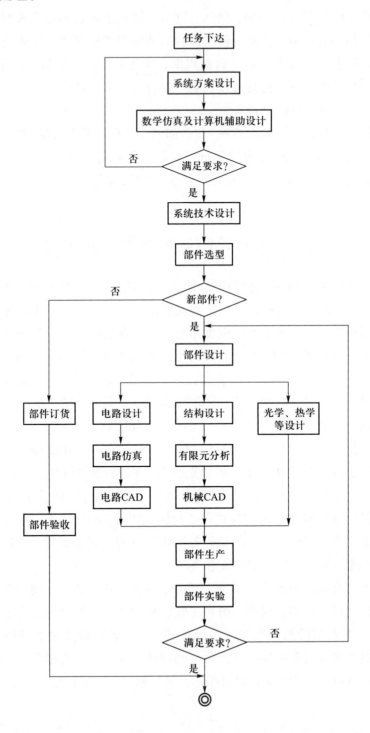

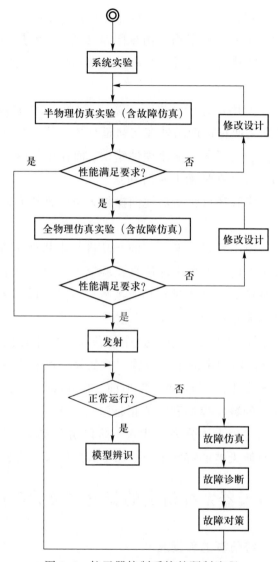

图 1-4 航天器控制系统的研制流程

如果方案预研阶段仅是属于选择性的方案论证工作，也就是根据下达任务可以采用使用过的方案，一般只进行非实时数学仿真，从数学仿真结果比较各种方案的优缺点。

（2）方案设计阶段。根据预研阶段所确定的方案进行方案技术设计，主要任务是确定分系统或部件技术性能指标。这个阶段要求进行实时数学仿真，因为这些数学模型和相应软件要与将来的硬件相对应，也就是说，将来可以用任一部分的硬件取代相应的数学模型，直到整个控制系统的硬件都接入，从而进行全面半物理仿真实验。

（3）初祥阶段。主要进行半物理仿真闭路实验，一般是把初样控制硬件接入仿真系统。这里以闭路形式进行系统电性能测试实验，它比开路实验更能说明问题。

（4）正样阶段。使用正样产品进行与第三阶段（初样阶段）一样的半物理仿真实验。主要差别是使正样产品处在与轨道环境一样的条件下进行仿真闭路实验。其重要性不在于发现和纠正原理性错误，而在于暴露系统中存在的隐患和可靠性低的薄弱环节并在地面上及时纠正。

这个阶段的仿真实验还可包括对地面操作人员的训练和对某些假想故障对策的仿真实验。

（5）发射阶段。使用发射技术状态的产品进行半物理仿真实验，其内容和要求与第四阶段（正样阶段）半物理仿真实验基本一样，只是实验时间可以缩短一些，但是要求每颗卫星都要进行仿真实验，不能取样，这是为了保证发射星每颗都处在相同的质量可靠性水平上[9]。

（6）航天器发射后的仿真实验。这个阶段主要集中在两个方面：① 故障对策模拟，包括根据传输回来的遥测数据寻找故障原因和排除故障的对策与措施；② 进行飞行数据处理，并与原来（发射前）的仿真实验做对比，从而对研制航天器的各有关部门的数学模型和性能指标进行技术鉴定。

航天器整个研制过程大体分为上述六个阶段仿真实验。当然，可以根据具体航天器的情况和对航天器的特殊要求，加重或减轻某些方面的仿真实验。

1.6　航天器系统仿真的新发展及关键技术

1.6.1　航天器系统仿真的新发展

随着计算机技术、通信技术、信息技术的发展，仿真技术也出现了一系列新的课题，并逐步应用于实际[1,10-11]。

1）可视化仿真

可视化仿真是一种面向图形对象和算法对象连接的仿真方法，通过图形可以选择仿真的对象和参数以及相应的算法，经过连接成为一个完整的仿真系统，并产生图形输出，从而大大增加了仿真的直观性和透明度。

2）多媒体仿真

多媒体计算机不仅可以处理数据和字符，而且可以处理图形、图像、影像、声音和动画。在仿真中引入多媒体使整个仿真效果变得有声有色，令人产生深刻的印象，例如用三维动画描述卫星全姿态捕获或两个飞船的交会对接过程，可以清楚地看见整个过程的每一细节，帮助设计人员更好地理解和发现技术问题（如卫星的帆板遮挡太阳、目标在敏感器视场之外、交会对接过程中两个卫星发生碰撞等）。

3）虚拟现实仿真

虚拟现实技术在航天仿真中具有诱人的前景，尤其是在载人空间飞行器和操作手的训练仿真中几乎成为不可缺少的部分。由于人接入仿真回路，必须给人提供一种近似于真实环境的感受，而虚拟现实技术是一种最有效和最灵活的方法。

4）分布交互仿真

分布交互仿真是采用协调一致的结构、标准、协议和数据库，通过局域网、广域网使分散在各地的仿真设备实现交互，并可人为参与交互作用的一种综合环境仿真形式。航天工程是一个复杂的大系统。航天器本身由制导、导航与控制分系统，通信分系统，指令和数据处理分系统，电源分系统，热控分系统，结构和机构分系统等多个子系统组成。各个分系统都相当复杂，且相互之间也有联系，它们分布在不同的地域进行设计、生产和实验，并配备了各种大型高精度仿真设备。有时即使是在同一个分系统内（例如制导、导航与控制分系统），其现有的仿真设备也是分散的。分布交互仿真是将它们组织起来进行实验研究的一种有效手段。

5）定性仿真

与基于建立精确数学模型的定量仿真不同，定性仿真专门处理具有模糊性、不确定性，或系统过于复杂、知识不完备的对象仿真。航天器的研制、运行和管理有许多地方与上述特征相似，因此用定性仿真的手段开展研究具有十分重大的经济价值与社会价值。例如已被人们普遍关注的航天器故障诊断、故障隔离、故障修复和系统重构方面的问题，可采用定性仿真与定量仿真相结合的方法来研究。

1.6.2 航天器仿真涉及的关键技术

在航天器仿真技术发展的过程中，涉及若干关键技术需要解决，主要包括多物理场耦合复杂系统建模技术，虚拟飞行实验设计、验证技术，仿真模型校核、辨识及修正技术，航天器仿真共性支撑技术等[12-15]。

1）多物理场耦合复杂系统建模技术

多物理场耦合复杂系统建模就是要研究航天器在真实工作环境中的物理模型问题，即总体 – 气动 – 控制耦合、气动力 – 热耦合、气动力 – 热 – 结构耦合、力 – 热 – 结构 – 控制（伺服）耦合，以及多体运动、复杂结构等建模问题。面对这种复杂的多物理耦合关系，通过建模来刻画或描述航天器实际飞行状态的物理行为，提高仿真验证的准确度。

2）虚拟飞行实验设计、验证技术

基于航天器仿真实验平台进行航天器飞行包络的数学及半物理仿真实验，即航天器虚拟飞行实验。虚拟飞行实验可对飞行器性能、技术指标和综合效能进行评估，同时虚拟飞行实验通过多学科、多物理场耦合建模和高效能仿真等技术，实现多维度、全系统、全剖面、全流程的飞行模拟仿真，并通过偏差状态组合、故障模式注入仿真，对系统的鲁棒性、健壮性进行综合评估，最大限度地在飞行前验证设计的正确性，并挖掘系统的潜在风险。构建层次化的虚拟飞行实验应用体系，将大子样虚拟实验与小子样地面实验和飞行实验等结合，实现仿真实验、地面实物实验、飞行实验的逐级验证和修正，提高虚拟仿真实验的真实性，最终形成虚实结合的航天器总体性能验证和评估体系。

3）仿真模型校核、辨识及修正技术

仿真模型校核、辨识及修正也是航天器仿真需要解决的关键技术之一。要解决这个问题：首先需要对仿真模型进行物理及数学层次的验模，确保模型符合航天器的主要物理特征；其次通过对实物产品地面实验数据的分析，进一步验证/修正仿真模型；最后根据实际飞行实验数据进行分析对比，开展模型参数辨识，评估仿真模型的正确性，并进一步完善和修正仿真模型。通过这些手段，可以将地面仿真的数据和飞行数据作为武器评估的一个重要依据，从而减少飞行实验的风险。

4）航天器仿真共性支撑技术

航天器仿真共性支撑技术主要包括异构软件协同技术、仿真环境支撑技术和虚拟环境技术三部分。异构软件协同技术主要研究多学科协同建模与仿真的方法，通过异构软件和模型的协同技术建立协同仿真模型集成框架，实现多学科异构仿真模型的多机并发协同仿真。仿真环境支撑技术主要研究基于分布式计算环境、高性能计算环境、半物理仿真环境的多学科、一体化、分布式、协同仿真模型的运行支撑平台。虚拟环境技术是指对自然环境和人为对抗环境的仿真建模，进而模拟环境效应的虚拟现实、可视化技术等。

　　此外，现代信息技术的迅猛发展也为航天器仿真带来了新的机遇和挑战。例如，基于数值算法和并行技术的高效仿真建模方法、CPU 与 GPU 异构的高性能计算加速技术、云计算的系统仿真优化技术等为航天器仿真技术的迅速发展提供了可能。

参 考 文 献

[1] 刘良栋. 卫星控制系统仿真技术 [M]. 北京: 中国宇航出版社, 2003.

[2] 杨嘉墀. 航天器轨道动力学与控制 [M]. 北京: 中国宇航出版社, 1995.

[3] 包为民. 对航天器仿真技术发展趋势的思考 [J]. 航天控制, 2013, 31(2): 4-8.

[4] 王精业, 张小超. 仿真器的现状与发展 [J]. 系统仿真学报, 2005, 17(4): 879-880.

[5] 林来兴. 工程仿真技术在航天器控制系统中的应用 [J]. 信息与控制, 1985(3): 38-44.

[6] 胡峰, 孙国基. 航天仿真技术的现状及展望 [J]. 系统仿真学报, 1999, 11(2): 83-88.

[7] 周前祥, 曲战胜. 航天仿真技术的研究综述 [J]. 合肥工业大学学报 (自然科学版), 2001, 24(z1): 655-657.

[8] 赵晨光, 郑昌文. 航天仿真技术综述 [J]. 军事运筹与系统工程, 2009, 23(3): 78-80.

[9] 张新邦. 航天器半物理仿真应用研究 [J]. 航天控制, 2015, 33(1): 77-83.

[10] 李松青. 航天器控制系统通用仿真技术研究 [D]. 长沙: 国防科学技术大学, 2008.

[11] 张新邦, 曾海波, 张锦江, 等. 航天器全物理仿真技术 [J]. 航天控制, 2015, 33(5): 72-78.

[12] 王行仁. 建模与仿真技术的发展和应用 [J]. 机械制造与自动化, 2010, 39(1): 1-6.

[13] 王子才. 现代仿真技术发展及应用 [J]. 科技和产业, 2002, 2(2): 1-5.

[14] 李伯虎, 柴旭东, 杨明, 等. 现代建模与仿真技术的新发展 [C]// 2003 全国仿真技术学术会议论文集. 2003: 38-45.

[15] 李伯虎, 柴旭东. 信息时代的仿真软件 [J]. 系统仿真学报, 1999, 11(5): 316-320.

第 2 章 航天器轨道动力学建模与仿真

航天器控制系统的控制对象是航天器本身,动力学建模是指建立航天器控制系统受控对象特性的数学模型以及对航天器系统物理过程抽象的过程,其侧重于航天器的机械运动特性。航天器轨道动力学主要研究航天器在重力场和其他外力作用下的质点动力学问题。动力学主要研究作用于物体的力与物体运动的关系,动力学普遍定理是质点系动力学的基本定理,包括动量定理、动量矩定理、动能定理以及由这三个基本定理推导出来的其他一些定理。动量、动量矩和动能是描述质点、质点系和刚体运动的基本物理量,作用于力学模型上的力或力矩与这些物理量之间的关系构成了动力学普遍定理。运动学是从几何的角度(指不涉及物体本身的物理性质和作用在物体上的力)描述和研究物体位置随时间变化的规律。点的运动学研究点的运动方程、轨迹、位移、速度、加速度等运动特征,这些都因所选参考系的不同而异。

2.1 航天器动力学建模的内容和原则

建模是为了理解事物而对事物做出的一种抽象,是对事物的一种无歧义的书面描述,是研究系统的重要手段和前提。建模通常包括数学建模和仿真建模。数学模型是一种模拟,是用数学符号、数学公式、程序、图形等对实际课题本质属性的抽象而又简洁的刻画;它或能解释某些客观现象,或能预测未来的发展规律,或能为控制某一现象的发展提供某种意义下的最优策略或较好策略。数学模型一般并非现实问题的直接翻版,它的建立常常既需要人们对现实问题深入、细微的观察和分析,又需要人们灵活、巧妙地利用各种数学知识。这种应用知识从实际课题中抽象、提炼出数学模型的过程就称为数学建模。仿真建模是指借助数学仿真验证系统性能,将系统的数学模型转化为数值计算算法所描述的模型,并以相应的程序实现。

2.1.1 建模的目的和模型内容

航天器动力学模型是控制系统设计的重要依据,是对整个控制系统进行分析和仿真不可缺少的前提条件。航天器动力学特性不同于控制系统中其他环节

（敏感器、执行机构、控制器）的特性：在地面重力场条件下，难以使用真实构件参加控制系统闭路实验。因此，航天器动力学建模的目的是为控制系统的设计、分析和数学仿真提供控制对象的数学模型，为系统的半物理仿真提供控制对象的替代物[1]。

航天器动力学模型大致分为以下两部分。

（1）描述航天器动力学特性的变量（状态变量）以及这些变量服从的运动微分方程（状态方程）或其他数学关系式。例如，对于结构刚度很好的航天器，建立欧拉刚体动力学方程及联系刚体角速度和欧拉角（或四元数）的运动学方程；又如，研究航天器轨道的二体运动微分方程、用等效力学模型（弹簧 – 质量）描述液体晃动的充液航天器运动微分方程等。

（2）运动微分方程或数学关系式中的参数值，例如刚体的惯量矩、惯量积、中心天体引力常数、晃动质量、晃动频率等的数值。

2.1.2 对模型详略的要求

对动力学模型的两个最基本的要求是逼真性和可用性。逼真性指模型反映系统真实特性的程度。可用性指模型用于控制系统设计、分析、仿真的便利程度（可用性与经济性直接相关）。二者通常是互相矛盾的，建模的技巧正是通过变换和简化求得二者的最佳折中。影响这一折中的主要因素如下。

（1）控制系统任务和技术指标。例如，航天器入轨修正只需要二体轨道模型，而长期轨道维持则需要包括各种摄动的轨道动力学模型。如果要求姿态控制系统克服较大的干扰力矩，并具有较高的控制精度，那么系统增益和带宽较高，容易激发挠性附件振动，这就需要建立较复杂的包含挠性体振动的模型；反之，如果干扰力矩很小，或要求的精度不高，则系统带宽窄、运动慢，只需要建立简单的刚体模型即可。

（2）模型的用途。初步设计分析中可以使用比较粗糙的模型，以便较快地获得系统的一些重要特性，例如用刚体模型估计姿态机动所需的推力和时间、估计自旋周期和章动周期等。详细设计分析时，需要能反映实际系统全部重要特性但数学表达式仍较简单的模型。模型的复杂程度应与所采用的设计、分析方法相匹配。例如，频率域方法需要线性化模型，单变量系统设计方法则需要忽略轴间耦合的单通道模型。简明地抓住主要矛盾的模型具有清晰的物理概念，能使设计师掌握要领。至于各种层次的仿真实验中所用的动力学模型，则应尽可能逼真、详细和完善，例如使用多变量高阶非线性的挠性充液系统模型进行仿真实验。详细仿真的目的正是要发现分析阶段忽略的那些被认为是次要因素而引起的问题。

（3）计算机的计算速度、容量和字长。这些是对仿真模型详细程度的主要限制因素，其中计算速度又是最主要的。模型复杂是计算量大的直接原因，且高阶模型中包含的小时间常数和特征频率使时域仿真的步长必须很小，也间接地增大了计算量，在实时仿真（半物理仿真）时，这一问题更加突出。

2.1.3　航天器动力学建模过程

建立描述动力学特性的微分方程时，通常需要首先建立物理模型。建立物理模型就是要根据航天器及其环境的工程数据，利用已有的工程经验和理论知识，做出基本假设。所谓基本假设，是用物理学中各种理想化、抽象化的模型及其组合来逼近真实航天器和环境的主要特性。然后，利用已知的物理学规律可以确定模型航天器在模型环境中运动的广义坐标（状态变量）及其满足的数学关系式，通常是微分方程式。对于挠性、充液航天器，在小变形运动和小幅晃动的假设条件下，可以采用模态坐标作为系统的广义坐标。利用高阶模态对系统运动的影响通常小于低阶模态影响的性质，可以通过一定方式截断高阶模态，达到模型降阶化简的目的。此外，通常在航天器结构设计中有意使航天器具有某些有益的动力学特性，有利于动力学模型的降阶，可以利用结构的特殊性解耦和简化模型。

动力学模型中的参数，如微分方程中的系数，除物理常数（如天文常数、材料性质参数等）可根据已有资料、手册选用外，其他参数一般通过计算和实验两种方法得到。计算法是根据工程数据，利用已有理论公式或经验公式进行计算。例如：航天器的质量特性（质心位置、惯量矩阵）可根据各部件布局算出；航天器的挠性模态参数可利用有限元法根据星体结构数据算出；晃动参数可根据贮箱形状和液体物理性质算出。实验法是对航天器或其构件在地面进行实验以直接或间接确定模型参数。直接确定参数的例子有质量特性的测试。间接确定参数的例子有按照力学相似律设计实验，其实验结果按相似律换算到飞行状态。计算法和实验法得到的结果必然存在差别，从工程设计的保守观点出发，必须注意最坏的结果。不同方法所得结果的差别也反映了模型参数误差的大小，这对控制系统的鲁棒性设计提出了定量要求。实际上，以上两种方法是互相验证、互相补充的。

航天器动力学模型的验证是指对各类数学模型是否符合物理模型的检验。验证的方法一般有两种：一种是比较不同方法所得的模型是否一致，如计算法和实验法结果的比较；另外一种是比较用详略不同的数学模型所得到的结果是否一致及差别的大小，如果存在显著差别，找出简化不当之处。航天器动力学模型的确认是指飞行验证，通过对飞行实验遥测数据的分析（例如画出无控制时的姿态变化曲线，并与仿真结果进行对比），可以改进对动力学系统的认识，从而有可能改进动力学模型。

2.2 航天器轨道动力学模型

轨道动力学研究航天器在中心天体引力、各种摄动力和控制力作用下绕中心天体运动的规律。人类对于太阳系行星的观测及在此基础上进行的天体力学研究已有数千年的历史。航天器轨道动力学是对天体力学的继承和发展。本节通过引入轨道动力学中使用的物理模型，对轨道运动方程的矢量形式和分量形式进行介绍[2]。

2.2.1 近地卫星轨道动力学模型

1）质点模型

在轨道动力学研究中，可以将航天器的模型简化为一个质点。一般人造卫星尺寸不过几米到几十米，比轨道运动的尺度（几千千米到几万千米）小得多，在研究轨道运动时忽略其尺寸是合理的。对于大型航天器，如空间站、绳系卫星等，在研究其质心运动时也可以视为把整星质量集中于质心一点的质点模型。

由于航天器质心的运动等效于一个质点的运动（这就是航天器的轨道运动），单从动力学方程看，轨道运动和姿态运动是解耦的。这一性质给轨道运动和姿态运动的研究与控制系统设计带来了极大的方便。但是必须指出，从工程上来说，航天器的轨道控制和姿态控制仍然是存在相互耦合的，这种耦合表现在以下三个方面。

（1）环境力和力矩的耦合。例如，对于某些近地卫星，姿态运动可能改变气动力的大小，从而影响轨道运动；反之，随着轨道运动高度的改变，局部大气密度改变，使气动力矩增大或减小，从而影响姿态运动。

（2）控制的耦合。例如，用于姿态控制的喷气推力器在产生控制力矩的同时通常会产生推力，这是一种影响轨道运动的摄动力；反之，用于轨道控制的发动机推力，如果其方向偏离航天器质心，就会产生干扰力矩，影响姿态运动。

（3）观测的耦合。例如：轨道位置预报的误差会导致用太阳敏感器确定偏航姿态的误差；在惯性导航的情况下，姿态测量误差也会导致速度误差和位置误差。

2) 中心引力模型

航天器在空间运行，它所受到的外力都是周围环境对它的作用力。在作用于航天器的各种环境力中，中心引力起着主导作用。所谓中心引力，是假设中心天体质量集中于天体质心时对航天器产生的万有引力，或者假设天体为质量均匀分布的正球体时对航天器产生的万有引力[3]。数学上可以证明这两个假设所得到的结论是相同的。中心引力的大小与航天器至中心天体质心的距离的平方成反比，方向指向天体质心，即

$$\boldsymbol{F}_g = -\frac{\mu m}{r^3}\boldsymbol{r} \tag{2-1}$$

式中，$\boldsymbol{F}_g$ 是中心引力；μ 是天体引力常数；$\boldsymbol{r}$ 是天体质心至航天器的矢量；$r = \|\boldsymbol{r}\|$ 是由天体质心至航天器的距离；m 是航天器的质量。

航天器在中心引力作用下产生的运动称为二体运动。对于一般航天器的自由飞行（不进行轨道控制）阶段，在一定时间内的真实运动是非常近似于二体运动的，二体运动是轨道动力学的基础。但是物理天体并不完全是正球体，它对航天器的引力并不完全等价于中心引力。航天器还受到其他天体引力的影响，以及太阳辐射压力、气动力等其他环境力的作用。此外，还存在诸如航天器上气体挥发和喷气姿态控制所产生的力。这些力使卫星运动偏离二体运动，因此都属于摄动力。

3) 变质量体模型

航天器的轨道控制一般情况下要使用喷气发动机。当发动机点火工作时，在燃料室内生成高压、高温气体，通过喷管高速向外喷射。根据动量守恒定律，喷出气体的动量与航天器本体的动量改变大小相等、方向相反。喷射过程中，航天器质量不断减少，同时不断得到动量，从而产生加速度，即

$$\begin{cases} m\dot{\boldsymbol{v}} = -\dfrac{\mu m}{r^3}\boldsymbol{r} + \boldsymbol{F}_{\mathrm{d}} + u(t)F_{\mathrm{p}}\boldsymbol{p} \\ \dot{m} = \dfrac{-u(t)F_{\mathrm{p}}}{v_{\mathrm{e}}} \end{cases} \tag{2-2}$$

式中，m 为航天器本体质量；$\dot{m}$ 为质量变化率；$\boldsymbol{v} = \dot{\boldsymbol{r}}$ 为航天器速度矢量；v_{e} 为发动机喷射速度大小；F_{p} 为推力大小；$\boldsymbol{p}$ 为推力方向单位矢量；$u(t)$ 为发动机控制信号（$u=1$ 时，发动机工作；$u=0$ 时，发动机不工作）；$\boldsymbol{F}_{\mathrm{d}}$ 为摄动力。

4) 轨道运动矢量模型

根据牛顿第二定律，由式（2-1）和式（2-2）可以得到航天器轨道动力学微分方程，即以航天器绝对位置矢量 $\boldsymbol{r}$ 和速度矢量 $\boldsymbol{v}$ 为状态变量的微分方程。

$$\begin{cases} \dot{\boldsymbol{r}} = \boldsymbol{v} \\ \dot{\boldsymbol{v}} = -\dfrac{\mu}{r^3}\boldsymbol{r} + \dfrac{1}{m}\boldsymbol{F}_{\mathrm{d}} + \dfrac{1}{m}F_{\mathrm{p}}\boldsymbol{p}u(t) \\ \dot{m} = -\dfrac{F_{\mathrm{p}}}{v_{\mathrm{e}}}u(t) \end{cases} \tag{2-3}$$

式 (2–3) 给出了航天器在惯性坐标系下的运动微分方程，而在实际导航和控制应用中，往往需要计算航天器相对某一旋转坐标系的位置、速度等状态变量。下面对航天器在旋转坐标系下的相对运动微分方程进行推导。

设动坐标系相对于惯性坐标系的旋转角速度矢量为 $\boldsymbol{\omega}$，在这种情况下，可以将动坐标系相对于惯性坐标系的运动看作一种牵连运动。

牵连速度 $\boldsymbol{v}_{\mathrm{c}}$ 为动坐标系上动点相重合一点的速度。设动点 M 的矢径为 $\boldsymbol{r}$，如图 2–1 所示。当动坐标系以角速度 $\boldsymbol{\omega}$ 旋转时，牵连速度为

$$\boldsymbol{v}_{\mathrm{c}} = \boldsymbol{\omega} \times \boldsymbol{r} \tag{2-4}$$

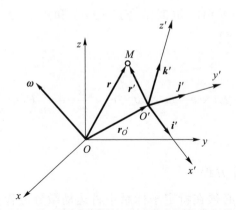

图 2-1 动坐标系与惯性坐标系之间的几何关系

由于动点在某瞬间的绝对速度等于它在该瞬时的牵连速度与相对速度的矢量和，所以有

$$\boldsymbol{v}_{\mathrm{a}} = \boldsymbol{v}_{\mathrm{r}} + \boldsymbol{v}_{\mathrm{c}} \tag{2-5}$$

式中，$\boldsymbol{v}_{\mathrm{a}}$ 为动点的绝对速度；$\boldsymbol{v}_{\mathrm{r}}$ 为动点的相对速度。因此，有

$$\boldsymbol{v}_{\mathrm{a}} = \boldsymbol{v}_{\mathrm{r}} + \boldsymbol{\omega} \times \boldsymbol{r} \tag{2-6}$$

式 (2–6) 对时间取一次导数，得

$$\frac{\mathrm{d}\boldsymbol{v}_{\mathrm{a}}}{\mathrm{d}t} = \frac{\mathrm{d}\boldsymbol{v}_{\mathrm{r}}}{\mathrm{d}t} + \frac{\mathrm{d}(\boldsymbol{\omega} \times \boldsymbol{r})}{\mathrm{d}t} \tag{2-7}$$

式中，

$$\frac{\mathrm{d}\boldsymbol{v}_{\mathrm{r}}}{\mathrm{d}t} = \frac{\partial \boldsymbol{v}_{\mathrm{r}}}{\partial t} + \boldsymbol{\omega} \times \boldsymbol{v}_{\mathrm{r}} \tag{2-8}$$

$$\frac{\mathrm{d}(\boldsymbol{\omega} \times \boldsymbol{r})}{\mathrm{d}t} = \frac{\partial \boldsymbol{\omega}}{\partial t} \times \boldsymbol{r} + \boldsymbol{\omega} \times \frac{\partial \boldsymbol{r}}{\partial t} + \boldsymbol{\omega} \times (\boldsymbol{\omega} \times \boldsymbol{r}) \tag{2-9}$$

将式 (2-8)、式 (2-9) 代入式 (2-7)，经整理可得

$$\frac{\mathrm{d}\boldsymbol{v}_{\mathrm{a}}}{\mathrm{d}t} = \frac{\partial \boldsymbol{v}_{\mathrm{r}}}{\partial t} + \frac{\partial \boldsymbol{\omega}}{\partial t} \times \boldsymbol{r} + 2\boldsymbol{\omega} \times \boldsymbol{v}_{\mathrm{r}} + \boldsymbol{\omega} \times (\boldsymbol{\omega} \times \boldsymbol{r}) \tag{2-10}$$

考虑到绝对角速度 $\dfrac{\mathrm{d}\boldsymbol{v}_{\mathrm{a}}}{\mathrm{d}t}$ 为航天器受外力作用所产生的加速度，对应式 (2-3) 有

$$\frac{\mathrm{d}\boldsymbol{v}_{\mathrm{a}}}{\mathrm{d}t} = -\frac{\mu}{r^3}\boldsymbol{r} + \frac{1}{m}\boldsymbol{F}_{\mathrm{d}} + \frac{1}{m}F_{\mathrm{p}}\boldsymbol{p}u(t) \tag{2-11}$$

将式 (2-11) 代入式 (2-10)，同时结合式 (2-1) 和式 (2-2)，能够得到航天器在动坐标系下的微分方程

$$\begin{cases} \dot{\boldsymbol{r}} = \boldsymbol{v} \\ \dot{\boldsymbol{v}} = -\dot{\boldsymbol{\omega}} \times \boldsymbol{r} - 2\boldsymbol{\omega} \times \boldsymbol{v} - \boldsymbol{\omega} \times (\boldsymbol{\omega} \times \boldsymbol{r}) - \dfrac{\mu}{r^3}\boldsymbol{r} + \dfrac{1}{m}\boldsymbol{F}_{\mathrm{d}} + \dfrac{1}{m}F_{\mathrm{p}}\boldsymbol{p}u(t) \\ \dot{m} = -\dfrac{F_{\mathrm{p}}}{v_{\mathrm{e}}}u(t) \end{cases} \tag{2-12}$$

5）直角坐标分量方程

在仿真计算时，必须在特定坐标系中将运动微分方程写成标量形式。对于地球卫星的轨道控制，一般以地心惯性坐标系为惯性参考坐标系。地心惯性坐标系的定义如下：原点 O_{I} 为地心，O_{I}-$X_{\mathrm{I}}Y_{\mathrm{I}}$ 平面为地球赤道平面，X_{I} 轴指向 J2000 平春分点，Z_{I} 轴沿地球自转轴指向北极。在计算航天器相对惯性坐标系状态的同时，需要计算航天器相对地球本身的状态，这些状态可以在与地球固联的地理坐标系、地球坐标系、大圆弧坐标系下表示，由于地球本身的自旋运动，这些坐标系都是动坐标系，这里仅以地理坐标系为例（图 2-2），结合地球惯性坐标系，对航天器的运动状态的分量方程进行求取。

设 $(\boldsymbol{r}, \boldsymbol{v})$ 在地心惯性坐标系中的分量为 (x, y, z, v_x, v_y, v_z)，这 6 个量为状态变量，同时记 $\boldsymbol{F}_{\mathrm{d}}$、$\boldsymbol{p}$ 在惯性坐标系中的分量为 $(F_{\mathrm{d}x}, F_{\mathrm{d}y}, F_{\mathrm{d}z})$、$(p_x, p_y, p_z)$，则航天器的运动微分方程在惯性坐标系下的分量形式为

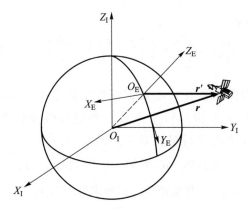

图 2-2　地心惯性坐标系与地理坐标系之间的几何关系

$$\begin{cases} \dot{x} = v_x \\[4pt] \dot{y} = v_y \\[4pt] \dot{z} = v_z \\[6pt] \dot{v}_x = -\dfrac{\mu}{r^3}x + \dfrac{F_{\mathrm{d}x}}{m} + \dfrac{F_{\mathrm{p}}}{m}p_x u(t) \\[10pt] \dot{v}_y = -\dfrac{\mu}{r^3}y + \dfrac{F_{\mathrm{d}y}}{m} + \dfrac{F_{\mathrm{p}}}{m}p_y u(t) \\[10pt] \dot{v}_z = -\dfrac{\mu}{r^3}z + \dfrac{F_{\mathrm{d}z}}{m} + \dfrac{F_{\mathrm{p}}}{m}p_z u(t) \\[10pt] \dot{m} = -\dfrac{F_{\mathrm{p}}}{v_{\mathrm{e}}}u(t) \end{cases} \tag{2-13}$$

2.2.2　深空探测器轨道动力学模型

深空探测任务的难点之一就是对深空的动力学环境了解较少，所以建立合理的动力学模型是系统建模与仿真的主要工作内容。根据对探测器飞行轨迹的分析以及对目标天体的特性分析，需要建立不同阶段、不同任务目标的动力学模型来保障任务的实施[4-7]。

1）巡航段轨道动力学模型

探测器脱离地球引力就进入了日心轨道，对于深空任务，一般称为巡航段轨道。此时，中心引力天体为太阳，各类摄动力包括大天体引力摄动、太阳光压摄动、探测器推力等，距离地球较近时还要考虑月球摄动。此阶段探测器的轨道动力学方程建立在 J2000 日心黄道惯性坐标系下，其形式如下：

$$\begin{cases} \dot{\boldsymbol{r}} = \boldsymbol{v} \\ \dot{\boldsymbol{v}} = -\dfrac{\mu_{\mathrm{s}}}{r^3}\boldsymbol{r} + \displaystyle\sum_{i=1}^{n_t} \mu_i \left(\dfrac{\boldsymbol{r}_{\mathrm{ri}}}{r_{\mathrm{ri}}^3} - \dfrac{\boldsymbol{r}_{\mathrm{ti}}}{r_{\mathrm{ti}}^3} \right) - \dfrac{AG}{mr^3}\boldsymbol{r} + \dfrac{k}{m}\boldsymbol{T} + \boldsymbol{a} \end{cases} \tag{2-14}$$

式中，$\boldsymbol{r}$ 和 $\boldsymbol{v}$ 分别为探测器在日心黄道惯性坐标系下的位置矢量和速度矢量，且 $r = \|\boldsymbol{r}\|$；$\boldsymbol{r}_{\mathrm{ti}}$ 为第 i 个摄动行星在日心黄道惯性坐标系下的位置矢量，且 $r_{\mathrm{ti}} = \|\boldsymbol{r}_{\mathrm{ti}}\|$；$\boldsymbol{r}_{\mathrm{ri}}$ 为第 i 个摄动行星相对于探测器的位置矢量，即 $\boldsymbol{r}_{\mathrm{ri}} = \boldsymbol{r}_{\mathrm{ti}} - \boldsymbol{r}$，且 $r_{\mathrm{ri}} = \|\boldsymbol{r}_{\mathrm{ri}}\|$；$\mu_{\mathrm{s}}$ 为太阳引力常数；μ_i 为第 i 个摄动行星的引力常数；n_{t} 为摄动行星的个数；$\dfrac{k}{m}\boldsymbol{T}$ 为探测器推力加速度；$\boldsymbol{a}$ 为未知加速度。

2）接近段轨道动力学模型

探测器接近目标时的动力学模型要根据目标的特性和任务特点分别进行考虑，当前的探测目标一般包括大行星、大行星的卫星、小行星、彗星，接近段任务包括撞击、近距离飞越、远距离飞越、环绕等。

目标天体为大行星或者大行星的卫星时，探测器由于距离目标天体较近，虽然仍旧是以太阳为中心引力天体，但是此时的摄动力主要为目标大行星的引力和太阳光压。将其动力学方程建立在 J2000 日心黄道惯性坐标系下，形式如下：

$$\begin{cases} \dot{\boldsymbol{r}} = \boldsymbol{v} \\ \dot{\boldsymbol{v}} = -\dfrac{\mu_{\mathrm{s}}}{r^3}\boldsymbol{r} + \mu_{\mathrm{a}} \left(\dfrac{\boldsymbol{r}_{\mathrm{r}}}{r_{\mathrm{r}}^3} - \dfrac{\boldsymbol{r}_{\mathrm{t}}}{r_{\mathrm{t}}^3} \right) - \dfrac{AG}{mr^3}\boldsymbol{r} + \dfrac{k}{m}\boldsymbol{T} + \boldsymbol{a} \end{cases} \tag{2-15}$$

式中，$\boldsymbol{r}$ 和 $\boldsymbol{v}$ 分别为探测器在日心黄道惯性坐标系下的位置矢量和速度矢量，且 $r = \|\boldsymbol{r}\|$；$\boldsymbol{r}_{\mathrm{t}}$ 为大行星在日心黄道惯性坐标系下的位置矢量，且 $r_{\mathrm{t}} = \|\boldsymbol{r}_{\mathrm{t}}\|$；$\boldsymbol{r}_{\mathrm{r}}$ 为大行星相对于探测器的位置矢量，即 $\boldsymbol{r}_{\mathrm{r}} = \boldsymbol{r}_{\mathrm{t}} - \boldsymbol{r}$，且 $r_{\mathrm{r}} = \|\boldsymbol{r}_{\mathrm{r}}\|$；$\mu_{\mathrm{s}}$ 为太阳引力常数；μ_{a} 为大行星的引力常数。其中的未知变量包括探测器在日心黄道惯性坐标系下的位置和速度、太阳光压系数、未知加速度等。

目标天体为小行星或彗星时，由于小行星和彗星的质量很小，引力也很弱，所以探测器的动力学方程与巡航段的动力学方程一致。

针对不同的任务特点，探测器的动力学方程可以分为绝对运动和相对运动两种。当探测器仅仅是远距离观察目标天体并执行简单拍照任务时，探测器的动力学方程应该建立在日心惯性坐标系下，其形式与式（2-14）和式（2-15）相同。但是当执行小天体撞击或者绕飞任务时，所需要考虑的主要是探测器相对于目标天体的距离信息，采用相对运动的动力学方程更加合适，此时假设探测器相对目标天体的运动在短时间内为匀速直线运动，于是得到相对坐标系下的简化动力学模型：

$$\begin{cases} \boldsymbol{X} = \boldsymbol{X}_0 + \dot{\boldsymbol{X}}(t - t_0) \\ \dot{\boldsymbol{X}} = \dot{\boldsymbol{X}}_0 \end{cases} \tag{2-16}$$

式中，$\boldsymbol{X}$、$\dot{\boldsymbol{X}}$ 分别是探测器在以目标小天体为中心的 J2000 惯性坐标系下的位置矢量和速度矢量。

3）绕飞段轨道动力学模型

绕飞段是指探测器进入目标天体的引力影响范围后的阶段，此时探测器与目标天体的距离足够近，能够执行环绕飞行任务，需要考虑的是以目标天体为中心的二体运动，主要的摄动项是目标天体的非球形引力摄动、太阳光压摄动、第三体引力摄动等。目标天体为大行星时，由于对其形状模型、质量分布、磁场模型、大气密度等有较为详细的了解，所以其动力学模型的形式与地球卫星的动力学模型相似，建立在目标天体质心惯性坐标系下，其形式如下：

$$\begin{cases} \dot{\boldsymbol{r}} = \boldsymbol{v} \\ \dot{\boldsymbol{v}} = \dfrac{\partial U_{\mathrm{a}}}{\partial \boldsymbol{r}} + \mu_{\mathrm{s}}\left(\dfrac{\boldsymbol{r}_{\mathrm{rs}}}{r_{\mathrm{rs}}^3} - \dfrac{\boldsymbol{r}_{\mathrm{ts}}}{r_{\mathrm{ts}}^3}\right) + \mu_{\mathrm{w}}\left(\dfrac{\boldsymbol{r}_{\mathrm{rw}}}{r_{\mathrm{rw}}^3} - \dfrac{\boldsymbol{r}_{\mathrm{tw}}}{r_{\mathrm{tw}}^3}\right) - \dfrac{AG}{mr_{\mathrm{rs}}^3}\boldsymbol{r}_{\mathrm{rs}} + \dfrac{k}{m}\boldsymbol{T} + \boldsymbol{a}_{\mathrm{d}} + \boldsymbol{a} \end{cases} \tag{2-17}$$

式中，$\boldsymbol{r}$ 和 $\boldsymbol{v}$ 分别为探测器的位置矢量和速度矢量，且 $r = \|\boldsymbol{r}\|$；U_{a} 为大行星引力势函数；$\boldsymbol{r}_{\mathrm{ts}}$ 和 $\boldsymbol{r}_{\mathrm{tw}}$ 分别为太阳和大行星的卫星在大行星质心惯性坐标系下的位置矢量，且 $r_{\mathrm{ts}} = \|\boldsymbol{r}_{\mathrm{ts}}\|$，$r_{\mathrm{tw}} = \|\boldsymbol{r}_{\mathrm{tw}}\|$；$\boldsymbol{r}_{\mathrm{rs}}$ 和 $\boldsymbol{r}_{\mathrm{rw}}$ 分别为太阳和大行星的卫星相对探测器的位置矢量，即 $\boldsymbol{r}_{\mathrm{rs}} = \boldsymbol{r}_{\mathrm{ts}} - \boldsymbol{r}$，$\boldsymbol{r}_{\mathrm{rw}} = \boldsymbol{r}_{\mathrm{tw}} - \boldsymbol{r}$，且 $r_{\mathrm{rs}} = \|\boldsymbol{r}_{\mathrm{rs}}\|$，$r_{\mathrm{rw}} = \|\boldsymbol{r}_{\mathrm{rw}}\|$；$\mu_{\mathrm{s}}$ 和 μ_{w} 分别为太阳和大行星的卫星的引力常数；$\boldsymbol{a}_{\mathrm{d}}$ 为大气阻力摄动加速度。其中的未知变量包括探测器的位置和速度、太阳光压系数、推力系数、未知加速度、大行星的引力场系数等。

在小天体探测任务中，因为导航系统在确定和预报探测器轨道时需要精确的小天体引力场模型，所以确定小天体的引力环境成为重要的问题。小天体的引力场和形状能够用来推导小天体的质量密度分布，对小天体引力场参数的估计涉及对同步测量到的小天体表面的多普勒数据和光学图像的处理。激光测距仪测量到的探测器到小天体表面的距离也可以用来确定小天体的形状。尽管小天体的形状非常不规则，但一般仍能用球谐项展开来表达其引力势函数：

$$U = \frac{GM}{r} \sum_{n=0}^{\infty} \sum_{m=0}^{n} \left(\frac{r_0}{r}\right)^n \overline{\boldsymbol{P}}_{nm}(\sin\phi) \times [\overline{\boldsymbol{C}}_{nm}\cos(m\lambda) + \overline{\boldsymbol{S}}_{nm}\sin(m\lambda)] \tag{2-18}$$

式中，G 为小天体引力常数；$\overline{\boldsymbol{P}}_{nm}$ 为勒让德多项式及其函数，n 和 m 分别是多项式的次数和阶数；r_0 为小天体的参考半径；r 为探测器到小天体中心的距离；ϕ 和 λ 分别为小天体的纬度和经度；$\overline{C}_{nm}$ 和 $\overline{S}_{nm}$ 为归一化系数。

归一化系数与无归一化系数之间的关系如下：

$$(\overline{C}_{nm}; \overline{S}_{nm}) = \left[\frac{(n+m)!}{(2-\delta_{0m})(2n+1)(n-m)!} \right]^{\frac{1}{2}} (C_{nm}; S_{nm}) \tag{2-19}$$

式中，δ_{0m} 为克罗内克符号函数。

考虑到对小天体各类信息了解很少，所以摄动项主要考虑小天体形状不规则摄动和太阳光压及引力摄动，探测器动力学方程建立在小天体固联坐标系下，其具体描述如下：

$$\begin{cases} \dot{\boldsymbol{r}} = \boldsymbol{v} \\ \dot{\boldsymbol{v}} = -2\boldsymbol{\omega} \times \boldsymbol{v} - \boldsymbol{\omega} \times \boldsymbol{\omega} \times \boldsymbol{r} + \dfrac{\partial V(\boldsymbol{r})}{\partial \boldsymbol{r}} + \boldsymbol{a} \end{cases} \tag{2-20}$$

式中，$\boldsymbol{r}$ 和 $\boldsymbol{v}$ 分别为探测器的位置矢量和速度矢量；$\boldsymbol{\omega}$ 为小天体自旋角速度；$\boldsymbol{a}$ 为其他未考虑摄动力加速度；V 为势函数。V 的具体表达式为

$$V(\boldsymbol{r}) = U(\boldsymbol{r}) + \frac{\beta \boldsymbol{d} \cdot \boldsymbol{r}}{\|\boldsymbol{d}\|^3} - \frac{\mu_{\mathrm{s}}}{2d^3} \left[\boldsymbol{r} \cdot \boldsymbol{r} - 3 \left(\frac{\boldsymbol{d} \cdot \boldsymbol{r}}{\|\boldsymbol{d}\|} \right)^2 \right] \tag{2-21}$$

式中，右端第一项为小天体引力势函数；第二项为太阳光压摄动势函数，其中 β 为太阳光压参数；第三项为太阳引力摄动势函数，其中 $\boldsymbol{d}$ 为小天体相对太阳的位置矢量，可以由小天体的星历计算得到。其中的未知变量包括探测器的位置和速度、太阳光压系数、推力系数、小天体的物理参数等。

4) 着陆段轨道动力学模型

在月球等无大气大天体表面着陆，其自旋角速度对探测器动力学的影响可以忽略，则考虑推力发动机构型的简化着陆动力学方程为

$$\begin{pmatrix} \ddot{x} \\ \ddot{y} \\ \ddot{z} \\ \ddot{m} \end{pmatrix} = \begin{pmatrix} T_{\mathrm{M1}}/m + \Delta_x \\ T_{\mathrm{M2}}/m + \Delta_y \\ T_{\mathrm{M3}}/m + g_{\mathrm{M}} + \Delta_z \\ -\|\boldsymbol{T}_{\mathrm{M}}\|/C \end{pmatrix} \tag{2-22}$$

式中，$C = I_{\mathrm{sp}} g_{\mathrm{E}}$，其中，$I_{\mathrm{sp}}$ 为发动机比冲，g_{E} 为重力加速度；$\boldsymbol{T}_{\mathrm{M}} = (T_{\mathrm{M1}}, T_{\mathrm{M2}}, T_{\mathrm{M3}})$ 为合力向量。$\boldsymbol{T}_{\mathrm{M}}$ 定义为 $\boldsymbol{T}_{\mathrm{M}} = \beta \boldsymbol{u}$，其中，探测器的侧滑角 $\beta = nT\cos\phi$，$\boldsymbol{u}$ 为推力方向单位矢量，n 为发动机数量，T 为每个发动机的推力，ϕ 为发动机安装方

向与合力方向的夹角。在动力下降过程中,引力场的高阶项对探测器运动的影响较小,可以忽略不计,通常视引力加速度为常数 g_M。

对于火星等有大气大天体进入段过程,考虑到行星大气进入为高超音速飞行,时间比较短,忽略目标天体自转带来的误差(即忽略含 ω 及其更高次幂的项),并认为大气相对于目标天体静止,即不考虑风力的影响,可以得到简化的动力学方程:

$$
\begin{cases}
\dot{r} = v \sin \gamma \\
\dot{\theta} = \dfrac{v \cos \gamma \cos \psi}{r \cos \phi} \\
\dot{\phi} = \dfrac{v \cos \gamma \sin \psi}{r} \\
\dot{v} = -D - g \sin \gamma \\
\dot{\gamma} = \dfrac{1}{v}\left[L \cos \sigma - \left(g - \dfrac{v^2}{r} \right) \cos \gamma \right] \\
\dot{\psi} = -\dfrac{1}{v \cos \gamma}\left(L \sin \sigma + \dfrac{v^2}{r}\cos^2 \gamma \cos \psi \tan \phi \right)
\end{cases}
\tag{2-23}
$$

式中,探测器矢径 r、经度 θ、纬度 ϕ、速度 v、航迹角 γ、航向角 ψ 为动力学模型的状态变量。探测器通常设计为稳定的气动外形,所以可以假设在大气进入过程中探测器的攻角 α 始终为平衡攻角,侧滑角 β 为 $0°$,而倾侧角 σ 视为控制变量。气动阻力 D、升力 L 及侧向力 Z 可由下式计算得到:

$$
\begin{cases}
D = 0.5\rho V^2 S C_D \\
L = 0.5\rho V^2 S C_L \\
Z = 0.5\rho V^2 S C_Z
\end{cases}
\tag{2-24}
$$

式中,ρ 为大气密度;S 为探测器的参考面积;C_D 为阻力系数;C_L 为升力系数;C_Z 为侧向力系数。

在着陆弱引力小天体过程中,由于着陆阶段探测器距离小天体很近,小天体的引力和探测器推力将对探测器的运动起主要作用。考虑到小天体形状不规则摄动和太阳光压及引力摄动,在小天体着陆点坐标系描述探测器轨道动力学方程如下:

$$
\begin{cases}
\dot{\boldsymbol{r}} = \boldsymbol{v} \\
\dot{\boldsymbol{v}} = \dfrac{\partial V(\boldsymbol{\rho}+\boldsymbol{r})}{\partial \boldsymbol{r}} - 2\boldsymbol{\omega} \times \boldsymbol{v} - \boldsymbol{\omega} \times [\boldsymbol{\omega} \times (\boldsymbol{\rho}+\boldsymbol{r})] + \boldsymbol{R}_b^f \boldsymbol{u}_b + \boldsymbol{a}
\end{cases}
\tag{2-25}
$$

式中，r 和 v 分别为探测器的位置矢量和速度矢量；ρ 为着陆点相对于小天体中心的位置矢量；u_b 为探测器在本体坐标系下的推力加速度；R_b^f 为从本体坐标系转换到着陆点坐标系的矩阵；V 为引力势函数；a 为其他未考虑摄动力加速度。其中的未知变量包括探测器的位置和速度、推力系数、小天体的物理参数等。

5）动平衡点的动力学模型

动平衡点也称为拉格朗日点，是深空研究的热点之一。对动平衡点的研究建立在"太阳 – 大行星 – 探测器"组成的圆形限制性三体模型这一力学系统上，其中，太阳为大天体，大行星为小天体，探测器为第三体且其对太阳和大行星的作用力忽略不计。

建立大行星质心旋转坐标系 $o\text{-}xyz$：原点 o 为大行星质心，基本面 $o\text{-}xy$ 为黄道面，x 轴正向由日心指向大行星质心，y 轴在黄道面中沿大行星运动方向垂直于 x 轴，z 轴垂直于黄道面并遵循右手定则。将 J2000 日心惯性坐标系表示为 $O\text{-}XYZ$，则两坐标系间的转换有以下关系式：

$$\begin{pmatrix} X \\ Y \\ Z \end{pmatrix} = \begin{pmatrix} \cos t & -\sin t & 0 \\ \sin t & \cos t & 0 \\ 0 & 0 & 1 \end{pmatrix} \times \begin{pmatrix} x+1 \\ y \\ z \end{pmatrix} \tag{2-26}$$

在大行星质心旋转坐标系下，探测器的动力学方程可写为

$$\begin{cases} \ddot{x} - x - 2\dot{y} = -\partial U/\partial x + u_x + w_x \\ \ddot{y} - y + 2\dot{x} = -\partial U/\partial y + u_y + w_y \\ \ddot{z} = -\partial U/\partial z + u_z + w_z \end{cases} \tag{2-27}$$

式中，U 为圆形限制性三体模型下的引力势函数，即 $U(x, y, z) = -\mu/r_2 - 1/r_1 - x$，其中 $\mu = \mu_a/\mu_s$，μ_a 为大行星引力常数，μ_s 为太阳引力常数。

式（2-27）展开后的形式如下：

$$\begin{cases} \ddot{x} - x - 2\dot{y} = -\mu x/(x^2+y^2+z^2)^{3/2} - (1+x)/[(x+1)^2+y^2+z^2]^{3/2} + 1 + u_x + w_x \\ \ddot{y} - y + 2\dot{x} = -\mu y/(x^2+y^2+z^2)^{3/2} - y/[(x+1)^2+y^2+z^2]^{3/2} + u_y + w_y \\ \ddot{z} = -\mu z/(x^2+y^2+z^2)^{3/2} - z/[(x+1)^2+y^2+z^2]^{3/2} + u_z + w_z \end{cases} \tag{2-28}$$

式中，$w = (w_x, w_y, w_z)$ 为噪声变量；$u = (u_x, u_y, u_z)$ 为三轴所施加的发动机推力。

2.2.3　环境力数学模型

航天器的轨道动力学方程右端包含摄动力或摄动加速度。这些摄动是正常的、理想的、不受扰动的轨道运动的偏差，由于摄动力的存在，真实运动轨迹

会偏离出无扰动二体轨道。为了能对轨道运动进行详细仿真，需要建立摄动力的数学模型。由于这些力都是航天器与周围环境相互作用产生的，故称为环境力。影响近地航天器运动的主要环境因素有天体（主要是日、地、月以及大行星等）引力、空气动力、太阳和地球辐射压力与地球反照压力、地球磁场、热辐射、微流星、人造空间碎片等。另外，宇航员运动、漏气、推进剂泄漏和姿控推力器工作引起的摄动力等都可看成环境干扰[8]。

环境对近地航天器运动的干扰力大小与航天器轨道高度有最直接的关系。对于高轨道地球卫星来说，太阳辐射压力是引起轨道误差的主要原因，具有大面积太阳帆板的航天器尤其如此，日、月引力对轨道的影响也比较显著。对于中轨道地球卫星来说，地球非球形摄动是主要摄动力。对于低轨道地球卫星来说，气动阻力对轨道的影响也不可忽略。在特定条件下，宇航员运动干扰、漏气干扰和姿控推力摄动等也可成为主要的干扰或摄动源。本节针对近地航天器，介绍太阳辐射压力、天体引力、气动阻力摄动模型。

2.2.3.1 太阳辐射压力

太阳辐射压力，又称太阳光压，与航天器到太阳的距离的平方成反比。对于地球附近的人造卫星来说，光压压强可通过理想吸收表面上产生的作用力来定义，其值为 $P = 4.5 \times 10^{-6}$ N/m^2。除太阳辐射压力外，航天器还受到地球反照及地球红外辐射的压力；对于高轨道卫星来说，这两项压力比太阳光压小得多。

由于航天器表面的光压与该表面光学性质及入射角有关，设入射角为 θ，反射系数为 β，镜面反射系数为 s，则面积元 $\mathrm{d}A$ 上的光压为

$$\mathrm{d}f_{\mathrm{sr}} = \left\{ \left[\frac{2\beta}{3}(1-s)\cos\theta + (1+s\beta)\cos^2\theta \right] \hat{\boldsymbol{u}}_{\mathrm{n}} + [(1-s\beta)\cos\theta\sin\theta]\hat{\boldsymbol{u}}_{\mathrm{t}} \right\} P\mathrm{d}A \quad (2\text{-}29)$$

式中，$\hat{\boldsymbol{u}}_{\mathrm{n}}$ 是航天器表面法向的单位向量；$\hat{\boldsymbol{u}}_{\mathrm{t}}$ 是航天器表面切向的单位向量。航天器表面光的入射和反射如图 2-3 所示。

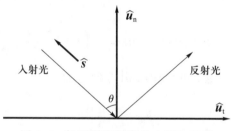

图 2-3　航天器表面光的入射和反射

航天器受到的总光压和关于质心的光压力矩分别为

$$\begin{cases} \boldsymbol{F}_{\mathrm{sr}} = \int \mathrm{d}f_{\mathrm{sr}} \\ \boldsymbol{T}_{\mathrm{sr}} = \int \boldsymbol{\rho} \times \mathrm{d}f_{\mathrm{sr}} \end{cases} \tag{2-30}$$

式中，$\boldsymbol{\rho}$ 是由航天器质心至面积元 $\mathrm{d}A$ 的矢量。积分区域为所有受太阳辐射的航天器表面，即要从航天器全部表面中排除背向太阳或者由于其他结构遮挡而不受阳光照射的表面。面积元背向太阳的判别式为 $\hat{\boldsymbol{S}} \cdot \hat{\boldsymbol{u}}_{\mathrm{n}} \leqslant 0$，其中 $\hat{\boldsymbol{S}}$ 是太阳方向单位矢量，与入射光方向相反。

由于式 (2-30) 是一个复杂的积分，如直接用于控制系统数字仿真将耗费大量计算时间。为此，将太阳在航天器本体固联坐标系下的方向用两自由度参数来表示。利用式 (2-30) 算出 $\boldsymbol{F}_{\mathrm{sr}}$ 和 $\boldsymbol{T}_{\mathrm{sr}}$，作为这两个参数的函数，制作成表，并在仿真时作为插值使用。

2.2.3.2 天体引力

天体的所有质量元对航天器所有质量元万有引力的总和构成该天体作用于航天器的总引力和引力矩。对人造地球卫星有影响的主要天体是地球、月球和太阳。地球引力又分为中心引力和非球形引力两部分。

1）地球中心引力

中心引力前面已经介绍过，不过那里将航天器当作一个质点。如果将航天器视为由若干质量元组成的质点系或连续体，那么对任一质量元 $\mathrm{d}m$ 的作用中心引力为

$$\mathrm{d}\boldsymbol{f}_g = -\frac{\mu}{r'^3} \boldsymbol{r}' \mathrm{d}m \tag{2-31}$$

式中，μ 为地球引力常数；$\boldsymbol{r}'$ 为地心至卫星质量元 $\mathrm{d}m$ 的矢量，$r' = \|\boldsymbol{r}'\|$ 为地心至质量元 $\mathrm{d}m$ 的距离。令 $\boldsymbol{r}' = \boldsymbol{r} + \boldsymbol{\rho}$，其中 $\boldsymbol{r}$ 和 $\boldsymbol{\rho}$ 分别为从地心至航天器质心的矢量和从质心至质量元 $\mathrm{d}m$ 的矢量。显然 $\rho = \|\boldsymbol{\rho}\|$ 比 $r = \|\boldsymbol{r}\|$ 小得多，即 $\rho/r \ll 1$。利用

$$\boldsymbol{r}'^2 = (\boldsymbol{r} + \boldsymbol{\rho}) \cdot (\boldsymbol{r} + \boldsymbol{\rho}) = r^2 \left(1 + 2\frac{\boldsymbol{r} \cdot \boldsymbol{\rho}}{r^2} + \frac{\boldsymbol{\rho}^2}{r^2}\right) \tag{2-32}$$

忽略 ρ/r 的二阶以上小量，可得中心引力合力为

$$\boldsymbol{F}_{g0} = -\frac{\mu m}{r^3} \boldsymbol{r} \tag{2-33}$$

式中，m 为航天器的质量。

可见，航天器作为质点系或连续体所受到的地球中心引力的合力与航天器作为质点时所受到的中心引力近似相符，其差别仅为 ρ/r 的二阶小量。

2）地球非球形引力

地球中心引力是假设地球为均质正球体所产生的万有引力。实际上，地球的质量分布并不均匀，而且由于潮汐现象而随时变化，地球的形状也不是理想的正球体。因此，地球对卫星的引力并不完全是中心引力，其中的差别就是地球非球形引力。

地球非球形引力的势函数在地心距 r、地心经度 λ 和地心纬度 ϕ 处的取值为

$$V_{\mathrm{gt}} = \frac{\mu}{r} \sum_{n=2}^{N} \left(\frac{R_{\mathrm{e}}}{r}\right)^n \sum_{m=0}^{n} P_{nm}(\sin \phi)(C_{nm} \cos m\lambda + S_{nm} \sin m\lambda) \tag{2-34}$$

式中，μ 为地球引力常数；R_{e} 为地球赤道平均半径；P_{nm} 为 n 阶 m 级勒让德函数；C_{nm}、S_{nm} 为系数，其中 C_{n0} 是带谐系数，C_{nm}、$S_{nm}(m \neq 0, m < n)$ 为田谐系数，C_{nm} 是扇谐系数。

在数学仿真中需要计算非球形引力或引力加速度在惯性空间的分量。为此，首先利用递推公式计算勒让德函数和三角函数：

$$\begin{cases} P_{n0}(\sin \phi) = [(2n-1)\sin \phi P_{(n-1)0}(\sin \phi) - (n-1)P_{(n-2)0}(\sin \phi)]/n \\ P_{nm}(\sin \phi) = P_{(n-2)m}(\sin \phi) + (2n-1)\cos \phi P_{(n-1)(m-1)}(\sin \phi), \quad m \neq 0, m < n \\ P_{nn}(\sin \phi) = (2n-1)\cos \phi P_{(n-1)(n-1)}(\sin \phi) \\ \sin m\lambda = 2\cos \lambda \sin(m-1)\lambda - \sin(m-2)\lambda \\ \cos m\lambda = 2\cos \lambda \cos(m-1)\lambda - \cos(m-2)\lambda \end{cases} \tag{2-35}$$

迭代初值为 $P_{00}(\sin \phi) = 1, P_{10}(\sin \phi) = \sin \phi, P_{11}(\sin \phi) = \cos \phi$。然后，计算势函数对 r、ϕ、λ 的偏导数：

$$\begin{cases} \dfrac{\partial V_{\mathrm{gt}}}{\partial r} = -\dfrac{\mu}{r^2} \sum_{n=1}^{N} \left(\dfrac{R_{\mathrm{e}}}{r}\right)^n (n+1) \sum_{m=0}^{n} (C_{nm} \cos m\lambda + S_{nm} \sin m\lambda) P_{nm}(\sin \phi) \\ \dfrac{\partial V_{\mathrm{gt}}}{\partial \phi} = \dfrac{\mu}{r} \sum_{n=2}^{N} \left(\dfrac{R_{\mathrm{e}}}{r}\right)^n \sum_{m=0}^{n} (C_{nm} \cos m\lambda + S_{nm} \sin m\lambda)[P_{n(m+1)}(\sin \phi) - m \tan \phi P_{nm}(\sin \phi)] \\ \dfrac{\partial V_{\mathrm{gt}}}{\partial \lambda} = \dfrac{\mu}{r} \sum_{n=2}^{N} \left(\dfrac{R_{\mathrm{e}}}{r}\right)^n \sum_{m=0}^{n} m(-C_{nm} \sin m\lambda + S_{nm} \cos m\lambda) P_{nm}(\sin \phi) \end{cases} \tag{2-36}$$

最后，地球非球形引力加速度在地心惯性系中的分量为

$$
\frac{1}{m}\begin{pmatrix} F_{\mathrm{gt}x} \\ F_{\mathrm{gt}y} \\ F_{\mathrm{gt}z} \end{pmatrix} = \begin{pmatrix} \cos\alpha\cos\phi & -\cos\alpha\sin\phi & -\sin\alpha \\ \sin\alpha\cos\phi & -\sin\alpha\cos\phi & \cos\alpha \\ \sin\phi & \cos\phi & 0 \end{pmatrix} \begin{pmatrix} -\dfrac{\partial V_{\mathrm{gt}}}{\partial r} \\ -\dfrac{1}{r}\dfrac{\partial V_{\mathrm{gt}}}{\partial \phi} \\ -\dfrac{1}{r\cos\phi}\dfrac{\partial V_{\mathrm{gt}}}{\partial \lambda} \end{pmatrix} \tag{2-37}
$$

式中，$\alpha = \lambda + \alpha_g$，$\alpha_g$ 为格林尼治时角。式（2-37）是一个近似坐标变换公式，更精确的坐标变换要考虑地球极移、章动和岁差等因素。

3）日、月引力

日、月引力作为第三体引力，其对近地航天器的合力矩比地球中心引力矩小得多，通常不予考虑。但对于高轨道航天器，如静止卫星等，日、月引力对航天器轨道运动有着重要影响。从惯性空间来看，日、月对航天器的引力是万有引力，引力加速度分别为

$$
\begin{cases} a_{\mathrm{sv}} = -\dfrac{\mu_{\mathrm{s}}}{r_{\mathrm{sv}}^3} \boldsymbol{r}_{\mathrm{sv}} \\ a_{\mathrm{mv}} = -\dfrac{\mu_{\mathrm{m}}}{r_{\mathrm{mv}}^3} \boldsymbol{r}_{\mathrm{mv}} \end{cases} \tag{2-38}
$$

式中，μ_{s} 和 μ_{m} 分别为日、月引力常数；$\boldsymbol{r}_{\mathrm{sv}}$ 和 $\boldsymbol{r}_{\mathrm{mv}}$ 分别为日、月引力中心至航天器的矢量，且 $r_{\mathrm{sv}} = \|\boldsymbol{r}_{\mathrm{sv}}\|$，$r_{\mathrm{mv}} = \|\boldsymbol{r}_{\mathrm{mv}}\|$。

人造地球卫星的运动是在地心坐标系下描述的，而地心运动受到了日、月引力的影响，因此在地心坐标系下，日、月对航天器的作用应该去掉日、月对地球的作用，即日、月引力摄动加速度分别为

$$
\begin{cases} \dfrac{F_{\mathrm{dgs}}}{m} = -\mu_{\mathrm{s}}\left(\dfrac{\boldsymbol{r}_{\mathrm{sv}}}{r_{\mathrm{sv}}^3} - \dfrac{\boldsymbol{r}_{\mathrm{se}}}{r_{\mathrm{se}}^3}\right) \\ \dfrac{F_{\mathrm{dgm}}}{m} = -\mu_{\mathrm{m}}\left(\dfrac{\boldsymbol{r}_{\mathrm{mv}}}{r_{\mathrm{mv}}^3} - \dfrac{\boldsymbol{r}_{\mathrm{me}}}{r_{\mathrm{me}}^3}\right) \end{cases} \tag{2-39}
$$

式中，$\boldsymbol{r}_{\mathrm{se}}$ 和 $\boldsymbol{r}_{\mathrm{me}}$ 分别为日、月引力中心至地心的矢量，$r_{\mathrm{se}} = \|\boldsymbol{r}_{\mathrm{se}}\|$，$r_{\mathrm{me}} = \|\boldsymbol{r}_{\mathrm{me}}\|$。$\boldsymbol{r}_{\mathrm{se}}$ 和 $\boldsymbol{r}_{\mathrm{me}}$ 在地心惯性坐标系中的分量可用近似公式计算。

2.2.3.3 气动阻力

地球卫星通常在离地面 100 km 以上高度运行，此时大气相对于卫星的运动为自由分子流。假设来流中的空气分子撞击到卫星表面后几乎没有反射，来流质点的全部动能和动量被卫星表面完全吸收，则任意面积元 dA 上所受的气动力为

$$
\mathrm{d}\boldsymbol{f}_{\mathrm{a}} = -\frac{1}{2}\rho u^2 C_D (\hat{\boldsymbol{n}} \cdot \hat{\boldsymbol{u}})\hat{\boldsymbol{u}}\mathrm{d}A \tag{2-40}
$$

式中，ρ 为卫星所在区域的大气密度；u 为卫星相对于大气的速度矢量

$$\boldsymbol{u} = \boldsymbol{v} - \boldsymbol{\omega}_0 \times \boldsymbol{r}, \quad u = \|\boldsymbol{u}\|, \quad \widehat{\boldsymbol{u}} = \boldsymbol{u}/u \tag{2-41}$$

r 和 v 分别为卫星在地心惯性坐标系下的瞬时位置矢量和速度矢量，$\boldsymbol{\omega}_0$ 为地球自转角速度矢量；$\widehat{n}$ 为面积元的外法向单位矢量；C_D 为阻力系数，其与航天器表面材料性质及空气质点的入射角 $\arccos(\widehat{\boldsymbol{n}} \cdot \widehat{\boldsymbol{u}})$ 有关。

作用在整个卫星的气动力为

$$\boldsymbol{F}_\mathrm{a} = \int \mathrm{d}\boldsymbol{f}_\mathrm{a} \tag{2-42}$$

当卫星姿态运动引起的表面元 $\mathrm{d}A$ 的速度比质心相对于来流的速度小得多时，可将卫星整体所受到的气动阻力写成

$$\boldsymbol{F}_\mathrm{a} = -\frac{1}{2}\rho u_0^2 C_D A \widehat{\boldsymbol{u}}_0 \tag{2-43}$$

式中，u_0 为质心相对于空气的速度，$u_0 = \|\boldsymbol{u}_0\|$，$\widehat{\boldsymbol{u}}_0 = \boldsymbol{u}_0/u_0$；$A$ 为垂直于 $\boldsymbol{u}_0$ 的星体最大截面积。

2.3　MATLAB 与微分方程求解

2.3.1　MATLAB 系统简介

MATLAB 是矩阵实验室（Matrix Laboratory）的简称，是一种用于算法开发、数据可视化、数据分析及数值计算的高级技术计算语言和交互式环境。MATLAB 系统主要包括桌面工具和开发环境、数学函数库、语言、图形处理和外部接口 5 个部分。MATLAB 以其良好的开放性和运行的可靠性，已经成为国际控制界公认的标准计算软件，在数值计算方面独占鳌头。其主要特点为：① 计算功能强大；② 绘图非常方便；③ 具有功能强大的工具箱；④ 帮助功能完整[9]。

MATLAB 是支持从概念设计、算法开发、建模仿真和实时实现的理想的集成环境。无论是进行科学研究还是进行产品开发，MATLAB 产品组都是必不可少的工具，其可用来进行：① 数据分析；② 数值和符号计算；③ 工程与科学绘图；④ 控制系统设计；⑤ 数字图像信号处理；⑥ 财务工程；⑦ 建模、仿真、原型开发；⑧ 应用开发；⑨ 图形用户界面设计。MATLAB 产品组被广泛地应用于包括信号与图像处理、控制系统设计、通信、系统仿真等诸多领域。其一大特性是有众多的面向具体应用的工具箱和仿真块，包含了完整的函数集，从而可

对信号图像、控制系统、神经网络等特殊应用进行分析和设计。其他的产品延伸了 MATLAB 的能力，包括数据采集、报告生成和依靠 MATLAB 语言编程产生独立的 C/C++ 代码等[10]。

2.3.2　MATLAB 求解微分方程

一般的常微分方程可以表达为

$$y^{(n)} = f(t, y, y', \cdots, y^{(n-1)}) \tag{2-44}$$

经过处理，如

$$\begin{cases} y_1' = y_2 \\ y_2' = y_3 \\ \cdots \\ y_n' = f(t, y_1, y_2, \cdots, y_n) \end{cases} \tag{2-45}$$

可以变为常用的一阶微分方程组的形式：

$$\boldsymbol{y}' = f(t, \boldsymbol{y}) \tag{2-46}$$

式中，$\boldsymbol{y}$ 是向量；f 是向量函数。如果初值已知，即 $\boldsymbol{y}$ 已知，方程中不显含 t，则是常微分方程的初始值问题；方程中显含 t，则是微分代数方程的初始值问题。

解的 MATLAB 语法形式为

$$[t, y] = solver(odefun, tspan, y0) \tag{2-47}$$

式中，solver 是 ODE 求解器中的一种；odefun 为微分方程函数，形式为 dy/dt=odefun (t,y)，t 为时间标量，dy/dt、y 是列向量；tspan 为积分时间步长向量，初始条件对应 tspan (1)，积分从 tspan (1) 到 tspan (end)，如果只有两个元素 [t0, tf]，则估计每一步的输出；y0 为系统初值。

解方程时，可以对一些属性进行设置，否则使用初始值，属性设置方法包括：

（1）直接法：options = odeset ('name1', value1, 'name2', value2, $\cdots$)；

（2）局部改变法：options = odeset (oldopts, 'name1', value1, $\cdots$)；

（3）全部更新法：options = odeset (oldopts, newopts)。

查看属性值：o = odeget (options, 'name')

函数调用方法：

$$[t, y] = solver(odefun, tspan, y0, options) \tag{2-48}$$

MATLAB 提供的求解微分方程问题的常用函数求解器包括 ode45 和 ode23, 其中, ode45 求解器对应高阶法解微分方程问题, ode23 求解器对应低阶法解微分方程问题。

常微分方程的边界值问题描述的是方程 $\boldsymbol{y}' = f(x, \boldsymbol{y})$, 在边界上满足 $g(y(a), y(b)) = 0$, MATLAB 求解的语法格式为

$$\text{sol} = \text{bvp4c(odefun, bcfun, solinit)} \tag{2--49}$$

偏微分方程的边界值问题描述的是方程

$$c\left(x, t, u, \frac{\partial u}{\partial x}\right)\frac{\partial u}{\partial t} = x^{-m}\frac{\partial}{\partial x}\left(x^m f\left(x, t, u, \frac{\partial u}{\partial x}\right)\right) + s\left(x, t, u, \frac{\partial u}{\partial x}\right) \tag{2--50}$$

边界条件如下:

（1）当 $t = t_0$ 时,

$$u(x, t_0) = u_0(x) \tag{2--51}$$

（2）当 $x = a$ 或 $x = b$ 时,

$$p(x, t, u) + q(x, t)f\left(x, t, u, \frac{\partial u}{\partial x}\right) = 0 \tag{2--52}$$

MATLAB 求解的语法格式为

$$\text{sol} = \text{pdepe(m, pdefun, icfun, bcfun, xmesh, tspan)} \tag{2--53}$$

2.4 二体轨道动力学仿真实例

式 (2–3) 给出了航天器在惯性坐标系下的二体轨道动力学微分方程, 若不考虑摄动力的影响并且不进行轨道机动, 则式 (2–3) 可以简化为

$$\begin{cases} \dot{\boldsymbol{r}} = \boldsymbol{v} \\ \dot{\boldsymbol{v}} = -\dfrac{\mu}{r^3}\boldsymbol{r} \end{cases} \tag{2--54}$$

设 $(\boldsymbol{r}, \boldsymbol{v})$ 在地心惯性坐标系中的分量为 (x, y, z, v_x, v_y, v_z), 则运动微分方程

（2-54）的分量形式为

$$
\begin{cases}
\dot{x} = v_x \\
\dot{y} = v_y \\
\dot{z} = v_z \\
\dot{v}_x = -\dfrac{\mu}{r^3}x \\
\dot{v}_y = -\dfrac{\mu}{r^3}y \\
\dot{v}_z = -\dfrac{\mu}{r^3}z
\end{cases}
\tag{2-55}
$$

本节以航天器的二体轨道动力学仿真为例来演示如何使用 MATLAB 对航天器控制系统进行建模并进行仿真分析。该实例针对不受摄动的地球卫星，利用 MATLAB 对其在地球中心引力作用下的轨道动力学特性进行分析，搭建航天器轨道动力学模型，绘制航天器运行轨迹，并分析其运动特性。

2.4.1　仿真相关参数

建模仿真中涉及的相关参数主要分为航天器本体参数、外界环境参数以及进行 MATLAB 仿真时的地理位置参数。本例中主要涉及的参数：地球半径 $R_e = 6\ 378.145$ km，地球引力常数 $\mu = 398\ 600.44$ km^3/s^2，航天器的初始位置 $r_0 = (-243\ 222.84, -3\ 791\ 991.45, 6\ 324\ 449.95)$ m，航天器的初始速度 $v_0 = (-1\ 642.09, 6\ 172.21, 3\ 637.56)$ m/s，北京市的地理坐标为 $(116°28', 39°48')$。

2.4.2　仿真程序及仿真结果

在编辑新的 MATLAB 文件前，需要对 MATLAB 进行初始化操作，防止之前运行的 .m 文件生成的变量对新的 .m 文件运行产生影响：

%清除工作空间的所有变量、函数和 MEX 文件

```
clear all;
```

%清除命令窗口的内容

```
clc;
```

在进行二体轨道动力学建模仿真之前，需要编辑相应程序向工作区输入仿真相关的参数，其中地球引力常数 μ 为固定数值，在此定义为全局变量 (全局变量的使用可以减少参数传递，合理利用全局变量可以提高程序执行效率)：

%定义全局变量地球引力常数 μ

```
global miu;
```

%定义地球半径

```
Re = 6378.145e+3;
```

航天器的二体轨道动力学仿真的本质在于对运动微分方程（2–55）的求解，求解微分方程需要先定义航天器的初始位置、初始速度等仿真初值条件以及仿真时长：

```
%航天器的初始位置、初始速度等仿真初值条件
r0 = 1e+6*[-0.24322284327422;-3.79199144866264;6.32444994784559];
v0 = 1e+3*[-1.64209188480826;6.17220916529869;3.63756062689151];
x0 = [r0;v0];
%定义仿真时长（本例选取 24 小时作为仿真时间）
t0 = 0;
tf = 24*3600;
tspan = [t0,tf];
```

本节拟采用四阶–五阶 Runge–Kutta 算法求解微分方程，其 MATLAB 基本语句为

$$[t, y] = ode45(odefun, tspan, y0, options) \tag{2–56}$$

式中，odefun 为函数句柄，在本仿真案例中，即为运动微分方程（2–55）。因此，需要建立 dif_orbit_dynamics.m 函数文件对航天器的二体轨道运动微分方程进行描述，编辑 MATLAB 函数文件需要利用 function 指令定义相应的自变量和因变量：

```
function dx = dif_orbit_dynamics(t, x)
%定义全局变量地球引力常数 μ
global miu;
miu = 398600.44e+9;
%编辑航天器无摄动二体轨道动力学微分方程
rx = x(1);
ry = x(2);
rz = x(3);
vx = x(4);
vy = x(5);
vz = x(6);
r = sqrt(rx^2+ry^2+rz^2);
drx = vx;
```

```
dry = vy;

drz = vz;

dvx = -miu*rx/r^3;

dvy = -miu*ry/r^3;

dvz = -miu*rz/r^3;

dx = [drx;dry;drz;dvx;dvy;dvz];
```

至此, dif_orbit_dynamics.m 函数文件编辑完成, 利用四阶 – 五阶 Runge–Kutta 算法对航天器无摄动二体轨道动力学微分方程求解:

```
[t_orbit,x_orbit] = ode45('dif_orbit_dynamics',tspan,x0);
```

为了使最终运算结果可视化, 利用 MATLAB 绘图指令 plot 分别绘制出航天器位置变化的二维仿真结果、航天器速度变化的二维仿真结果和航天器位置变化的三维仿真结果:

```
%绘制航天器位置变化的二维仿真结果

figure;

subplot(3,1,1)

plot(t_orbit,x_orbit(:,1));

ylabel('X 轴位置(m)')

subplot(3,1,2)

plot(t_orbit,x_orbit(:,2));

ylabel('Y 轴位置(m)')

subplot(3,1,3)

plot(t_orbit,x_orbit(:,3));

ylabel('Z 轴位置(m)')

xlabel('飞行时间(s)')

%绘制航天器速度变化的二维仿真结果

figure;

subplot(3,1,1)

plot(t_orbit,x_orbit(:,4));

ylabel('X 轴速度(m/s)')

subplot(3,1,2)

plot(t_orbit,x_orbit(:,5));

ylabel('Y 轴速度(m/s)')
```

```
subplot(3,1,3)
plot(t_orbit,x_orbit(:,6));
ylabel('Z 轴速度(m/s)')
xlabel('飞行时间(s)')
%绘制航天器位置变化的三维仿真结果
figure;
plot3(x_orbit(:,1),x_orbit(:,2),x_orbit(:,3),'r');
xlabel('X 轴位置(m)')
ylabel('Y 轴位置(m)')
zlabel('Z 轴位置(m)')
grid;
```

利用 sphere 指令,绘制地球示意图:

```
hold on;
[Xe,Ye,Ze] = sphere(24);
Xe = Re*Xe;
Ye = Re*Ye;
Ze = Re*Ze;
surf(Xe,Ye,Ze)
axis equal;
```

绘制北京市在地球上的位置,作为航天器运动轨迹仿真结果的参考,已知北京市的地理坐标为 $(116°28', 39°48')$,利用式 (2–57) 求解北京市的三维坐标:

$$\begin{cases} R_x = R_e \cdot \cos\varphi \cdot \cos\lambda \\ R_y = R_e \cdot \cos\varphi \cdot \sin\lambda \\ R_z = R_e \cdot \sin\varphi \end{cases} \tag{2–57}$$

式中,λ 为北京市的经度;φ 为北京市的纬度。

绘制北京市位置的程序如下:

```
longitude_beijing = (116+28/60)*pi/180;
latitude_beijing = (39+48/60)*pi/180;
X_beijing = cos(latitude_beijing)*cos(longitude_beijing)*Re;
Y_beijing = cos(latitude_beijing)*sin(longitude_beijing)*Re;
Z_beijing = sin(latitude_beijing)*Re;
plot3(X_beijing,Y_beijing,Z_beijing,'pr')
```

以上即为主函数 orbit_satellite.m 的全部内容，运行主函数文件，得到航天器三轴位置时间历程图、航天器三轴速度时间历程图、航天器轨道与地球三维位置关系图，分别如图 2-4、图 2-5 和图 2-6 所示（注：为符合出版规范，图中坐标轴名称较原程序有修改，后同）。

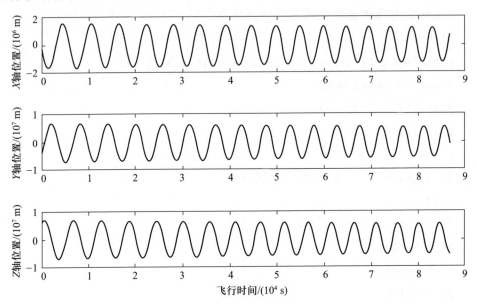

图 2-4　航天器三轴位置时间历程

由仿真结果可以看出，随着仿真的进行，航天器的轨道发生较大的改变，不再符合无摄动二体轨道动力学的运动规律，其原因是四阶－五阶 Runge-Kutta 算法的默认相对误差精度为10^{-3}，数值精度低，因此需要对其相对误差精度进行设置。利用 odeset 指令修改 ode45 求解器的相对精度，即利用

```
option = odeset('RelTol',1e-4);
[t_orbit, x_orbit] = ode45('dif_orbit_dynamics',tspan,x0,option);
```
代替原语句
```
[t_orbit,x_orbit] = ode45('dif_orbit_dynamics',tspan,x0);
```
将微分仿真器的相对误差精度设置为 10^{-4}，提高计算精度，修改后的仿真结果如图 2-7 至图 2-9 所示。

由图 2-7 至图 2-9 可以看出，航天器的运行轨道随着仿真的进行并未产生变化，证明仿真结果可靠。同时，由仿真结果可以得到该航天器的一些相关理论参数：轨道倾角 98.19°，轨道高度 1 000 km，升交点赤经 280.19°，轨道周期 6 307.1 s。

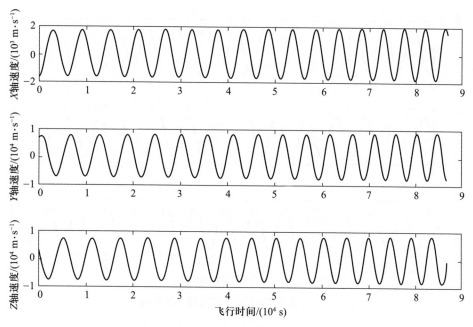

图 2-5 航天器三轴速度时间历程

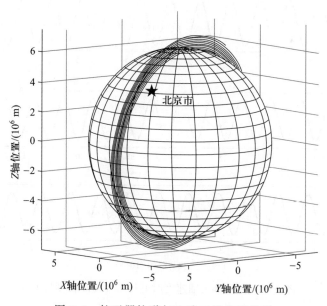

图 2-6 航天器轨道与地球三维位置关系

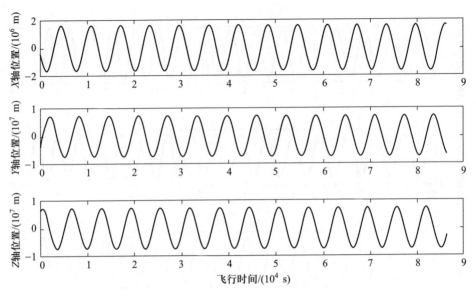

图 2-7　航天器三轴位置时间历程（提高精度后）

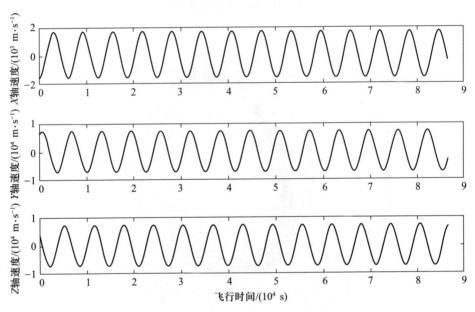

图 2-8　航天器三轴速度时间历程（提高精度后）

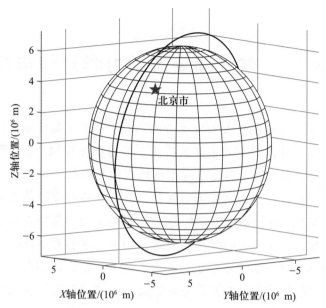

图 2-9　航天器轨道与地球三维位置关系（提高精度后）

参 考 文 献

[1]　刘良栋. 卫星控制系统仿真技术 [M]. 北京: 中国宇航出版社, 2003.

[2]　肖业伦. 航天器飞行动力学原理 [M]. 北京: 中国宇航出版社, 1995.

[3]　周军. 航天器控制原理 [M]. 西安: 西北工业大学出版社, 2001.

[4]　布洛克利, 史维. 动力学与控制 [M]. 江驹, 周建江, 韩潮, 等译. 北京: 北京理工大学出版社, 2016.

[5]　杨嘉墀. 航天器轨道动力学与控制 [M]. 北京: 中国宇航出版社, 1995.

[6]　刘铸永, 洪嘉振. 全柔性航天器动力学建模与仿真技术研究 [C]// 第十届动力学与控制学术会议论文集. 2016: 378.

[7]　刘林. 航天器轨道理论 [M]. 北京: 国防工业出版社, 2000.

[8]　MAZZINI L. Flexible Spacecraft Dynamics, Control and Guidance[M]. Cham: Springer, 2016.

[9]　刘浩, 韩晶. MATLAB R2018a 完全自学一本通 [M]. 北京: 电子工业出版社, 2018.

[10]　林炳强, 谢龙汉, 周维维. MATLAB 2018 从入门到精通 [M]. 北京: 人民邮电出版社, 2019.

第 3 章　航天器姿态动力学建模与仿真

航天器姿态运动描述航天器绕质心的转动。对航天器绕质心施加力矩，以保持或按需要改变其在空间的定向的技术，称为姿态控制。为实现轨道操作和完成航天器应用任务，航天器姿态应正确地定向在目标方向上或从原方向机动至另一指向或同时进行多目标指向，因此，航天器姿态控制是航天器系统设计的重要内容。基于刚体转动动力学的航天器姿态动力学是姿态稳定和姿态控制的理论基础，通常研究航天器绕其质心运动的状态和性质，其姿态动力学方程是以牛顿动力学定律（如动量矩定律）为基础的。航天器姿态动力学是设计航天器姿态控制系统的前提，航天器姿态的数学描述是航天器姿态控制建模的基础[1]。

3.1　航天器姿态动力学模型

航天器姿态动力学模型描述航天器各组成部分在多种环境力和控制力作用下围绕航天器质心做相对运动的状态和性质。本节将以刚体航天器为例，建立其姿态运动微分方程。

3.1.1　刚体的姿态

刚体是最简单的、使用最广泛的模型，同时它也是更复杂模型的基础。理论力学中的刚体是指不发生任何变形的物体，即物体中任意两个指定的质量元之间的距离始终保持不变。刚体绕其上面任一固定点的转动运动只有 3 个自由度，即要描述刚体姿态运动只需 6 个独立的状态变量，通常为 3 个刚体角速度和另外 3 个相互独立的状态变量。描述姿态的状态变量称为姿态参数，姿态参数有很多描述方式，常见的方式有方向余弦矩阵、四元数和姿态欧拉角等，这几种表述方式各有优缺点[2-3]。

方向余弦矩阵是最直观、最基本的姿态参数，在数学仿真中用于各种矢量的坐标变换。因此，在数学仿真输出部分往往要求取方向余弦矩阵，但它的参数数目多，不宜直接作为动力学仿真方程的状态变量。

四元数也称为欧拉参数，是一个很常用的冗余姿态坐标集合，只有 4 个数，在表示姿态坐标时不会出现奇异性，计算简单（没有三角函数计算），常用作数学仿真的状态变量。它的缺点是缺乏几何直观性，计算结果需要转换成方向余弦矩阵或姿态欧拉角，用作状态变量时维数高，但是可以利用约束方程来检验其计算精度。

姿态欧拉角是包含参数最少的一种形式，只有 3 个姿态坐标，比较直观，在姿态测量和控制（特别是三轴稳定系统）中常用。若其作为状态变量，动力学方程中将有三角函数，耗费计算机时较多；而且姿态欧拉角存在奇点，对姿态变化范围有一定限制。因此，在数学仿真中，姿态欧拉角主要作为输入、输出量。

3.1.2 刚体姿态运动学方程

刚体航天器的姿态动力学是以刚体的动量矩定理为基础的。刚体姿态运动的速度用角速度矢量 $\boldsymbol{\omega}$ 表示，角速度与姿态参数的关系式构成刚体运动学方程[4]。

1）角速度与方向余弦矩阵

设 $O\text{-}a_1a_2a_3$ 是参考坐标系，$O\text{-}b_1b_2b_3$ 是刚体固联坐标系，$\boldsymbol{r}$ 是从原点 O 至刚体中一点 P 的矢量，$\boldsymbol{r} = (\boldsymbol{b}_1, \boldsymbol{b}_2, \boldsymbol{b}_3)\boldsymbol{r}_b$，$\boldsymbol{r}_b$ 为该矢量在刚体固联坐标系下的表示。由刚体的定义可知，$\boldsymbol{r}_b$ 的元素为常数，故在刚体姿态运动中 P 点的速度为

$$\dot{\boldsymbol{r}} = (\boldsymbol{a}_1, \boldsymbol{a}_2, \boldsymbol{a}_3)\dot{\boldsymbol{C}}\boldsymbol{r}_b = (\boldsymbol{b}_1, \boldsymbol{b}_2, \boldsymbol{b}_3)\boldsymbol{C}^{\mathrm{T}}\dot{\boldsymbol{C}}\boldsymbol{r}_b \tag{3-1}$$

由于 $\boldsymbol{C}$ 是单位正交矩阵，$\dfrac{\mathrm{d}}{\mathrm{d}t}(\boldsymbol{C}^{\mathrm{T}}\boldsymbol{C}) = \boldsymbol{C}^{\mathrm{T}}\dot{\boldsymbol{C}} + (\boldsymbol{C}^{\mathrm{T}}\dot{\boldsymbol{C}})^{\mathrm{T}} = 0$，故 $\boldsymbol{C}^{\mathrm{T}}\dot{\boldsymbol{C}}$ 为反对称矩阵。

注意到 3×3 反对称矩阵和 3 维列矩阵（矢量）叉乘之间的对应关系，可以定义由列矩阵生成反对称矩阵的叉乘矩阵符号 $\boldsymbol{\omega}^{\times}$

$$\boldsymbol{C}^{\mathrm{T}}\dot{\boldsymbol{C}} = \begin{pmatrix} 0 & -\omega_3 & \omega_2 \\ \omega_3 & 0 & -\omega_1 \\ -\omega_2 & \omega_1 & 0 \end{pmatrix} = \boldsymbol{\omega}^{\times} \tag{3-2}$$

矢量

$$\boldsymbol{\omega} = (\omega_1, \omega_2, \omega_3)^{\mathrm{T}} \tag{3-3}$$

称为刚体相对于参考坐标系的角速度矢量，则

$$\dot{\boldsymbol{r}} = \boldsymbol{\omega} \times \boldsymbol{r} \tag{3-4}$$

由式 (3-2) 得

$$\dot{\boldsymbol{C}} = \boldsymbol{C}\boldsymbol{\omega}^{\times} \tag{3-5}$$

式（3-5）可作为用方向余弦矩阵表达的刚体运动学方程。式（3-5）的展开形式为

$$
\begin{cases}
\dot{C}_{11} = \omega_3 C_{12} - \omega_2 C_{13} \\
\dot{C}_{21} = \omega_3 C_{22} - \omega_2 C_{23} \\
\dot{C}_{31} = \omega_3 C_{32} - \omega_2 C_{33} \\
\dot{C}_{12} = \omega_1 C_{13} - \omega_3 C_{11} \\
\dot{C}_{22} = \omega_1 C_{23} - \omega_3 C_{21} \\
\dot{C}_{32} = \omega_1 C_{33} - \omega_3 C_{31} \\
\dot{C}_{13} = \omega_2 C_{11} - \omega_1 C_{12} \\
\dot{C}_{23} = \omega_2 C_{21} - \omega_1 C_{22} \\
\dot{C}_{33} = \omega_2 C_{31} - \omega_1 C_{32}
\end{cases}
\tag{3-6}
$$

式（3-6）为 Poinsson 运动学方程式，一般情况下，不能得到封闭解形式，必须用数值积分求取。

2）角速度与四元数

对于大角度的姿态运动（如姿态机动），为克服欧拉角表示姿态会出现奇异的缺点，通常采用四元数代替欧拉角来描述航天器的姿态。欧拉定理表明，刚体的任意有限次转动等价于绕欧拉轴的一次有限转动，一个三元数组 $\boldsymbol{A}$ 可以通过绕方向矢量 $\boldsymbol{e} = (e_1, e_2, e_3)$ 的主轴旋转一个角度 ϕ 后与三元数组 $\boldsymbol{B}$ 重合。这里分量 e_i 在所有三元数组中是相同的。绕单位矢量 $\boldsymbol{e}$ 旋转的正方向通过右手定则确定[5-9]。

主旋转可以利用欧拉参数或四元数进行描述，并且两种表示方法之间的标量部分满足

$$
q_0 = \cos \frac{\phi}{2}
\tag{3-7}
$$

$$
q_1 = e_1 \sin \frac{\phi}{2}
\tag{3-8}
$$

$$
q_2 = e_2 \sin \frac{\phi}{2}
\tag{3-9}
$$

$$
q_3 = e_3 \sin \frac{\phi}{2}
\tag{3-10}
$$

且有约束：

$$
q_0^2 + q_1^2 + q_2^2 + q_3^2 = 1
\tag{3-11}
$$

分量 q_1、q_2、q_3 可以组合写成列矢量 $\boldsymbol{q}_v$ 的形式，因此四元数的矢量形式为 $\boldsymbol{q} = (q_0, \boldsymbol{q}_v)$，只有在其作为嵌入式矢量的时候才采用这种形式进行计算。利用

四元数表示三元数组 $\boldsymbol{A}$ 到三元数组 $\boldsymbol{B}$ 的转换矩阵，为

$$\boldsymbol{M}_{B\leftarrow A} = \begin{pmatrix} 1 - 2(q_2^2 + q_3^2) & 2(q_1q_2 + q_0q_3) & 2(q_1q_3 - q_0q_2) \\ 2(q_2q_1 - q_0q_3) & 1 - 2(q_1^2 + q_3^2) & 2(q_2q_3 + q_0q_1) \\ 2(q_3q_1 + q_0q_2) & 2(q_3q_2 - q_0q_1) & 1 - 2(q_1^2 + q_2^2) \end{pmatrix} \tag{3-12}$$

定义单位矩阵对应的单位四元数为 $(1,0,0,0)$，两个四元数 $\boldsymbol{q} = (q_0, \boldsymbol{q}_v)$ 和 $\boldsymbol{p} = (p_0, \boldsymbol{p}_v)$ 的乘法运算记为 $\boldsymbol{q} \otimes \boldsymbol{p}$，则有

$$\boldsymbol{q} \otimes \boldsymbol{p} = (q_0p_0, \boldsymbol{q}_v^{\mathrm{T}}\boldsymbol{p}_v, p_0\boldsymbol{q}_v + q_0\boldsymbol{p}_v - \boldsymbol{q}_v^{\times}\boldsymbol{p}_v) \tag{3-13}$$

四元数运动学方程可以写为

$$\begin{cases} \dot{\boldsymbol{q}} = \dfrac{1}{2}(0, \boldsymbol{\omega}) \otimes \boldsymbol{q} \\ (0, \boldsymbol{\omega}) = 2\dot{\boldsymbol{q}} \otimes \boldsymbol{q}^{-1} \end{cases} \tag{3-14}$$

利用式 (3-13)，可由角速度和四元数求得四元数变化率 (运动学方程)：

$$\begin{cases} \dot{\boldsymbol{q}}_v = \dfrac{1}{2}(q_0\boldsymbol{\omega} + \boldsymbol{q}_v^{\times}\boldsymbol{\omega}) \\ \dot{q}_0 = -\dfrac{1}{2}\boldsymbol{q}_v^{\mathrm{T}}\boldsymbol{\omega} \end{cases} \tag{3-15}$$

由四元数及其变化率求得角速度 (本体坐标系分量)：

$$\boldsymbol{\omega} = 2(q_0\dot{\boldsymbol{q}}_v - \boldsymbol{q}_v^{\times}\dot{\boldsymbol{q}}_v - q_0\boldsymbol{q}_v) \tag{3-16}$$

3) 角速度与姿态欧拉角

以欧拉角表示的姿态运动学方程与坐标系的旋转顺序有关，对于本体 3-2-1 姿态角，假设已知航天器三轴角速度分别为 ω_1、ω_2 和 ω_3，3 次旋转对应的欧拉角分别表示为 ψ、θ 和 φ，即首先绕 Z 轴旋转角度 ψ，然后绕 Y 轴旋转角度 θ，最后绕 X 轴旋转角度 φ。航天器总的瞬时旋转角速度是 3 次旋转对应的欧拉角速度的叠加，表示在当前的本体坐标系中为

$$\begin{aligned} \begin{pmatrix} \omega_1 \\ \omega_2 \\ \omega_3 \end{pmatrix} &= \begin{pmatrix} \dot{\varphi} \\ 0 \\ 0 \end{pmatrix} + C_X(\varphi)\begin{pmatrix} 0 \\ \dot{\theta} \\ 0 \end{pmatrix} + C_X(\varphi)C_Y(\theta)\begin{pmatrix} 0 \\ 0 \\ \dot{\psi} \end{pmatrix} \\ &= \begin{pmatrix} 1 & 0 & -\sin\theta \\ 0 & \cos\varphi & \sin\varphi\cos\theta \\ 0 & -\sin\varphi & \cos\varphi\cos\theta \end{pmatrix}\begin{pmatrix} \dot{\varphi} \\ \dot{\theta} \\ \dot{\psi} \end{pmatrix} \end{aligned} \tag{3-17}$$

式（3-17）做求逆运算可得欧拉角运动学微分方程为

$$
\begin{pmatrix} \dot{\varphi} \\ \dot{\theta} \\ \dot{\psi} \end{pmatrix} = \frac{1}{\cos\theta} \begin{pmatrix} \cos\theta & \sin\varphi\sin\theta & \cos\varphi\sin\theta \\ 0 & \cos\varphi\cos\theta & -\sin\varphi\cos\theta \\ 0 & \sin\varphi & \cos\varphi \end{pmatrix} \begin{pmatrix} \omega_1 \\ \omega_2 \\ \omega_3 \end{pmatrix} \tag{3-18}
$$

注意到式（3-18）中，当 $\theta = \pm\pi/2$ 时，存在计算奇异性。

另外，如果以 3-1-3 旋转为例，即先绕 Z 轴旋转角度 φ，然后绕 X 轴旋转角度 θ，最后绕 Z 轴旋转角度 ψ，则表示在当前坐标系中的瞬时旋转角速度为

$$
\begin{pmatrix} \omega_1 \\ \omega_2 \\ \omega_3 \end{pmatrix} = \begin{pmatrix} 0 \\ 0 \\ \dot{\psi} \end{pmatrix} + C_Z(\psi)\begin{pmatrix} \dot{\theta} \\ 0 \\ 0 \end{pmatrix} + C_Z(\psi)C_X(\theta)\begin{pmatrix} 0 \\ 0 \\ \dot{\varphi} \end{pmatrix}
$$

$$
= \begin{pmatrix} \sin\theta\sin\psi & \cos\psi & 1 \\ \sin\theta\cos\psi & -\sin\psi & 0 \\ \cos\theta & 0 & 1 \end{pmatrix} \begin{pmatrix} \dot{\varphi} \\ \dot{\theta} \\ \dot{\psi} \end{pmatrix} \tag{3-19}
$$

同样，式（3-19）做求逆运算，可得欧拉角运动学微分方程为

$$
\begin{pmatrix} \dot{\varphi} \\ \dot{\theta} \\ \dot{\psi} \end{pmatrix} = \frac{1}{\sin\theta} \begin{pmatrix} \sin\psi & \cos\psi & 0 \\ \cos\psi\sin\theta & -\sin\psi\sin\theta & 0 \\ -\sin\psi\cos\theta & -\cos\psi\cos\theta & \sin\theta \end{pmatrix} \begin{pmatrix} \omega_1 \\ \omega_2 \\ \omega_3 \end{pmatrix} \tag{3-20}
$$

注意到式（3-20）中，当 $\theta = 0, \pi$ 时，存在计算奇异性。

3.1.3　刚体姿态动力学方程

刚体动力学方程描述刚体运动与作用于刚体的外力之间的关系。刚体的运动或者说刚体上所有质量元 $\mathrm{d}m$ 的运动由刚体质心 O 点的运动和刚体绕 O 点的角运动确定。当航天器被看作刚体时，其姿态动力学方程就可以直接由刚体的动量矩定理导出[5-6]。取航天器本体固联坐标系 $O\text{-}b_1b_2b_3$，并且将所有的矢量都用其在 $O\text{-}b_1b_2b_3$ 中的分量来表示。记 $\boldsymbol{\omega}$ 为刚体的角速度矢量，$\boldsymbol{H}$ 为其动量矩，$\boldsymbol{a}$ 为 O 点的绝对加速度矢量，$\boldsymbol{F}$ 为作用于刚体的所有外力的主矢量，$\boldsymbol{T}$ 为所有外力关于 O 点的主矩矢量，则由动量矩定理可得

$$
\boldsymbol{T} = \frac{\mathrm{d}\boldsymbol{H}}{\mathrm{d}t} = \dot{\boldsymbol{H}} + \boldsymbol{\omega} \times \boldsymbol{H} \tag{3-21}
$$

式中，动量矩为

$$
\boldsymbol{H} = \boldsymbol{I}\boldsymbol{\omega} \tag{3-22}
$$

则刚体动力学微分方程可写为

$$\begin{cases} m\boldsymbol{a} = \boldsymbol{F} \\ \boldsymbol{I}\dot{\boldsymbol{\omega}} + \boldsymbol{\omega}^{\times}\boldsymbol{I}\boldsymbol{\omega} = \boldsymbol{T} \end{cases} \tag{3-23}$$

式中，m 为刚体质量，$\boldsymbol{I}$ 为刚体惯量矩阵。式（3–23）中：第一个方程表述了质心运动定理，是质心运动动力学方程或轨道动力学方程；第二个方程是对质心的动量矩定理，是基于本体坐标系的航天器姿态动力学方程，也称为欧拉动力学方程。如果外力和外力矩互不相关，则以上两个方程互相不耦合，轨道运动与姿态运动是解耦的。

3.1.4 姿态干扰力矩

在轨道上运动的航天器受各种力和力矩的作用，其中这些力矩使航天器的姿态产生扰动。作用于航天器的扰动力矩有气动力矩、重力梯度力矩、太阳辐射力矩，以及空间微粒碰撞产生的力矩等。扰动力矩是相对的，在有些情况下，可把上述扰动力矩作为姿态稳定力矩，如重力梯度稳定、磁稳定等。下面简要介绍几种主要的扰动力矩。

1）气动力矩

飞行经验表明，气动力矩能显著地干扰航天器姿态，特别是影响自旋卫星的自旋速度。因而在航天器姿态控制系统设计中，对于高度为 1 000 km 以下的轨道，气动力矩必须予以考虑，特别是高度为 500 km 以下的轨道，气动力矩是主要的空间环境干扰力矩。当轨道高度在 120～1 000 km 时，可以利用自由分子流理论来计算气动力矩，也就是认为大气分子的平均自由行程大于航天器的特征尺寸。例如，对于横截面直径近似 1 m 的航天器来说，这个条件在 120 km 以上的高度就能得到满足。轨道高度在 120 km 以下时，气动力矩会很大，因此航天器寿命很短[4]。

在设计航天器姿态控制系统时，气动力矩可表示为

$$\boldsymbol{M} = -\boldsymbol{F}_{a} \times \boldsymbol{L} \tag{3-24}$$

式中，$\boldsymbol{L}$ 为压心相对于航天器质心的矢径；$\boldsymbol{F}_{a}$ 为气动力矢量。$\boldsymbol{F}_{a}$ 值为

$$F_{a} = -\frac{1}{2}C_{D}S\rho u^{2} \tag{3-25}$$

其中，S 为航天器的特征面积，一般取与速度方向垂直的平面内航天器的最大截面积；ρ 为大气密度；u 为航天器相对于大气的速度；C_{D} 为阻力系数，它与航

天器的形状、飞行姿态、速度有关，当马赫数很高时，可取为常数，当航天器轨道高度在 150 ~ 500 km 时，空气流动属于自由分子流类型，分子在航天器表面的反弹机理决定着阻力的大小，通常取 $C_D = 2 ~ 2.5$；负号表示阻力与航天器的运动方向相反。F_a 仅作用在轨道平面内，不会改变轨道平面本身在空间的方位。

　　实际上，气动力矩与航天器外形、姿态角、质心相对压心的位置以及表面性质密切相关。

　　2）重力梯度力矩

　　重力梯度力矩是因航天器各部分质量具有不同重力而产生的。确定这个力矩需要知道重力场的资料和航天器的质量分布特性，它与轨道半径的立方成反比。航天器由重力梯度所引起的最大力矩的保守值在本体坐标系三个轴上的投影估计分别为

$$M_{gx} = \frac{3\mu}{r^3}(I_z - I_y) \tag{3-26}$$

$$M_{gy} = \frac{3\mu}{r^3}(I_z - I_x) \tag{3-27}$$

$$M_{gz} = \frac{3\mu}{r^3}(I_x - I_y) \tag{3-28}$$

式中，r 为轨道半径或航天器质心到引力体中心的距离。

　　可见，把航天器尽可能设计成接近于等惯量，即具有相同的三轴主惯量，这样就可以在任一轨道上使重力梯度力矩达到最小。这些必须在航天器结构设计中都考虑到，否则结构确定以后再重新更改是非常困难的，而且代价也很高。重力梯度力矩在低轨道运动的航天器设计中是一个需要考虑的重要因素。重力梯度力矩也可以用来作为姿态稳定力矩，这时设计航天器质量分布特性的目的在于增加而不是减少惯量之间的差。

　　3）磁干扰力矩

　　磁干扰力矩是由航天器的磁特性和环境磁场相互作用而产生的。确定磁干扰力矩需要知道环境磁场（如地磁场）的强度和方向、航天器的磁矩及其相对于当地磁场向量的方向。当然，星体上的电流回路、永磁铁和能产生剩磁或感生磁性的材料是主要的磁力矩源。但是，当航天器整体或其一部分在磁场中快速旋转时，通过涡流和磁滞效应所产生的磁干扰力矩也是很可观的。当航天器采用被动稳定（如重力梯度稳定）方式时，或者当长期作用的小干扰对航天器的姿态可能产生重要影响时（如自旋稳定卫星自旋轴的进动），使磁干扰力矩达到最小是非常必要的。

当然，磁力矩也可作为姿态稳定的力矩，这里只讨论磁干扰力矩。它可以粗略地表示为

$$M_{\mathrm{M}} = \|\boldsymbol{M}_{\mathrm{M}}\| = \|\boldsymbol{P} \times \boldsymbol{B}\| = PB\sin\beta \tag{3-29}$$

式中，$\boldsymbol{P}$ 为航天器的剩余磁矩，P 为其数值；$\boldsymbol{B}$ 为航天器所在高度的环境磁场强度，B 为其数值；β 为环境磁场与磁矩的夹角。

为保证磁干扰力矩不产生显著的影响（特别是对被动稳定航天器），对航天器的磁矩要严加限制，在设计航天器和选择元部件时就应当加以考虑。因为要对一个已被磁污染的航天器装置进行净化是非常困难的，而且费用很高。

4）辐射力矩

辐射力矩主要是由太阳的直接照射以及航天器质心和压心不重合所引起的。对于在地球轨道上的航天器，还存在着另外两种辐射源，即地球反射的太阳光和地球及其大气层的红外辐射。航天器上的电磁能（典型的有红外线或无线电信号）的不对称辐射也应看作一种辐射源。决定辐射力矩的主要因素包括：

（1）入射辐射或反射辐射的强度、频谱及方向；

（2）航天器表面形状及太阳表面相对于航天器质心的位置；

（3）辐射入射表面或辐射反射表面的光学性质。

由于太阳辐射与太阳至航天器的距离的平方成反比，因此对于地球轨道上的航天器来说，太阳辐射力矩基本上与轨道高度无关。在对轨道高度为 1 000 km 以上且表面积较大的航天器进行设计时，其他扰动力矩会因高度增加而减小，辐射力矩将是一个不可忽略的扰动因素。

辐射力矩可表示为

$$\boldsymbol{M}_{\mathrm{f}} = -\boldsymbol{f} \times \boldsymbol{L} \tag{3-30}$$

式中，$\boldsymbol{f}$ 为辐射压力矢量；$\boldsymbol{L}$ 为辐射压心相对于航天器质心的矢径。

扰动力矩的大小随航天器的尺寸、形状、惯量、剩余磁矩、姿态角的不同而不同。一般来说，在低高度轨道，主要扰动力矩是气动力矩，在高轨道（1 000 km 以上）是太阳辐射力矩，当高度降至 700 km 时，太阳辐射力矩和气动力矩是同数量级的。在中高度的轨道主要扰动力矩是重力梯度力矩和磁力矩。

除此以外，对于在地球轨道上的航天器来说，作用在航天器上的所有扰动力矩基本上可分解为两项：一项是周期性的，另一项是长期性（非周期性的）的。前者可以用动量交换（飞轮执行机构）来补偿，后者必须用喷气或磁力矩才能消除。

姿态扰动力矩的绝对值不一定很大，特别是对于高轨道航天器，但由于它们作用于航天器的时间长，是影响航天器姿态精度的重要因素，所以姿态控制成为航天控制技术的又一重要方面。

3.2　Simulink 与动态系统仿真

Simulink 是 MATLAB 软件的扩展，是一个能进行动态系统建模、仿真和综合分析的集成软件包。它能够对连续系统、离散系统及连续－离散混合系统进行充分的建模与仿真，能够借助其他工具直接从模型中生成可以直接投入运行的执行代码，可以仿真离散事件系统的动态行为，能够在众多专业工具箱的帮助下完成诸如 DSP、电力系统等专业系统的设计与仿真[10]。

Simulink 可以处理的系统包括线性/非线性系统、离散/连续及混合系统和单任务/多任务离散事件系统。在 Simulink 提供的图形用户界面（GUI）上，通过简单的鼠标操作即可构造出复杂的仿真模型[11]。同时 Simulink 提供了大量的系统模块，包括信号、运算、显示和系统等多方面的功能，可以创建各种类型的仿真系统，实现丰富的仿真功能。用户也可以定义自己的模块，进一步扩展模型的范围和功能，以满足不同的需求。为了创建大型系统，Simulink 提供了系统分层排列的功能，类似于系统的设计，在 Simulink 中可以将系统分为从高级到低级的几个层次，每层又可以细分为几个部分，每层系统构建完成后，将各层连接起来构成一个完整的系统。模型创建完成后，可以启动系统的仿真功能分析系统的动态特性，Simulink 内置的分析工具包括各种仿真算法、系统线性化、寻求平衡点等，仿真结果可以以图形的方式显示在示波器窗口，以便于用户观察系统的输出结果；Simulink 也可以将输出结果以变量的形式保存起来，并输入 MATLAB 工作空间中以完成进一步的分析[11]。

Simulink 可以支持多采样频率系统，即不同的系统能够以不同的采样频率进行组合，可以仿真较大、较复杂的系统。其主要特点如下：① 适应面广；② 结构和流程清晰；③ 仿真更为精细；④ 模型内码更容易向 DPS、FPGA 等硬件移植。使用 Simulink 建立的模型具有仿真结果可视化、模型层次性、可封装子系统等特点。

Simulink 动态系统仿真大体可分以下两个步骤。

1）基本仿真参数的设定

仿真参数的设定是通过仿真参数对话框实现的，在 Simulation 菜单下选择

Parameters 菜单项, 会弹出如图 3–1 所示的对话框, 在 Solver 界面中可以进行如下的操作:

(1) 设置仿真的起始和停止时间;

(2) 选择求解器, 并指定相应的参数;

(3) 选择输出选项。

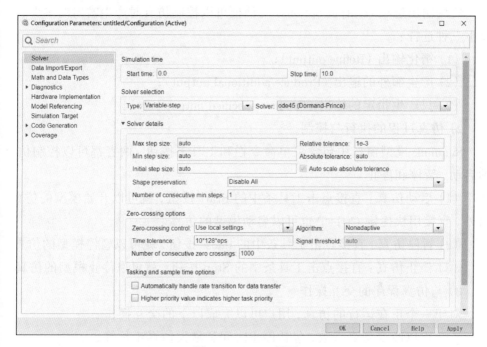

图 3–1   Solver 界面

Solver 界面可供用户选择的求解器有以下几种。

(1) 定步长连续求解器 (fixed-step continuous solvers): 当为模型选择该求解器时, 可以先从 Solver 界面中的 Type 清单中选择 fixed-step, 再从右边的数值积分方法清单中选择合适的积分方法, 可供选择的有: ode8/ode5 (Dormand–Prince), 即 Dormand–Prince 法; ode4 (RK4), 即四阶 Runge–Kutta 法; ode3 (Bogacki–Shampine), 即 Bogacki–Shampine 法; ode2 (Heun), 即 Heun 法, 又称改进的欧拉法; ode1 (Euler), 即欧拉法。

(2) 变步长连续求解器 (variable-step continuous solvers): 该求解器能够在系统连续状态变化快速时减小时间步长以提高精度, 在状态变化缓慢时加大时间步长以节省仿真时间。要选择这一求解器, 可以先从 Solver 界面的 Type 清单中选择 variable-step, 然后再从右边的数值积分方法清单中选择一种合适的积分方法。

（3）定步长离散求解器（fixed-step discrete solver）：该求解器主要用来求解模型中没有连续状态的模型和只有离散状态的模型。

（4）变步长离散求解器（variable-step discrete solver）：对于该求解器，Simulink没有为其提供数值积分方法，但是提供了过零检测技术。

使用输出选项（Output options）对话框可以控制仿真时产生输出的多少，有以下三种选择：

（1）精化输出（Refine output）；

（2）产生额外的输出（Produce additional output）；

（3）只产生指定的输出（Produce specified output only）。

2）仿真过程的执行与控制

Simulink 模型窗口中包含菜单命令栏和工具条按钮，两者都可以控制仿真的启动、暂停和停止。

（1）启动仿真：直接点击工具条中的 Start 按钮，就可以开始模型的仿真。另外，直接用快捷键 Ctrl+T 也可以启动模型的仿真。

（2）暂停仿真：直接点击工具条中的 Pause 按钮，就可以暂停模型的仿真。

（3）停止仿真：直接点击工具条中的 Stop 按钮，就可以停止模型的仿真。

3）与仿真程序的交互操作

对于一个正在运行的仿真，用户可以完成以下的交互操作：

（1）可以改变仿真参数，包括停止时间和最大仿真步长等；

（2）可以同时运行其他仿真程序；

（3）可以改动模块的参数，只要不引起以下的变化：状态、输入和输出的数目；采样时间；过零数目；向量的长度。

在仿真期间不能改变模型的结构，例如添加、删除连线或模块。如果需要对模型结构进行改动，必须终止仿真，修改完毕后再重新运行仿真。

3.3　刚体姿态动力学仿真实例

本节利用 MATLAB 和 Simulink 搭建航天器姿态运动学、姿态动力学、环境力矩、轨道动力学等模块，探讨航天器在重力梯度力矩和磁力矩等环境力矩作用下的三轴姿态角变化情况，以研究航天器姿态运动的规律。

3.3.1 仿真相关参数

建模仿真中涉及的参数主要包括航天器本体参数、外界环境参数等。本例主要涉及的参数：航天器初始位置 $r_0 = (-243\,222.85, -3\,791\,991.45, 6\,324\,449.95)$ m，航天器初始速度 $v_0 = (-1\,642.09, 6\,172.21, 3\,637.56)$ m/s，转动惯量 $I = (93 \ -0.07\ 0; -0.07\ 80\ -0.03; 0\ -0.03\ 107)$ kg·m^2，初始姿态四元数 $Q_{b0} = (1, 0, 0, 0)$，初始角速度 $\omega = (0, 0, 0)$ rad/s，航天器三轴剩磁矩为 $(10, 10, 10)$ A·m^2，地球半径 $R_e = 6\,378.145$ km，地球引力常数 $\mu = 398\,600.44$ km^3/s^2，北京市的地理坐标为 $(116°28', 39°48')$。

3.3.2 刚体姿态运动学仿真模型

由 3.1.2 节可知，角速度 ω 与姿态参数的关系式构成刚体运动学方程，本节的仿真将选用四元数 $q = (q_0, q_v)$ 进行航天器的姿态描述，需要进行仿真的运动学方程为

$$\begin{cases} \dot{q}_v = \dfrac{1}{2}(q_0\omega + q_v^{\times}\omega) \\ \dot{q}_0 = -\dfrac{1}{2}q_v^{\mathrm{T}}\omega \end{cases}$$

利用 Simulink 模块图，搭建刚体姿态运动学仿真子系统如图 3-2 所示。

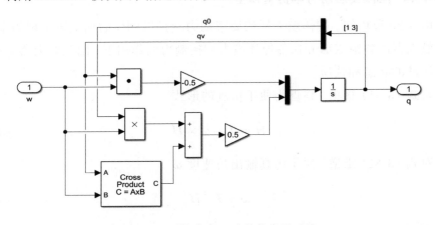

图 3-2 刚体姿态运动学仿真子系统

（Simulink 模块图为软件直接生成，因此符号体例与正文不一致，后同）

对航天器姿态仿真实质为求解关于姿态四元数的微分方程，需要在积分器模块（Integrator）赋予相应的姿态四元数初值 Q_{b0}，如图 3-3 所示。

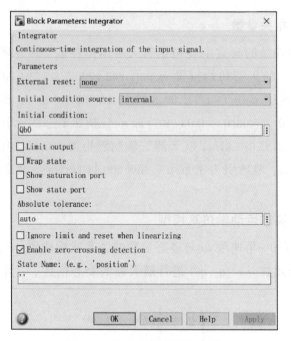

图 3-3　积分器模块赋予初值

3.3.3　刚体姿态动力学仿真模型

由 3.1.3 节可知，刚体航天器的姿态动力学是以刚体的动量矩定理为基础，描述航天器的各组成部分在各种环境力和控制力的作用下，围绕航天器质心做相对运动的状态和性质。

将式（3-21）移项，整理为便于仿真的形式

$$\dot{\boldsymbol{H}} = \boldsymbol{T} - \boldsymbol{\omega} \times \boldsymbol{H} \tag{3-31}$$

对式（3-31）求逆，便于仿真输出角速度 $\boldsymbol{\omega}$

$$\boldsymbol{\omega} = \boldsymbol{I}^{-1} \boldsymbol{H} \tag{3-32}$$

利用 Simulink 模块图，搭建刚体姿态动力学仿真子系统如图 3-4 所示。

在积分器模块赋予相应的角动量初值 H_{b0}，在增益模块修改为矩阵增益形式（Matrix Gain，如图 3-5 所示），并赋予转动惯量逆矩阵 $\boldsymbol{I}^{-1}$。

3.3.4　环境力矩仿真模型

航天器在轨运行时的姿态会受到多种环境力矩的扰动，如气动力矩、重力梯度力矩、磁力矩和辐射力矩等。本节将对重力梯度力矩和磁力矩进行模型的

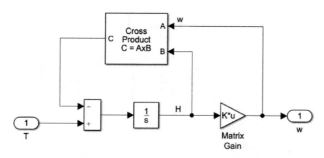

图 3-4　刚体姿态动力学仿真子系统

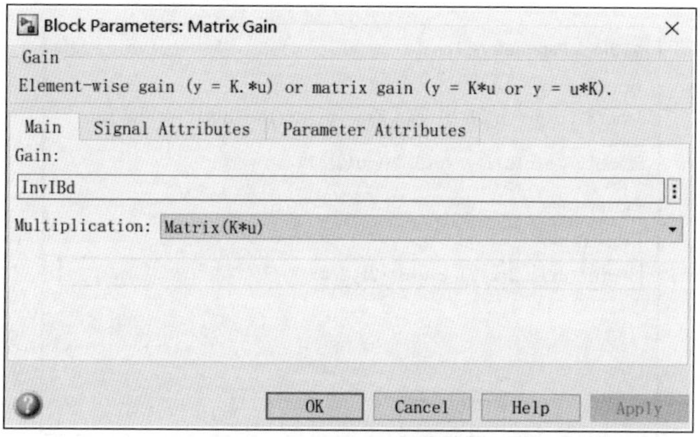

图 3-5　增益模块修改

搭建及仿真。

1）重力梯度力矩

重力梯度力矩是因航天器各部分质量具有不同重力而产生的，航天器在轨道上受到的重力梯度力矩大致与航天器的惯量矩成正比，与地心距的立方成反比，其表达式为

$$\boldsymbol{T}_{g0} = \frac{3\mu}{r^5}\boldsymbol{r}^{\times}\boldsymbol{I}\boldsymbol{r} \tag{3-33}$$

利用 Simulink 模块图，搭建重力梯度力矩仿真子系统如图 3-6 所示。

利用函数模块（Fcn）设置重力梯度力矩函数 $3\mu/r^5$，如图 3-7 所示。

2）磁力矩

磁力矩是由航天器的磁特性和环境磁场相互作用而产生的，磁力矩大小主要由航天器的剩余磁矩、外界环境磁场强度、作用方向共同决定，其表达式如式（3-29）所示。

利用 Simulink 模块图，搭建磁力矩仿真子系统如图 3-8 所示。

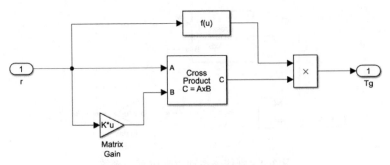

图 3-6　重力梯度力矩仿真子系统

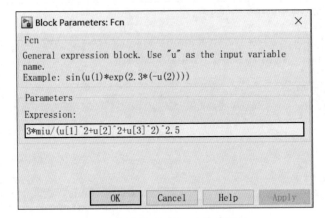

图 3-7　重力梯度力矩函数模块

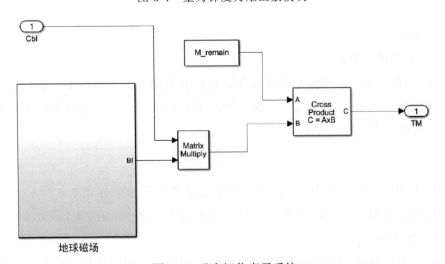

图 3-8　磁力矩仿真子系统

由于地球磁场模型的复杂性，因此很难用解析表达式表示地球磁场 **B**，只能利用对已知时刻磁场数据插值的方法进行仿真。已知一个周期轨道中等时间

间隔的地球磁场 **B** 的参数，利用 Simulink 中的 1-D Look-Up Table 模块来实现地球磁场 **B** 的插值模拟和仿真，结合 clock 模块和 rem 函数求解得到每一时刻航天器所处位置的磁场大小。地球磁场模型如图 3-9 所示。

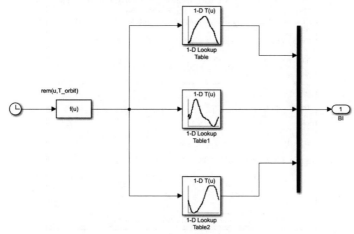

图 3-9　地球磁场模型

利用函数模块（Fcn）设置仿真时间对轨道周期求余函数，如图 3-10 所示。

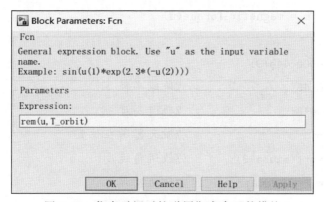

图 3-10　仿真时间对轨道周期求余函数模块

除了使用 1-D Look-Up Table 模块外，还可以利用 MATLAB Fcn 模块，写入 m 文件 magnetic_Torque.m，以此实现地球磁场 **B** 的插值运算，如图 3-11 所示。

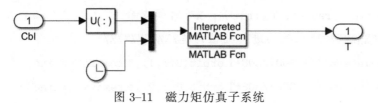

图 3-11　磁力矩仿真子系统

MATLAB Fcn 模块如图 3–12 所示。

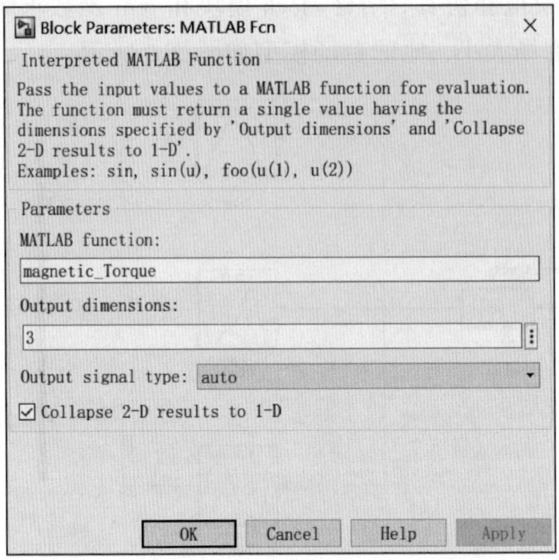

图 3–12　磁力矩的 MATLAB Fcn 模块

magnetic_Torque.m 函数程序如下：

```
function Tm = magnetic_Torque(u)
global B;
miu = 398600.44e+9;
Re = 6378145;                    %地球半径
hp = 1000e+3;                    %轨道高度
a = Re+hp;                       %航天器所在位置
Womag = sqrt(miu/a^3);          %轨道角速度
T_orbit = 2*pi/Womag;           %轨道周期
M_remain = [10;10;10];          %航天器剩磁
CbI = reshape(u(1:9),3,3);      %将输入的矩阵整合为 3×3 矩阵，求得姿
态旋转矩阵
tc = u(10）;
t_remain = rem(tc, T_orbit）; %对时间求余
%%%%%%%%%%对地球磁场进行插值计算%%%%%%%%%%
Bx = interp1((1:308)/308*T_orbit,B(:,1),t_remain,'spline');
By = interp1((1:308)/308*T_orbit,B(:,2),t_remain,'spline');
```

```
Bz = interp1((1:308)/308*T_orbit,B(:,3),t_remain,'spline');
Bb = CbI*[Bx;By;Bz];
Tm = cross(M_remain, Bb);%计算磁力矩
```

将磁力矩模块和重力梯度力矩模块相加，构成本节仿真所需的全部环境力矩，利用 Simulink 模块图，搭建环境力矩仿真子系统如图 3-13 所示。

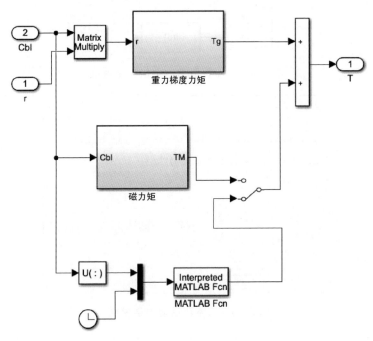

图 3-13 环境力矩仿真子系统

3.3.5 轨道动力学仿真模型

当不考虑摄动力的影响并且不进行轨道机动时，航天器在惯性坐标系下运行的二体轨道动力学方程为

$$\begin{cases} \dot{\boldsymbol{r}} = \boldsymbol{v} \\ \dot{\boldsymbol{v}} = -\dfrac{\mu}{r^3}\boldsymbol{r} \end{cases}$$

利用 Simulink 模块图，搭建二体轨道动力学仿真子系统如图 3-14 所示。

利用函数模块（Fcn）设置函数 $-\mu/r^3$，如图 3-15 所示。

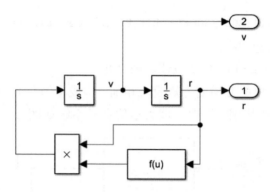

图 3-14　二体轨道动力学仿真子系统

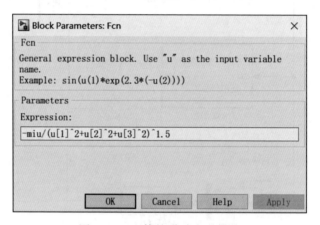

图 3-15　二体轨道动力学模块

3.3.6　姿态动力学仿真结果

将 3.3.2 节至 3.3.5 节的四部分仿真子系统相连接，组成最终的姿态动力学整体仿真系统，如图 3-16 所示。

在运行 Simulink 仿真之前，需要将相应的积分器初值参数、常值参数输入到工作区中，编写并运行初值参数程序 data_initialize.m。

```
clear all;
clc;
%%%%%%%%%%%%%%%%%%%%%%
global miu;
global IBd;
global B;
miu = 398600.44e+9;
```

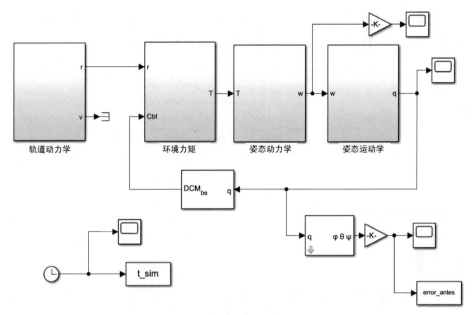

图 3-16 姿态动力学整体仿真系统

%%%%1000km轨道%%%%

r0 = 1e+6*[-0.24322284327422;-3.79199144866264; 6.32444994784559];

v0 = 1e+3*[-1.64209188480826; 6.17220916529869; 3.63756062689151];

%%%%%%%姿态参数%%%%%%%

IBd = [93,-0.07,0;-0.07,80,-0.03;0,-0.03,107]; %转动惯量

InvIBd = inv(IBd);%转动惯量求逆

Wb0 = [0;0;0]; %旋转角速度

Hb0 = IBd*Wb0;%动量矩

Qb0 = [1;0;0;0];%初始姿态四元数参数

%%%%%剩磁力矩参数%%%%%

load B;

Re = 6378145; %地球半径

hp = 1000e+3; %轨道高度

a = Re+hp;

Womag = sqrt(miu/a^3); %轨道角速度

T_orbit = 2*pi/Womag; %轨道周期

M_remain = [10;10;10];%航天器三轴剩磁矩

　　本节利用变步长积分器 ode45 进行 Simulink 仿真,仿真时间为 3 600 s。当航天器只受重力梯度力矩作用时,其三轴姿态角的变化如图 3-17 所示。

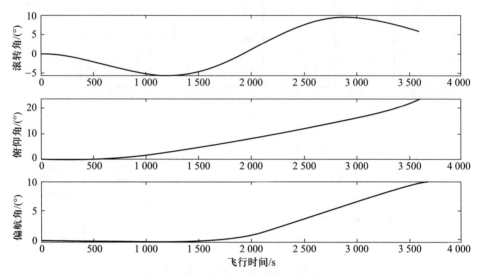

图 3-17　航天器只受重力梯度力矩时的三轴姿态角变化

　　当航天器同时受重力梯度力矩和磁力矩作用时,其三轴姿态角的变化如图 3-18 所示。

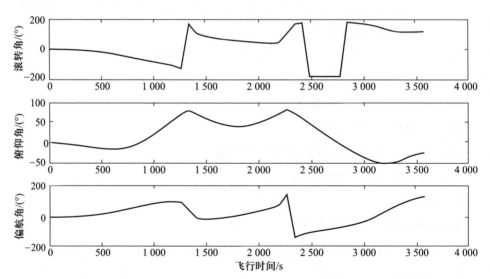

图 3-18　航天器同时受重力梯度力矩和磁力矩时的三轴姿态角变化

参 考 文 献

[1] 刘良栋. 卫星控制系统仿真技术 [M]. 北京: 中国宇航出版社, 2003.

[2] 肖业伦. 航天器飞行动力学原理 [M]. 北京: 中国宇航出版社, 1995.

[3] 布洛克利, 史维. 动力学与控制 [M]. 江驹, 周建江, 韩潮, 等译. 北京: 北京理工大学出版社, 2016.

[4] 周军. 航天器控制原理 [M]. 西安: 西北工业大学出版社, 2001.

[5] 屠善澄. 卫星姿态动力学与控制 [M]. 北京: 中国宇航出版社, 1998.

[6] 黄圳圭. 航天器姿态动力学 [M]. 长沙: 国防科技大学出版社, 1997.

[7] 姚红, 程文华, 张雅声. 飞行器动力学与控制 Simulink 仿真 [M]. 北京: 国防工业出版社, 2018.

[8] SCHAUB H, JUNKINS J L. Analytical Mechanics of Space Systems [M]. 2nd ed. Hoboken: Wiley, 2009.

[9] De RUITER A H J, DAMAREN C J, FORBES J R. Spacecraft Dynamics and Control: An Introduction [M]. Hoboken: Wiley, 2013.

[10] 薛定宇. 控制系统计算机辅助设计 —— MATLAB 语言与应用 [M]. 2 版. 北京: 清华大学出版社, 2006.

[11] 张德丰. MATLAB/Simulink 建模与仿真实例精讲 [M]. 北京: 机械工业出版社, 2010.

[12] 杨涤, 耿云海, 杨旭, 等. 飞行器系统仿真与 CAD [M]. 哈尔滨: 哈尔滨工业大学出版社, 2006.

[13] 黎明安, 钱利. Matlab/Simulink 动力学系统建模与仿真 [M]. 2 版. 北京: 国防工业出版社, 2015.

第 4 章　测量敏感器的测量原理与模型

按照在姿态确定中功能的不同,测量敏感器可分为两大类:方向敏感器和惯性姿态敏感器。方向敏感器是测量空间基准场的仪表,它能敏感空间基准场矢量在测量敏感器坐标系中的分量值。对获得的信息做适当的数据处理,可获得外部参考矢量在航天器本体坐标系中的分量,从而可以用参考矢量法来确定航天器的位置和姿态。所以,方向敏感器是一种测量航天器外部参考矢量的仪表,按其所敏感的基准场的不同可分为光学、无线电、磁场、力学等类型。各种方向敏感器在原理、具体结构形式、信号与数据处理以及性能等方面可以有很大的差别,最常用的方向敏感器是光学敏感器,其包括太阳敏感器、红外地球敏感器、星敏感器等。

4.1　太阳敏感器的测量原理与模型

太阳敏感器是航天任务中一种常用的光电姿态传感器,它通过测量太阳相对于航天器本体坐标系的位置,提供太阳矢量与航天器上特定轴线间的角度反馈,从而确定航天器的姿态[1]。太阳敏感器除了能够为航天器提供姿态信息以外,还可以用来保护灵敏度很高的仪器(如星敏感器)。因此,几乎所有的航天器都需要安装太阳敏感器,以便根据太阳敏感器提供的姿态反馈信息完成航天器各个阶段的姿态控制任务。当航天器发射入轨后或因各种故障丢失原有姿态时,航天器控制系统一般首先启动大视场太阳敏感器,根据太阳敏感器的反馈并结合自身的缓慢自旋运动搜索太阳,尽快实现对日定向。在航天器的稳态在轨运行中,航天器根据数字式太阳敏感器的高精度反馈,确定太阳与航天器本体坐标系的位置关系,实现航天器的高精度姿态控制。

相对于星敏感器、红外地球敏感器等其他姿态敏感器而言,太阳敏感器具有单机结构原理简单、造价低等诸多优点,并且由于可以将太阳看作点光源而简化敏感器设计和姿态确定算法。此外,由于太阳的高亮度和高信噪比,太阳敏感器的定位处理几乎不受其他天体的干扰,使得太阳的检测比较容易实现。星敏感器虽然精度较高,但是由于器件本身的特性等因素,使其容易受到其他光源的干扰,并且造价较高、使用寿命不长,因此,太阳敏感器是星上不可缺少的光电姿态敏感器[2]。

太阳敏感器的功能主要包括：具备大空域范围的太阳方位捕获能力；数字式太阳敏感器具备对太阳角位置的测量能力；模拟式太阳敏感器提供模拟量输出，由综合信息处理计算机完成相应的采集和解算；具备光激励信号安装接口，满足 GNC（guidance，nevigation，and control，导航、制导与控制）系统的半物理仿真要求；具备多次执行加电和断电操作的功能。

太阳敏感器的构成主要包括三个方面：光学头部、传感器部分和信号处理部分。光学头部可以采用狭缝、小孔、透镜、棱镜等结构；传感器部分可采用光电池、感光器件 CMOS（complementary metal oxide semiconductor，互补金属氧化物半导体）、码盘、光栅、光电二极管、线阵 CCD（charge-coupled device，电荷耦合器件）、面阵 CCD 等器件；信号处理部分可采用分离电子元器件、单片机、可编程逻辑器件等。按照工作方式的不同，可将太阳敏感器分为数字式太阳敏感器、模拟式太阳敏感器、"0–1" 式太阳敏感器和窄缝式太阳敏感器，下面分别介绍这四种典型太阳敏感器的原理及模型。

4.1.1 数字式太阳敏感器

数字太阳敏感器利用图像传感器作为焦平面探测器，主要由光学系统、光电探测器和信息处理单元 FPGA（field programmable gate array，现场可编程逻辑门阵列）组成，如图 4-1 所示，目前广泛应用于各类大型卫星、微小卫星和行

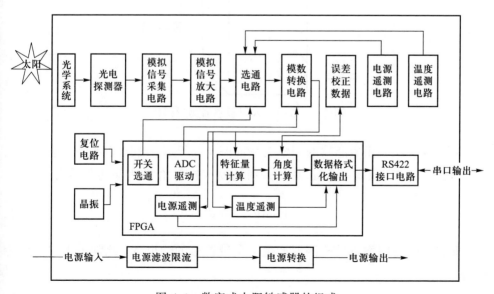

图 4-1　数字式太阳敏感器的组成

星探测系统等。相对于模拟式太阳敏感器而言，数字式太阳敏感器中的光学系统可有效去除杂散光影响，同时其图像探测器的基本光电探测单元数量较多，可在原理设计、系统实现等环节去除地球反射太阳光等误差因素，提高测量精度[3]。数字式太阳敏感器的基本算法：光电探测器获取光电信号后，经由模拟信号采集电路和放大电路，通过模数转换器（analog-to-digital conversion，ADC）将信号转换为数字信号输入 FPGA 进行处理，计算获取信号的特征量，结合误差校正数据，计算得到两轴姿态角，单机与综合信息处理系统采用 RS422 串口通信。

大多数航天器数字式太阳敏感器以小孔成像的原理构造光学系统，光学系统主要包括光孔或狭缝、视场光阑和衰减片。焦平面探测器一般为图像传感器，例如面阵 CCD。信息处理单元完成图像处理等工作，比如提取太阳像点的中心、给出入射太阳光的角度信息。

数字式太阳敏感器有两种基本功能：探测太阳出现和测量太阳光的入射角。其测量部件由入口缝和编码码盘组成，编码码盘使用格雷码盘，如图 4-2 所示。

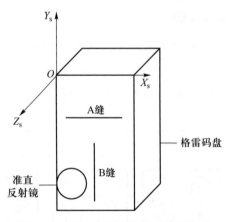

图 4-2　数字式太阳敏感器测量部件

单轴数字式太阳敏感器的光学关系如图 4-3 所示，设其棱镜的折射率为 n，根据斯涅耳定律（又称折射定律），入射角 θ 与折射角 θ' 之间的关系为

$$n \sin \theta' = \sin \theta \qquad (4\text{-}1)$$

安装在码盘图案下的检测器产生一个带符号的输出 N，此输出正比于偏转 x，即

$$x = kN \qquad (4\text{-}2)$$

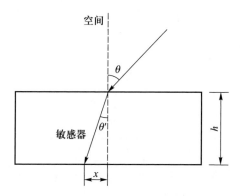

图 4-3 单轴数字式太阳敏感器的光学关系

若用弧度表示，则经过简单推导可得

$$\theta \approx nkN/h \tag{4-3}$$

利用式（4-3）可实现对太阳入射角的测量。数字式太阳敏感器的测角精度可以达到几角分或几角秒，因此可以高精度求解航天器的姿态。

4.1.2 模拟式太阳敏感器

模拟式太阳敏感器大多利用光电池作为光电探测器，当太阳光照射到光电池上时，光电池的输出电流大小与太阳光入射强度的垂直分量满足特定关系，可由实验来精确测定其中的参数，因此可利用输出电流的大小来判断太阳光的入射角度。

以光电池为探测器的模拟式太阳敏感器的工作过程：首先，太阳光照射到光电池上，光电池输出电流；然后，光电池输出的微弱电流信号经拾取、放大、模数转换等处理，送入信息处理单元；最后，信息处理单元根据查表等特定方法获取当前的入射太阳光角度信息。相对于数字式太阳敏感器而言，模拟式太阳敏感器的优点是结构简单、造价较低。航天器通常安装大视场的模拟式太阳敏感器，以便在失去姿态等异常状态下搜索太阳。模拟式太阳敏感器的缺点是角度测量精度相对较低。

模拟式太阳敏感器也称余弦检测器。通常，这类敏感器是根据光电池输出电流随太阳入射角按余弦规律变化的原理设计。如图 4-4 所示，光电池表面 dA 元面积上的辐射能通量 dE 为

$$dE = \boldsymbol{P} \cdot \boldsymbol{n}dA \tag{4-4}$$

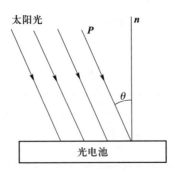

图 4-4　模拟式太阳敏感器的原理示意

光电池输出的电流 I 正比于太阳光入射角 θ 的余弦，即

$$I = I_0 \cos\theta \tag{4-5}$$

式中，I_0 为光电池的短路电流；θ 为太阳光束与光电池表面法线方向的夹角。

模拟式太阳敏感器由光学系统、机械结构系统、探测系统和电子学信息获取与处理系统构成。探测器获取光电信号后经由模拟信号采集电路采集为小电压信号，然后经过放大电路以及限幅电路变为总体可用的模拟信号，如图 4-5 所示。

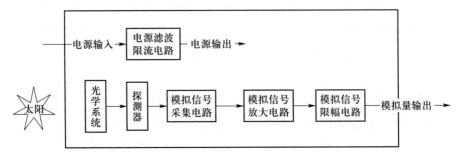

图 4-5　模拟式太阳敏感器总体技术方案

模拟式太阳敏感器几乎都是全天球工作的，其视场一般在 $20° \sim 30°$，精度在 $1°$ 左右。这样的精度对于通信卫星来说还可以，但对于对地观测的航天器来说就太低了，因此，模拟式太阳敏感器目前主要应用于通信卫星。

4.1.3　"0–1" 式太阳敏感器

"0–1" 式太阳敏感器的光电探测器亦为光电池，光电池上面为入射狭缝，一旦有太阳光入射，光电探测器会产生一个脉冲信号。一般来说，为了达到去除噪声干扰等目的，需要为敏感器设置一个判定阈值，一般取太阳峰值信号的

50% ∼ 80%，只有当太阳信号超过这个阈值时才认为发现了太阳。"0–1"式太阳敏感器仅能给出太阳在视场中或在视场外两个结果，可快速捕获太阳，但无法给出太阳角度信息，因此可用于星敏感器等光学仪器的保护和航天器的粗定姿。

常见的五眼式"0–1"太阳敏感器的工作原理如下：当太阳出现在敏感器视场内并且信号超过判定阈值时，信号输出为 1，表示见到了太阳；当信号低于判定阈值时，信号输出为 0，表示没见到太阳。图 4–6 所示为五眼式"0–1"太阳敏感器视场分布。

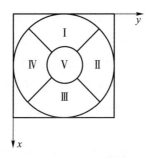

图 4–6 五眼式"0–1"太阳敏感器视场分布

4.1.4 窄缝式太阳敏感器

窄缝式太阳敏感器具有视场大、精度高、体积小、质量轻、结构简单可靠等优点。当太阳穿过探测器的窄缝视场时，探测器产生一个脉冲信号。在自旋卫星上通常采用 V 形窄缝式太阳敏感器，它由两个双窄缝太阳出现探测器按 V 形结构配置而成，如图 4–7 所示。

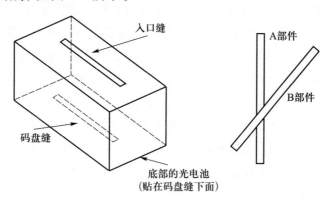

(a) 双窄缝太阳出现探测器   (b) V 形结构配置

图 4–7 V 形窄缝式太阳敏感器

4.2　地球敏感器的测量原理与模型

航天器相对于地球的定向，对空间导航以及对许多航天器的有效载荷都具有十分重要的意义。地球是一个大的目标（在 500 km 的高度上，地球角为 3.9 sr），因此，仅仅探测地球的存在，即使是粗姿态确定也是不够的，几乎所有的地球敏感器都要测定地平即地球边缘的位置。根据地球敏感器的工作原理，其大致可分为四类：地平穿越式地球敏感器、辐射平衡式地球敏感器、地平跟踪式地球敏感器和反照式地球敏感器。前三种地球敏感器是利用敏感地球自身的红外波段热辐射来实现其功能，统称为红外地球敏感器（又称红外地平仪）；而反照式地球敏感器是利用敏感地球反照的太阳可见光波段的辐射来实现其功能。

红外地球敏感器被广泛应用于航天器姿态测量，它是航天器上无可替代的姿态敏感器。红外地球敏感器与航天器固联，用来探测太空中地球的红外辐射图像，并与标定好的红外辐射图像做对比，以此来测量航天器相对于地球的姿态偏差，是航天器在轨运行时自身姿态测量的重要部件[4]。另外，航天器姿态的正确与否决定了航天器运行轨迹的正确与否，尤其是在航天器的发射过程和过渡轨道过程，所以红外地球敏感器的地面标定与测试实验精度的高低都将影响航天器在轨时的工作精度。红外地球模拟器在地面实验室条件下模拟出不同轨道高度地球敏感器所探测到的地球红外辐射特性，以及航天器的俯仰和滚转姿态变化，供红外地球敏感器安装前在地面环境下进行性能测试和精度标定。对地球敏感器地面测试的重要设备 —— 红外地球模拟器的进一步研究将推动航天器技术的发展。

红外地球敏感器测量地球相对于航天器的方位，敏感器内有探测地球红外辐射的热敏元件。热敏元件的视场可以是穿越地平扫描式或静态辐射平衡式的，地球红外辐射场的一个极为重要的特点是它在红外地平（地球与空间的交界处）附近有极高的梯度。热敏元件"看见"与"未看见"地球，其输出有很大的变化。利用红外地平的信息，即可确定地心的位置，由此可获得外部参考矢量 —— 航天器的当地垂线在敏感器坐标系中的方向，从而确定航天器的当地垂线矢量在航天器本体坐标系中的方向。利用红外地平仪可获得星体对轨道坐标系的滚转和俯仰姿态，但不能确定偏航姿态，这是因为航天器绕当地垂线的转动不影响红外地平仪的输出。

红外地球敏感器由光学组件模块、机械结构模块和电子学组件模块组成[5]，如图 4-8 所示。

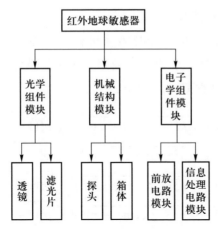

图 4-8 红外地球敏感器的组成

红外地球敏感器的工作原理：航天器运行于地球上空时，红外地球敏感器通过热敏探测器检测地平圈的 4 个方位上 $14 \sim 16.25\ \mu m$ 波段的地球红外辐射能量，确定热敏探测器对应地平圈 4 个点的方位角位置，得到航天器相对于地球当地垂线的俯仰角和滚转角，为姿态控制系统提供测量基准，用于控制航天器稳定飞行。下面对广泛应用的 3 种红外地球敏感器进行介绍。

4.2.1 地平穿越式地球敏感器

地平穿越式地球敏感器的基本特点是敏感器的视场对地球做周期性的相对运动，不断穿越地球与周围空间分界的地平圈，依靠航天器本身的自旋或飞轮旋转可以实现连续的旋转扫描穿越，而依靠敏感器自身的驱动机构既可实现旋转扫描也可实现摆动扫描。下面具体介绍它们的数学模型。

1）旋转扫描地球敏感器

三轴稳定航天器的旋转扫描地球敏感器通常是圆锥扫描式地球敏感器，其依靠自身的驱动机构实现圆锥扫描。圆锥扫描式地球敏感器的数学模型如图 4-9 所示。

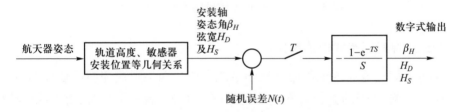

图 4-9 圆锥扫描式地球敏感器的数学模型

2）摆动扫描地球敏感器

摆动扫描地球敏感器有自带的驱动机构，使探头视场在地平边界往返摆动，通常在对称方向选取 4 个地平穿越点。摆动扫描地球敏感器的工作原理如图 4-10 所示，图中部分参数满足如下公式：

$$\Delta_1 = p + \sqrt{\rho_s^2 - (\rho_s \sin \gamma + r)^2} - \sqrt{\rho_s^2 (1 - \sin^2 \gamma)} \tag{4-6}$$

$$\Delta_2 = p + \sqrt{\rho_s^2 - (\rho_s \sin \gamma - r)^2} - \sqrt{\rho_s^2 (1 - \sin^2 \gamma)} \tag{4-7}$$

$$\Delta_3 = p - \sqrt{\rho_s^2 - (\rho_s \sin \gamma + r)^2} + \sqrt{\rho_s^2 (1 - \sin^2 \gamma)} \tag{4-8}$$

$$\Delta_4 = p - \sqrt{\rho_s^2 - (\rho_s \sin \gamma - r)^2} + \sqrt{\rho_s^2 (1 - \sin^2 \gamma)} \tag{4-9}$$

$$V_p = 2(\Delta_1 + \Delta_3) = 2(\Delta_2 + \Delta_4) = 4p \tag{4-10}$$

$$V_r = 2(\Delta_2 - \Delta_1) = 2(\Delta_3 - \Delta_4)$$
$$= 2[\sqrt{\rho_s^2 - (\rho_s \sin \gamma - r)^2} - \sqrt{\rho_s^2 - (\rho_s \sin \gamma + r)^2}] \tag{4-11}$$

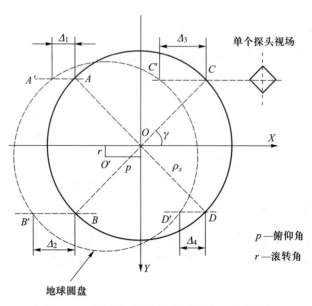

图 4-10　摆动扫描地球敏感器的工作原理

4.2.2　辐射平衡式地球敏感器

辐射平衡式地球敏感器通过光学系统在焦平面上形成完整的地球图像（地球热像），当敏感器的光轴对准地球受照圆盘（地平圈中心）时，敏感器的敏感元件接收地球热像相对两侧的辐射处在平衡状态；当航天器姿态发生偏离时，敏感元件接收到地球热像的面积产生差异，辐射平衡发生变化，由此可测出姿态的偏转。

　　静态地球敏感器（或称静态地平仪）是辐射平衡式地球敏感器的一种类型，它利用地球热像边界处的温度突变，而不对输入能量进行调制，是一种温度敏感器[6]。典型的静态地球敏感器的光学原理如图 4-11 所示。地球发出的红外辐射信号经地球敏感器光学系统后会聚在焦平面处的红外探测器上，红外探测器接收辐射信号，并转换为电信号，在外电路控制下，把各像元的电信号进行串行输出，从而获得地球辐射的能量分布图。

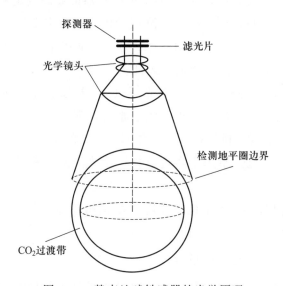

图 4-11　静态地球敏感器的光学原理

4.2.3　地平跟踪式地球敏感器

　　地平跟踪式地球敏感器的探测器扫描视场能跟踪地平边界，在跟踪过程中借助角度传感器测出视场相对于敏感器基准部分的角位移，从而获得姿态信息。视场中心跟踪地平是由反馈伺服系统实现的。检测视场跟踪误差的方式有多种，其中一种除在大范围内跟踪地平圈外，还能在地平圈两侧作小幅度扫描，测出交变；另外有的卫星热电堆可以辐射能量，由此测出视场中心偏离地平圈的误差，通过反馈实现视场跟踪。活动式边界跟踪器是一种常见的地平跟踪式地球敏感器，通过装备四个振动检测器，在地平边缘上抖动，产生一系列近似矩形的脉冲，脉冲间隔及幅度变化取决于零位误差或检测器相对平衡的位置。活动式边界跟踪利用反馈系统把二次谐波或姿态误差消除掉。对于地平跟踪式地球敏感器，大气成分或温度的不规则变化会产生不真实的输出和错误的二次谐波。

4.3　恒星敏感器的测量原理与模型

星敏感器敏感星光方向场，也有各种形式，按光敏探测元件可分为析像管式、CCD 式等。星的视角很小，它在空间中的方位基于长期的天文观察结果，是精确已知的。恒星敏感器测量某些恒星的观测矢量在空间航天器坐标系中的方位以及恒星亮度，再利用星历表得到这些恒星在惯性坐标系中的方位，经姿态确定算法即可提供姿态信息[7]。因此，星敏感器的姿态确定精度很高，可达到角秒级别。但星光比较微弱，信号检测比较困难。天空中星的数目很多，一方面具有对视场限制少、应用方便的优点，另一方面也带来要对所检测到的星进行识别的困难，需要有较强的数据处理能力。

恒星敏感器由星敏感器本体与遮光罩组成。星敏感器本体主要包括光学系统、APS CMOS 传感器、信息处理系统、通信处理单元。其功能为实现对目标星的搜索、捕获、成像、目标提取、星图匹配、空间指向解算，以及计算星等、修正或确定姿态等。遮光罩用于实现遮挡干扰光，为星敏感器本体成像提供条件。

恒星敏感器可分为三类：机械跟踪式恒星敏感器、穿越式恒星敏感器、固定探头式恒星敏感器。下面分别简要介绍。

4.3.1　机械跟踪式恒星敏感器

机械跟踪式恒星敏感器安装在二自由度框架上，通过转动框架搜索目标星。根据目标星在敏感器视场里成像的位置，驱动跟踪系统转动框架使星像保持在视场中心。由框架转角可确定恒星视线在航天器本体坐标系中的方向。由于机构运动会降低敏感器的可靠性，而且带来结构上的复杂性，所以机械跟踪式恒星敏感器目前很少应用，此处不再详述。

4.3.2　穿越式恒星敏感器

穿越式恒星敏感器常用在自旋航天器上。随着航天器自旋，敏感器狭缝视场对天球扫描。当恒星穿越它的狭缝视场时，可得穿越时间 t_k 及信号强度；根据穿越时间序列 $\{t_k\}$ 及一些先验信息，可进行恒星识别及姿态确定。

穿越式恒星敏感器的基本工作原理：在光学系统的焦平面上有一直线形狭缝，在其后面装有探测器，随着航天器的自旋，当恒星穿越狭缝视场时，只要恒星亮度超过预选的敏感器门槛值就输出脉冲，表示有恒星穿越，记下脉冲出现的时刻,而脉冲幅度表示恒星亮度。穿越式恒星敏感器的工作原理如图 4-12 所示。

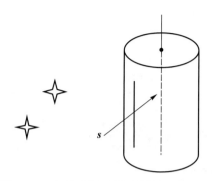

图 4-12 穿越式恒星敏感器的工作原理

任意时刻的三轴姿态要由 3 个独立条件来确定,因此需要多颗恒星穿越的信息来估算及修正姿态,也可采用增加狭缝数目的方法来增加信息量,常用的有 V 形、N 形狭缝。N 形狭缝式恒星敏感器已应用于 SAS 系列的飞行任务中,探测器用的是光电倍增管,能敏感亮于 +4 等的恒星,精度达到 1″。穿越式恒星敏感器的主要误差源为:① 狭缝宽度;② 航天器自旋速率不恒定,章动不可忽略;③ 航天器自旋速率太低。狭缝太宽将影响敏感器精度;航天器自旋速率太低或变化太大将使数据处理变得很困难,甚至无法处理。例如在 SAS-3 任务中,自旋速率有突变的飞行段就无法进行数据处理。

4.3.3 固定探头式恒星敏感器

固定探头式恒星敏感器多用在三轴稳定航天器上,没有运动部件,通过探头敏感恒星成像在探头平面中的位置来确定姿态。早期探测器多用析像管,自 20 世纪 70 年代 CCD 问世以来,各国都纷纷转向采用 CCD 做探测器。目前国内外使用的星敏感器皆采用类似光学成像相机的模式,以 APS CMOS 探测器或者 CCD 探测器作为核心的探测单元对星空成像,然后进行星点提取、星图识别和姿态运算,进而获取星敏感器相对于惯性空间的姿态信息。下面将重点介绍面阵 CCD 恒星敏感器,如图 4-13 所示。

CCD 实质上是许多 MOS(metal oxide semiconductor,金属氧化物半导体)电容排列成的一维或二维器件,当光照在 MOS 电容上时,利用 MOS 电容的充电过程把光转变成电荷积聚起来,然后把电荷依一定次序传送出去。它的主要特点是不需要高压电源,可靠性高,寿命长。为了达到角秒级精度,光学系统把星像散焦成约几个 CCD 像元的大小,然后用内插法计算星像的中心位置。

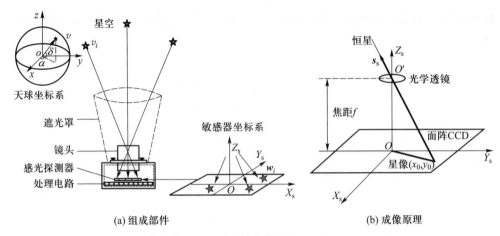

图 4-13　面阵 CCD 恒星敏感器的组成和成像原理

　　经过多年大量的天文观测，每颗恒星都在天球中具有各自相对固定的位置，一般以天球球面坐标的赤经和赤纬来表示，记作 (α, δ)。根据直角坐标与球面坐标的关系，可以得到每颗恒星在天球直角坐标系下的方向矢量

$$v = \begin{pmatrix} \cos\alpha\cos\delta \\ \sin\alpha\cos\delta \\ \sin\delta \end{pmatrix} \tag{4-12}$$

式中，α、δ 分别为恒星的赤经、赤纬。

　　从星库中选出满足星敏感器成像条件的恒星组成导航星，构成导航星表，导航星表在地面上一次性固化在星敏感器的存储器中。

　　当星敏感器处于天球坐标系中的某一姿态时，其方向余弦矩阵记为 A。利用星敏感器的小孔成像原理，可以测量得到导航星 s_i（其对应天球坐标系下的方向矢量为 v_i）在星敏感器坐标系内的方向矢量为 w_i。其中，星敏感器主轴中心在航天器上的位置为 (x_0, y_0)，导航星 s_i 在航天器上的位置坐标为 (x_i, y_i)，星敏感器的焦距为 f，则可以得到 w_i 的表达式如下：

$$w_i = \frac{1}{\sqrt{(x_i - x_0)^2 + (y_i - y_0)^2 + f^2}} \begin{pmatrix} -(x_i - x_0) \\ -(y_i - y_0) \\ f \end{pmatrix} \tag{4-13}$$

　　一颗恒星能给出两个独立的测量值 (x_i, y_i)，因此在视场里同时测到两颗恒星就能确定姿态，但要求两颗恒星的角距足够大，否则会影响精度；为了提高恒星正确识别的概率以及姿态估值的精度，希望能同时观测到多颗恒星，使测到的独立测量值大大多于未知量（3 个姿态角），采用最小二乘法来确定最佳的姿态估值。

在理想情况下，$\boldsymbol{w}_i$ 和 $\boldsymbol{v}_i$ 具有如下关系：

$$\boldsymbol{w}_i = \boldsymbol{A}\boldsymbol{v}_i \tag{4-14}$$

式中，$\boldsymbol{A}$ 为星敏感器姿态矩阵。

当观测量多于两颗星时，可以直接通过四元数最优估计等方法进行求解，即可以获得最优姿态矩阵 $\boldsymbol{A}_q$，使得下面的目标函数 $J(\boldsymbol{A}_q)$ 达到最小值。

$$J(\boldsymbol{A}_q) = \frac{1}{2} \sum_{i=1}^{n} \alpha_i \|\boldsymbol{w}_i - \boldsymbol{A}_q \boldsymbol{v}_i\|^2 \tag{4-15}$$

式中，α_i 表示加权系数，满足 $\sum_{i=1}^{n} \alpha_i = 1$。这样，可以得到星敏感器在惯性空间中姿态矩阵的最优估计 $\boldsymbol{A}_q$。

在进行姿态修正计算时，应注意到延时问题。面阵 CCD 恒星敏感器的工作流程如图 4-14 所示。由图可知，延时由两部分组成，即积分时间（约 100 ms）的一半加上信息处理时间。过去受限于星上计算机的速度，延时较大，约为 3 s，由于恒星敏感器所得姿态的这一准实时性，在很多情况下，仅利用恒星敏感器所得的姿态信息来进行控制是不合适的，往往需要惯性敏感器提供实时姿态，而恒星敏感器的信息作为 "准实时" 的姿态修正。新一代 CCD 星敏感器采用了 PP-GA、ASIC 技术，专用计算机也发展到采用 32 位机或采用 DSP 数字信号处理器，计算速度明显提高，加上识别算法的改进，延时可小于 0.1 s，输出数据更新率达 10 Hz，可以达到实时定姿。

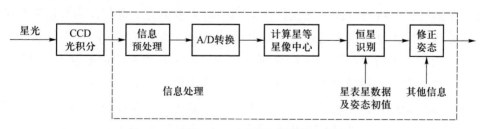

图 4-14　面阵 CCD 恒星敏感器的工作流程

每颗恒星在天球坐标系下的矢量达到了毫角秒级别。客观世界中，所有的星体都是处在运动状态的，不存在绝对静止的物体。在测量和导航领域，恒星由于距离地球足够远，被认为不存在运动，其他近地天体的运动皆可被看作是相对于遥远星体的不动坐标系进行的。这样，就定义出地球上的岁差、章动、自转、极移，以及地球在太阳系的公转、天体围绕着地球的公转等信息，并对其进行补偿，形成绝对的高精度不变坐标系统。以这种方法为基础，可以修正惯性系统的坐标系安装偏差、航天器变形等造成的误差，为高精度定姿奠定基础。

4.4　光学相机的测量原理与模型

基于地面的传统导航方式存在较大的通信延迟，由于航天探测尤其是科学任务轨道上和着陆下降过程中的动力学环境复杂多变，航天器往往需要地面不间断的导航支持。光学导航是一种有效的自主导航方式，主要解决由于航天器与地球距离过远造成的地面控制指令通信延迟或者中断的问题。自主导航具有超越地面测控的性能表现，在一定程度上起到对地面测控进行备份或者降低地面测控负担的作用。当前主流的自主导航技术通常基于光学导航敏感器对参考天体和目标进行成像，通过光学图像与已知星表投射匹配确定飞行轨道位置。除此之外，国内外也探索了基于 X 射线脉冲星的自主导航方法，虽然这些方法还没有实际成熟，但从原理上具有巨大的性能优越性，飞行试验也证明了其可行性。光学导航敏感器的关键技术有 3 项：① 高精度的光学导航敏感器硬件；② 处理长曝光时间下复杂漂移轨迹星体图像所构成的星图与星表匹配的高精度、高鲁棒性算法；③ 系统地面验证技术[8]。

光学导航敏感器是自主导航系统的关键，光学导航主要利用光学导航图像来获取导航信息。通常情况下，航天器利用光学导航敏感器对轨道附近的目标天体（如行星、彗星、卫星、小行星或其他航天器等）进行拍摄成像，通过图像处理的方法提取导航图像中的目标源，利用目标源先验的轨道信息与图像坐标，计算出航天器到目标源在惯性坐标系中的光线矢量，将其作为导航定位的重要输入，与其他姿控观测量进行组合滤波，最终实现航天器的自主导航。

航天器到导航目标源的光线矢量是自主导航中最重要的观测输入，它的精度主要由光学导航敏感器的精度决定，并直接决定最终导航定位的精度。当光学导航敏感器进行拍摄成像时，姿控系统输出系统相对于惯性系的姿态，通过导航敏感器与姿控系统的刚性安装关系，可以将量测于相机坐标系下的光线矢量转化到惯性系中，最终输入到 GNC 系统中[9]。

光学导航敏感器的成像模型可以被视为小孔成像模型，即拍摄目标的每一点放射的光线与焦平面上的各像素一一对应，如图 4-15 所示。假设目标特征光

点为 $(T_1, T_2, T_3, \cdots)$，其在目标坐标系中的位置坐标已知。在航天器上固定安装一个或多个 CCD 相机，其将各目标光点成像于相机 CCD 像平面，即 $(t_1, t_2, t_3, \cdots)$，进行图像处理完成光点提取和识别，给出光点在像平面坐标系中的坐标值，进而通过位置姿态算法解算出目标坐标系与相机坐标系之间的相对位置和相对姿态，结合相机在航天器上的安装关系，从而可以获得目标坐标系与航天器本体坐标系之间的相对位置和相对姿态。

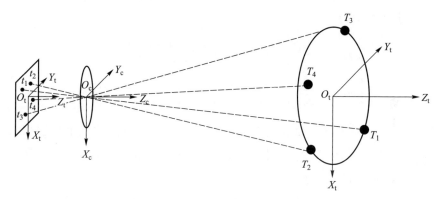

图 4–15 CCD 光学成像敏感器的测量原理

如图 4–16 所示，航天器在自主导航阶段，通过光学相机拍摄到目标的像元、像线信息，可以获得目标在航天器本体坐标系下的位置矢量。姿态确定系统给出航天器相对于惯性空间的姿态，结合事先估计的目标自旋姿态，能够确定航天器相对于目标参考坐标系的姿态。这样在目标位置已知的前提下，最少需要

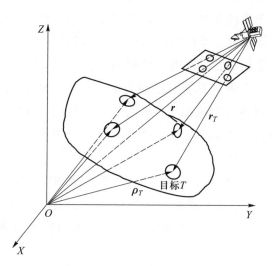

图 4–16 光学观测模型

两个目标的像元、像线坐标就能构建出航天器在目标参考坐标系下的位置。

令目标参考坐标系下目标的位置矢量为 $\boldsymbol{\rho}_T$，航天器本体坐标系相对于目标参考坐标系的转换矩阵为 $\boldsymbol{C}_{\mathrm{ba}}$，则在航天器本体坐标系下，目标的位置矢量为

$$\boldsymbol{r}_T^{\mathrm{b}} = \boldsymbol{C}_{\mathrm{ba}}(\boldsymbol{r} - \boldsymbol{\rho}_T) \tag{4-16}$$

为不失一般性，假设相机坐标系与航天器本体坐标系重合，目标的像元、像线坐标可以表示为

$$\begin{cases} u_T = f\dfrac{c_{11}(x - x_T) + c_{12}(y - y_T) + c_{13}(z - z_T)}{c_{31}(x - x_T) + c_{32}(y - y_T) + c_{33}(z - z_T)} \\ v_T = f\dfrac{c_{21}(x - x_T) + c_{22}(y - y_T) + c_{23}(z - z_T)}{c_{31}(x - x_T) + c_{32}(y - y_T) + c_{33}(z - z_T)} \end{cases} \tag{4-17}$$

式中，(x, y, z) 为航天器三轴位置坐标；(x_T, y_T, z_T) 为目标的三轴位置坐标；c_{ij} $(i, j = 1, 2, 3)$ 为转换矩阵 $\boldsymbol{C}_{\mathrm{ba}}$ 中相应元素；f 为导航相机焦距。设跟踪观测的目标有 n 个，则相应的观测量为

$$\boldsymbol{y} = \boldsymbol{h}(\boldsymbol{r}, \boldsymbol{C}_{ba}) = (u_1, v_1, u_2, v_2, \cdots, u_n, v_n) \tag{4-18}$$

4.5　激光测距仪的测量原理与模型

激光测距仪是利用激光对待测目标进行距离测定的仪器。激光测距仪无论是在军事应用方面，还是在科学技术、生产建设方面，都起着重要作用。与其他测距工具相比，激光测距仪具有测距非接触、测速快、测量精度高且结构小巧、安装调整方便等优点，是目前高精度测距最理想的仪器。激光器与普通光源有显著的区别，它利用受激发射原理和激光腔的滤波效应，使所发光束具有一系列新的特点[10]：① 激光具有较小的光束发散角，即所谓的方向性或准直性较好；② 激光的单色性或者说相干性较好，普通灯源或太阳光都是非相干光；③ 激光的输出功率虽然有限度，但光束细，所以功率密度很高，一般的激光亮度远比太阳表面的亮度大。

下面简要介绍激光测距仪的测距原理。激光测距仪的组成如图 4-17 所示，发射通道为两个独立的激光器和激光发射镜头，接收通道共用接收望远镜，两个通道的激光回波通过接收望远镜后分别进入对应的全波形接收机和足印相机。

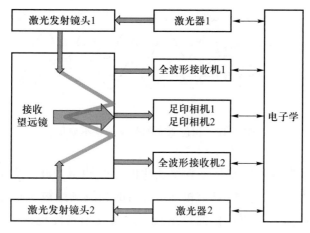

图 4-17　激光测距仪的组成

由激光器对被测目标发射一个光信号，然后接收目标反射回来的光信号，通过测量光信号往返经过的时间，计算出与目标的距离。设与目标的距离为 L，光信号往返所走过的距离即为 $2L$，则有

$$L = \frac{ct}{2} \tag{4-19}$$

式中，c 为光在空气中的传播速度，$c \approx 3 \times 10^8$ m/s；t 是光信号往返所经过的时间。根据传播时间 t 的测定方法的不同，可以把激光测距仪分为脉冲激光测距仪和相位激光测距仪两类。

4.5.1　脉冲激光测距仪

激光器发射的光脉冲通过发射望远镜投射到待测目标上，通过目标的漫反射可以由接收望远镜接收反射信号，再由光电转换元件转变为电信号并经过放大器放大后，用数字电路或图像法直接测定光往返一次所需的时间，并以距离显示出来。

脉冲式激光测距仪的主要特点是能以脉冲形式集中发射，通过待测目标的漫反射进行距离测量，不需要专门设置合作目标，使用非常方便。但是由于反射物体表面的高低不平和时间测量技术的限制，这种测量装置的精度较低，一般误差为 $2 \sim 5$ m。因此，它适用于军事及工程测量中精度要求不高的项目。

4.5.2　相位激光测距仪

相位激光测距仪是用无线电波段的高频正弦信号对激光束进行高频调制，然后测定调制光往返一次所产生的相位延迟，再根据调制光的波长换算此相位延迟所代表的距离。图 4-18 所示为相位激光测距仪的基本原理。

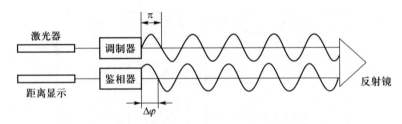

图 4-18　相位激光测距仪的基本原理

测距仪由激光器发出按某一频率变化的正弦调制光波，光波的强度变化规律与光源的驱动电源的变化完全相同，发出的光波到达被测目标，通常这种测距仪都配置了被称为合作目标的反射镜，这块反射镜能把入射光束反射回去，而且保证反射光的方向与入射光的方向完全一致。在仪器的接收端获得调制光波的回波，经鉴相和光电转换后，得到与接收到的光波调制频率、相位完全相同的电信号，此电信号放大后与光源的驱动电压相比较，测得两个正弦电压的相位差，根据所测相位差就可算得所测距离。

令目标的距离为 L，光信号往返所走过的距离为 $2L$，则

$$L = \frac{ct}{2} \tag{4-20}$$

式中，$c \approx 3 \times 10^8$ m/s 为光在空气中的传播速度；t 为光信号往返所经过的时间。

假设正弦调制光波往返后相位延迟一个 φ 角，又令激光调制频率为 ω_0，则光波在被测距离上往返一次所需的时间 t 为

$$t = \frac{\varphi}{\omega_0} \tag{4-21}$$

把式（4-21）代入式（4-20），得

$$L = \frac{c\varphi}{2\omega_0} \tag{4-22}$$

而 $\varphi = N \times 2\pi + \Delta\varphi$，所以待测距离 L 为

$$\begin{aligned}
L &= \frac{c(N \times 2\pi + \Delta\varphi)}{2\omega_0} \\
&= L_0 \left(N + \frac{\Delta\varphi}{2\pi} \right) \\
&= L_0(N + \Delta N)
\end{aligned} \tag{4-23}$$

式中，$L_0 = c\pi/\omega_0$ 为光尺，$\Delta N = \Delta\varphi/2\pi$。

显然，只要能够测量出发射光波和接收光波之间的相位差，就可确定距离 L 的数值。这种方法测量精度高，通常在毫米量级，因而在大地测量和工程测量中得到了广泛的应用。

由上述可知，相位法测距就是间接地测定调制光波经过时间 t 后所产生的相位移 φ，以代替测定时间 t，从而求得光波所走过的路程 L[11]，图 4-19 所示即激光往返所引起的相位差。

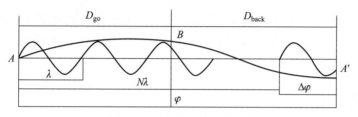

图 4-19 光波相位示意图

A 点表示调制光波的发射点，B 点表示安装反射器或者是目标点，A' 表示所发出的调制光波经反射器反射后的接收点。实际上，A 点就是测距仪中光波的发射点，A' 就是测距仪中光波的接收点，A、A' 两点间的距离就是光波所走过的路程，它等于待测距离的两倍，相位移 φ 实际上代表光波走过往返距离时所需的时间 t_{2D}。

如果测得光波相位移 φ 中 2π 的整数和小数，就可以确定出被测距离值，所以调制光波可以被认为是一把"光尺"，其波长 λ 就是相位式激光测距仪的"测尺"长度。但目前任何测量交变信号相位的方法都不能确定出相位的整周期数 N，只能测定 $\Delta\varphi$，由于 N 值不确定，故距离 L 就成为多值解。

在目前测相精度一般较高的情况下，为了保证必要的测距精度，精测尺的频率必须选得很高，一般为几十兆赫兹到几百兆赫兹，在这样高的频率下直接对发射光波和接收光波进行相位比较，受电路中寄生参量的影响，技术上将遇到极大的困难。所以选择用调制波 3 kHz 和 300 MHz 信号发射出去，反射回来的波被探测器接收，再将 300 MHz 信号反相抵消掉，对解调出来的 3 kHz 的信号放大后与单片机初始出来的 3 kHz 信号进行相位比较，用改进的过零点检测算法，求出 $\Delta\varphi$ 的变化量，以此得出 $\Delta\lambda$ 的大小，即不到一个整数波长的部分。

4.6 测量敏感器建模实例

本节将利用 MATLAB 文件和 Simulink 软件，在第三章搭建的航天器姿态动力学、姿态运动学、环境力矩、轨道动力学等模块的基础上，主要针对"0-1"式太阳敏感器进行建模与仿真，进一步研究探讨航天器测量敏感器的工作方式，从而更好地理解测量敏感器的工作原理和模型。

4.6.1　仿真坐标系定义

本节首先给出仿真的相关场景，场景中包含太阳、地球和航天器。所涉及的坐标系有惯性坐标系和航天器本体坐标系。令惯性系下航天器相对于地心的位置（即轨道高度）为 r_b，地心的位置为 r_e，则太阳在航天器本体坐标系下的矢量为 $S = r_b + r_e$。太阳与航天器的空间位置关系如图 4-20 所示。

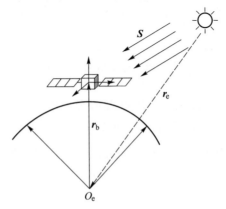

图 4-20　太阳、航天器的空间位置关系

太阳在航天器本体坐标系下的三轴位置可由方位角和俯仰角分别表示为

$$\begin{cases} x_s = \cos\varphi \cos\theta \\ y_s = \cos\varphi \sin\theta \\ z_s = \sin\varphi \end{cases} \tag{4-24}$$

定义 $O_b\text{-}x_b y_b z_b$ 为航天器本体坐标系，假设敏感器坐标系与航天器本体系重合，则敏感器工作时太阳、航天器的空间方位几何关系如图 4-21 所示，已知太阳矢量 S 的三轴分量，则可由式（4-24）推出太阳在航天器本体坐标系下的方位角和俯仰角分别为

$$\begin{cases} \tan\theta = \dfrac{y_s}{x_s} \\ \sin\varphi = z_s \end{cases} \tag{4-25}$$

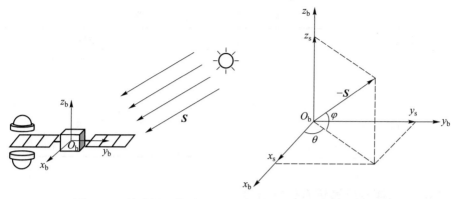

图 4-21 敏感器工作时太阳、航天器的空间方位几何关系

4.6.2 仿真相关参数

假设目标天体为地球，则在惯性坐标系下航天器的初始位置 r_0 = $(-243\,222.85, -3\,791\,991.45, 6\,324\,449.95)$ m，航天器的初始速度 v_0 = $(-1\,642.09,$ $6\,172.21, 3\,637.56)$ m/s，转动惯量 $I = (93\ -0.07\ 0; -0.07\ 80\ -0.03; 0\ -0.03\ 107)$ kg·m^2，初始姿态四元数 $Q_{b0} = (1,0,0,0)$，初始角速度 $\omega_{b0} = (0,0,0)$ rad/s，航天器三轴剩磁矩为 $(10,10,10)$ A·m^2，地球半径 $R_e = 6\,378.145$ km，地球引力常数 $\mu = 398\,600.44$ km^3/s^2，北京市的地理坐标为 $(116°28', 39°48')$。

选用 "0-1" 式太阳敏感器作为测量工具，太阳出现敏感器也称为太阳指示器。具体原理及模型已在 4.1.3 节给出，此处不再赘述，实例中假设航天器装备了两个太阳指示器，两个太阳指示器各区信号范围定义分别如表 4-1 和表 4-2 所示。

表 4-1 敏感器 I 各区信号范围定义

区号	方位角/(°)	俯仰角/(°)
I 区	$135 \sim 225$	$0 \sim 60$
II 区	$45 \sim 135$	$0 \sim 60$
III 区	$-45 \sim 45$	$0 \sim 60$
IV 区	$225 \sim 315$	$0 \sim 60$
V 区	$0 \sim 360$	$60 \sim 90$

表 4–2　敏感器 Ⅱ 各区信号范围定义

区号	方位角/(°)	俯仰角/(°)
Ⅰ 区	135 ～ 225	−60 ～ 0
Ⅱ 区	45 ～ 135	−60 ～ 0
Ⅲ 区	−45 ～ 45	−60 ～ 0
Ⅳ 区	225 ～ 315	−60 ～ 0
Ⅴ 区	0 ～ 360	−90 ～ −60

4.6.3　太阳敏感器仿真程序搭建

根据 4.6.2 节给出的航天器仿真初值，可在 MATLAB 中通过 .m 脚本文件定义仿真参数如下：

```
clear all;
clc;
%%%%%%%%%%%%%%%%%%%
global miu;
global IBd;
global B;
miu = 3.9860044e+14;      %地球引力系数
Mus = 1.327e+20;          %太阳引力系数
%%%%% 1000 km轨道%%%%%
r0 = 1e+6*[-0.24322284327422;-3.79199144866264; 6.32444994784559];
v0 = 1e+3*[-1.64209188480826; 6.17220916529869; 3.63756062689151];
%%%%%%%%%%%%%%%%%%%%%
%%%%%地球轨道%%%%%
re=1.0e+011*[1.88060031612324;-1.79058280743718;0.10321754925749];
ve=1.0e+004*[1.24848949175791; 1.52580978473794;0.36197753326806];
%%%%%%%%%姿态参数%%%%%%%
IBd = [ 93    -0.07    0;
-0.07    80    -0.03;
0    -0.03    107];
InvIBd = inv(IBd);
Wb0 = [0;0;0]; %旋转角速度
```

```
Hb0 = IBd*Wb0;
Qb0 = [1;0;0;0];
%%%%%剩磁力矩参数%%%%%
load B;
Re = 6378145;          %地球半径
hp = 1000e+3;          %轨道高度
a = Re+hp;
Womag = sqrt（miu/a^3）;          %轨道角速度
T_orbit = 2*pi/Womag;          %轨道周期
M_remain = [10;10;10];
%%%%%%%%%%%%%%%%%%%%%%%%%%%
```

利用 Simulink 搭建太阳敏感器模型，根据敏感器的组成和工作原理可将系统模型搭建为两大模块 —— 动力学模块和太阳敏感器模块，如图 4-22 所示，其中，动力学模块计算航天器的位置和姿态、地球轨道及速度等参数，太阳敏感器模块接收动力学模块计算的航天器位姿以及地球轨道等参数。根据太阳敏感器各区视场的实时信号，输出参数为太阳在五眼式"0-1"太阳敏感器中出现的视区号码。

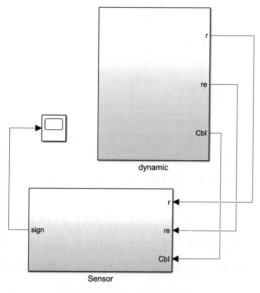

图 4-22　航天器系统模型

太阳敏感器模块的内部模型搭建如图 4-23 所示。首先需要根据地球和航天器的轨道位置来计算太阳在航天器本体坐标系中的方向矢量 S，然后将此太阳矢量输入五眼式 "0–1" 太阳敏感器模块（图 4-24）。

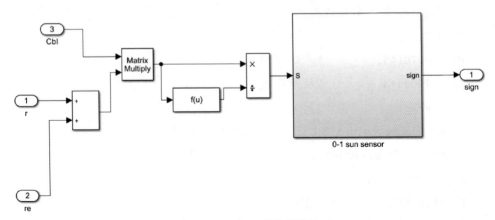

图 4-23　太阳敏感器模块

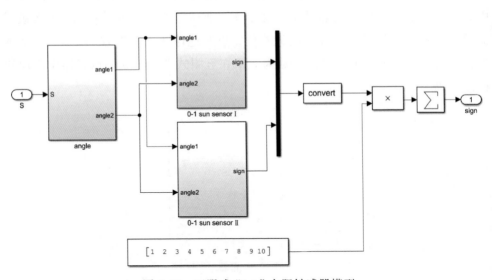

图 4-24　五眼式 "0–1" 太阳敏感器模型

在 Simulink 中，根据式（4-25），可以由 S 计算得到方位角和俯仰角两个角度，随后分别将两个姿态角输入敏感器 I 和敏感器 II 中，根据表 4-1 和表 4-2 的敏感器视区定义分别判断此时的太阳是否出现在各自的视区中，如图 4-25 所示。

以敏感器 I 的 I 视区为例，由于方位角的信号范围是 $135° \sim 225°$，俯仰角的信号范围是 $0° \sim 60°$，因此可以设计如图 4-26 所示的程序框图，利用两个姿

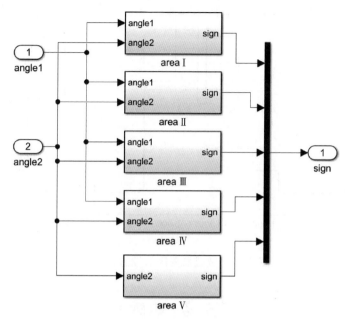

图 4-25 敏感器 I 各视区判断模型

态角的判断结果,通过与门进行此视区的信号判断。

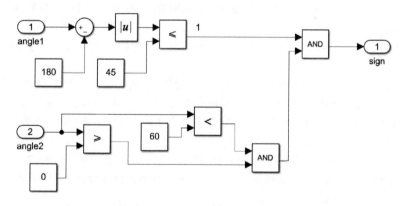

图 4-26 敏感器 I 的 I 区姿态角判断太阳信号模型

 设置仿真时间为 1 h (3 600 s),并将 Simulink 中两个敏感器共 10 个视区各
自出现太阳信号的仿真结果保存到 MATLAB 工作区中,绘制 3 600 s 内视区信
号仿真结果如图 4-27 所示。

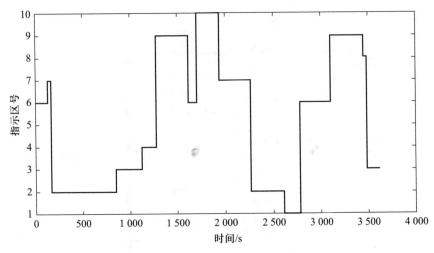

图 4-27　敏感器视区信号仿真结果

参 考 文 献

[1]　刘良栋. 卫星控制系统仿真技术 [M]. 北京: 中国宇航出版社, 2003.

[2]　王红睿, 李会端, 方伟. 航天太阳敏感器的应用与发展 [J]. 中国光学, 2013, 6(4): 481-489.

[3]　何丽, 胡以华. 太阳敏感器的原理与技术发展趋势 [J]. 电子元件与材料, 2006, 25(9): 5-7.

[4]　李捷. 基于地球椭球特性的红外地球敏感器测量值的修正算法 [J]. 航天控制, 1997(4): 63-69.

[5]　何丽, 胡以华. 红外地球敏感器的技术发展趋势 [J]. 传感器与微系统, 2006, 25(7): 4-6.

[6]　董云芬. 红外地球敏感器地面测试用地球模拟器的研究 [D]. 南京: 南京理工大学, 2014.

[7]　陈元枝. 基于星敏感器的卫星三轴姿态测量方法研究 [D]. 长春: 中国科学院长春光学精密机械与物理研究所, 2000.

[8]　郝云彩. 空间光学敏感器技术进展与应用 [J]. 空间控制技术与应用, 2017, 43(4): 9-18.

[9]　程宇峰, 润一, 王密. 深空探测光学导航敏感器在轨几何定标方法 [J]. 深空探测学报, 2016, 3(3): 228-236.

[10]　王建波. 激光测距仪原理及应用 [J]. 有色设备, 2002(6): 15-16.

[11]　段淋淋, 崔一平. 新型便携式激光测距仪的原理及方案设计 [J]. 电子器件, 2009, 32(1): 195-199.

第 5 章　执行机构的工作原理与模型

航天器控制系统中需要不同类型的执行机构来完成各种控制任务。可供航天器携带的执行机构主要有推力器、飞轮与磁力矩器等，因而相应就有推力器系统、飞轮系统与磁力矩系统等。本章介绍了主要的执行机构系统的组成和工作原理，包括推力器系统、飞轮系统和磁力矩系统；并在此基础上，以推力器系统的仿真建模为例，介绍了如何运用 MATLAB 和 Simulink 来搭建执行机构的仿真模型[1]。

5.1　推力器系统的组成与工作原理

推力器是目前航天器控制系统中使用最广泛的执行机构之一。其原理为根据牛顿第三定律，利用质量喷射排出产生反作用推力，这也正是这种装置被称为推力器或喷气执行机构的原因。当推力器的安装使得推力方向通过航天器质心时，推力器成为轨道控制执行机构；而当推力方向不过质心时，则必然产生对航天器质心的力矩，此时推力器成为姿态控制执行机构。推力器是唯一一种既能控制航天器质心运动又能控制绕质心运动的执行机构，能够产生较大的控制力矩，满足快速姿态机动的需求。在目前的技术条件下，线性特性的推力器阀门尚不能在轨使用，因此经典的连续控制律不能直接实现。航天器姿态轨道控制时，推力器使用开关阀门，从而引入了非线性的问题[2]。

5.1.1　推力器的分类与性能要求

推力器通常基于化学反应或电推进技术，但它们的基本原理都是通过喷射推进剂来产生推力。根据产生推力所需能源的形式不同，推力器可以分为冷气推力器、热气推力器和电推力器，如图 5-1 所示。其中：冷气推力器和热气推力器消耗的工质需由航天器从地面携带，有限且无法在轨补充；而电推力器消耗电能，可以通过太阳能电池在轨补充，工质消耗量大大减少。因此，电推力器成为日后长寿命、高精度航天器推力器的一个重要发展方向。

航天器通常都具有由多个推力器组成的推力器系统。不同的航天器其推力器所承担的控制任务也各不相同。推进系统通常能够同时用于姿态控制和轨道控制，是集成式的。推进系统针对不同的任务，使用不同规格的推力器：以脉冲推力方式进行轨道修正和轨道机动的任务使用可以产生大推力的推力器 (200 ～ 500 N)；姿态控制和连续小推力轨道机动的任务则使用可以产生小推力的推力器 (0.1 ～ 25 N)。推力器系统通常包含冗余以提高可靠性。

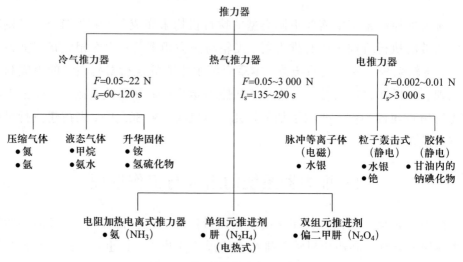

图 5-1　推力器的分类及其性能

例如："水手 4 号"金星探测器有 12 个喷嘴，只用作姿态控制；而"哥伦比亚号"航天飞机轨道器的推力器系统则拥有 44 个小推力器，不仅可以用于姿态控制，还可以辅助轨道机动发动机完成轨道控制任务。无论推力器执行什么样的任务，在选择推力器时都应当考虑以下要求：

（1）为了降低推力器的质量和提高使用寿命，应选用高比冲和高推重比（推力与推力器的质量之比）的推力器；

（2）为了提高姿态控制精度和降低推进剂的消耗，推力器应选用脉冲工作方式，脉冲的冲量值要小、重复性要好；

（3）推力器应能在真空、失重、温度交变的空间环境下可靠地工作；

（4）推力器应具有长寿命和多次启动的能力；目前，有的推力器启动次数在几十万次以上，使用寿命超过 10 年。

5.1.2　推进系统的组成与工作原理

本节以 UoSAT-12 卫星上的冷气推进系统为例，如图 5-2 所示，展示了典型的姿态轨道集成推进系统，并介绍了推进系统的组成与工作原理[3]。推进系统一般由推进剂储箱、自锁阀、推力器（包括电磁阀和喷管）、过滤器及相应的管

线等组成。图示推进系统既能用于姿态控制，又能用于轨道控制。系统中有 8
个推力器用于姿态控制、2 个推力器用于轨道控制。姿态控制推力器需成对工
作以产生力矩，其中一对用于滚转控制，一对用于俯仰控制，另两对用于偏航
控制。

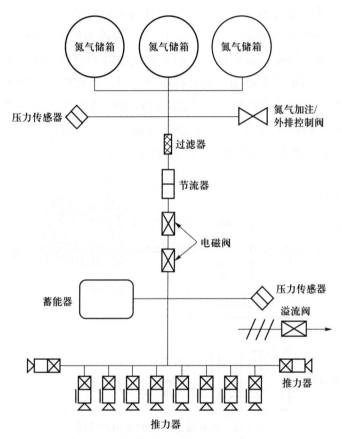

图 5–2　UoSAT-12 卫星集成推进系统的结构

　　压缩氮气作为推进剂存储在 3 个高压气瓶中，气瓶压力为 200 bar（1 bar =
100 kPa），总容量为 27 L。氮气由储箱通过一系列阀门、调压阀、蓄能器等到达
推力器。过滤器限制氮气从储箱到蓄能器的流动。蓄能器的额定工作压力约为
5 bar，并由两个冗余的电磁阀控制充气。两个电磁阀串联安装以减轻由电磁阀
机械缝隙所导致的不能完全关闭的问题。电磁阀的电气故障将导致气流不受控
地流入蓄能器，最终超过蓄能器的最大许可压力（13 bar），为避免这类情况的
发生，系统并联了自锁阀（或溢流阀/安全阀），当压力达到 12 bar 时阀门打开。
　　最简单的推力器三轴姿态控制方式是每个轴使用一对推力器，但是 4 个合

理安排的推力器也能有效地实现三轴姿态控制。推力器的布局还受其他子位置的影响。每个推力器的工作压力调节到 10 bar，喷管上通常会安装一个控制阀，当阀门打开时，冷气从喷管喷出并产生推力。控制阀的最大工作压力限制了推力器的推力大小，这里采用的推力器的推力通常小于 1 N。同时，推力器作用于航天器的力矩的大小与推力大小和作用力臂的长度有关。

　　下面主要介绍电磁阀的工作原理。图 5-3 为推力器电磁阀的结构原理图。推力器不工作时，挡板在弹簧拉力作用下挡住推进剂管路，推进剂无法流到催化剂部分，因此不能产生推力。当有控制信号时，电磁铁产生吸力，当吸力超过弹簧拉力时，衔铁拉动挡板打开管路，推进剂经过催化剂层并被分解产生热气，经喷管喷出后产生推力。当电磁铁产生的吸力小于弹簧拉力，衔铁回到原位置，切断管路，推力器就停止喷气，推力变为零。

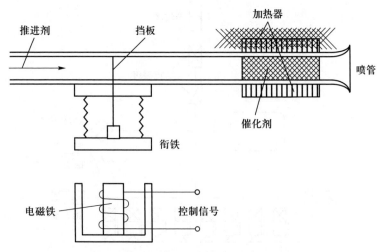

图 5-3　推力器电磁阀的结构原理图

　　由于推力器电磁阀为电磁元件，控制信号与电磁阀电流类似一个惯性环节，是非线性关系，同时推力器产生的推力与电磁阀电流也存在开启和关闭滞后等非线性特性，因此控制信号 u_c 与推力 F_j 是一种比较复杂的非线性关系，实际特性如图 5-4 (a) 所示。

　　由图 5-4 可以导出等效的推力脉宽 T_d 为

$$T_d = T_n + (T_{SD} - T_{SR}) + (T_{fd} - T_{fr}) \tag{5-1}$$

式中，T_n 为指令喷气时间；T_{SR}、T_{SD} 分别为电磁阀的开启时延和关闭时延；T_{fr}、T_{fd} 分别为推力的上升时间常数和关闭时间常数。

令 $T_R = T_{SR} + T_{fr}$, $T_D = T_{SD} + T_{fd}$ 分别为推力器的等效前时延和等效后时延,则式 (5–1) 可写为

$$T_d = T_n + (T_D - T_R) \tag{5-2}$$

对于理想的喷气执行机构,要求 $T_n = T_d$。但实际上 $T_D > T_R$,所以有 $T_d > T_n$,即等效推力脉宽大于指令喷气时间。而等效前时延和等效后时延将对推力器工作的效果产生影响。

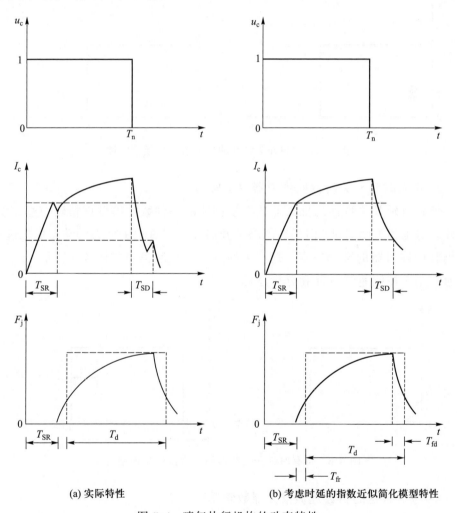

(a) 实际特性   (b) 考虑时延的指数近似简化模型特性

图 5–4 喷气执行机构的动态特性

5.1.3 推力器的数学模型

考虑到控制系统设计和数学仿真的需要,下面介绍几种实用的推力器数学

模型。

1）理想开关特性的推力器数学模型

理想开关特性的推力器数学模型是一种比较简单的推力器数学模型，没有考虑开启时延和关闭时延，同时假定推力器产生的推力恒定，其产生的推力与控制信号如图 5-5 所示。这种理想的开关型数学模型通常用于控制系统原理性验证与初步设计和分析过程。

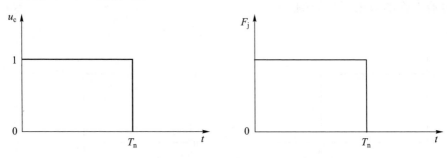

图 5-5　理想开关特性的推力器数学模型特性

2）带有时延开关特性的推力器数学模型

带有时延开关特性的推力器数学模型比前一种数学模型更精确一些，考虑了开启时延和关闭时延，但仍然忽略了开启和关闭过程中推力的动态变化过程，即仍假设推力器的推力恒定，其产生的推力与控制信号如图 5-6 所示。这种模型通常用于控制系统设计和分析过程。

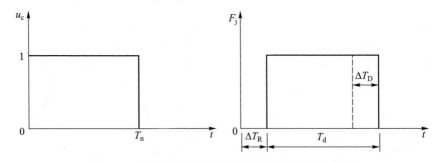

图 5-6　带有时延开关特性的推力器数学模型特性

3）考虑时延的指数近似推力器数学模型

考虑时延的指数近似推力器数学模型既考虑了开启时延和关闭时延，又考虑了推力上升和下降的动态特性（指数近似），因此是一种比较精确的数学模型，通常在数学仿真模型中用于描述推力器的特性，其产生的推力与控制信号如图 5-4 (b) 所示。

5.2 飞轮系统的组成与工作原理

5.2.1 飞轮的分类

另外一类姿态控制执行机构称为角动量交换装置，又称飞轮或飞轮执行机构。飞轮的工作原理是根据动量矩守恒定理，通过改变安装在航天器上的高速旋转刚体的角动量矢量（包括大小和方向），从而产生与飞轮角动量变化率成正比的控制力矩，作用于航天器上使其动量矩相应地变化，这种过程称为动量交换。飞轮执行机构只能用于航天器的姿态控制[4]。

根据结构特点和产生控制作用的形式，飞轮可以分为惯性轮、控制力矩陀螺和框架动量轮三种。

1）惯性轮

当飞轮的支承与航天器固联时，飞轮动量矩方向相对于航天器本体坐标系不变，但飞轮的转速可以变化，这种工作方式的飞轮通常称为惯性轮。其中，如果飞轮的转速可以正负改变，且平均动量矩为零，则称为反作用飞轮。如果飞轮的平均动量矩是一个不为零的常值 —— 偏置值，也就是说飞轮储存了一个较大的动量矩，飞轮的转速可以相对于偏置值有一定的变化，从而产生控制力矩，具有这种特点的飞轮称为动量轮。

动量轮和反作用飞轮都由电动机（通常是直流电动机）与沿最大转动惯量轴安装的飞轮组成，以产生更大的角动量。设计时需要对电动机和飞轮的质量与形状进行优化，以得到高惯量/质量比。图 5-7 所示为典型的反作用飞轮系统。

图 5-7 安装在卫星上的反作用飞轮系统

通常将由 4 个反作用飞轮组成的执行机构群用于较高精度的三轴姿态控制，同时存在系统冗余，以提高可靠性。反作用飞轮可以产生 0.01 ~ 1 N·m 的力矩。飞轮的大小由敏捷性要求决定，通常用姿态每秒能够机动的角度来表示敏捷性。反作用飞轮组可以提供完全的三轴稳定性；与之不同，使用动量轮的偏置动量稳定还需要其他执行机构进行三轴姿态控制。同时，使用动量轮还需要进行章动控制。动量轮和反作用飞轮都需要使用其他执行机构提供外力矩对角动量进行卸载。

2）控制力矩陀螺

如果把恒速旋转的轮子安装在框架上，而框架又可以相对于航天器本体转动，即框架角可变，那么就得到了动量矩大小恒定不变而方向可变的飞轮，这种飞轮称为控制力矩陀螺。

控制力矩陀螺能够提供较大的力矩，因此很早就用于大型航天器的姿态控制，尤其是缓慢运动的平台，如天空实验室（Skylab）、国际空间站（ISS）等。近年来，控制力矩陀螺被当作小卫星敏捷姿态机动时一种可行的执行机构。

根据支承轮子的框架数量的不同，控制力矩陀螺可分为单框架控制力矩陀螺和双框架控制力矩陀螺两种。前者动量矩的方向变化在一个平面内，后者则可在三维空间任意改变。图 5-8 所示为 M750 四轴控制力矩陀螺系统。

图 5-8　M750 四轴控制力矩陀螺系统

3）框架动量轮

如果在控制力矩陀螺的基础上，飞轮旋转的速度也可变化，即动量矩的大小和方向均可变，这种飞轮称为框架动量轮。

根据支承飞轮的框架数量的不同，框架动量轮有单框架动量轮和双框架动量轮之分。根据飞轮的支承方式，其又可分为滚珠轴承飞轮和磁轴承飞轮两类。

飞轮作为姿态执行机构的优点：① 不消耗燃料，只消耗电能；② 能产生比较精确的连续控制力矩，控制精度高；③ 适用于吸收周期性的扰动力矩；④ 不污染仪器。当然飞轮也存在一些缺点：首先，飞轮是高速旋转的物体，其对轴承的寿命和可靠性要求很高；其次，飞轮存在饱和问题，例如惯性轮达到饱和转速后不能继续提供控制力矩，需要外力矩进行卸载。

5.2.2 反作用飞轮的组成与工作原理

飞轮系统的构成主要包括驱动电动机、支承（轴承组合件）、轮体和控制线路等。其中最关键的是支承和驱动电动机，它们对长寿命、高精度的航天器姿态控制系统极为重要[5]。下面以反作用飞轮为例，对其工作原理和数学模型进行详细介绍。

反作用飞轮一般由以下组件组成。

（1）转子轴承。用来悬挂转子，其技术挑战在于需要将摩擦减至最小。转子轴承通常有两种类型：滚珠轴承和磁悬浮轴承。滚珠轴承需要使用润滑剂来减小摩擦，通常需要与供液和分配系统配合使用。磁悬浮轴承允许飞轮悬浮在空中，以避免转子和定子之间的物理接触，它能够显著地增大力矩与噪声的比。

（2）惯性轮。设计时要尽可能增大惯性轮的转动惯量与质量的比，同时必须保证精确的平衡，在航天器生命周期内保持物理特性不变，并能承受大范围温度变化。

（3）电子设备。需要完成不同运行模式的转换、飞轮转速和跟踪期转速的测量等任务。

（4）电动机。通常使用多相无刷直流电动机，由安装在转子上的永磁体和定义良好的换向器组成。

（5）锁定装置。用来在发射阶段锁定转子，可以使用电磁或者烟火装置。

飞轮通常采用无刷直流电动机，其工作原理如图 5-9 所示。

其时域方程为

$$
\begin{cases}
U(t) = E(t) + Ri(t) + L\dfrac{\mathrm{d}i(t)}{\mathrm{d}t} \\
E(t) = K_{\mathrm{e}}\Omega(t) \\
M(t) = K_{\mathrm{m}}i(t) = J\dfrac{\mathrm{d}\Omega(t)}{\mathrm{d}t} + M_{\mathrm{d}}(t)
\end{cases}
\tag{5-3}
$$

式中，$U(t)$ 为电动机电枢电压；$E(t)$ 为电枢反电动势；R、L 分别为电枢的电阻和电感；$M(t)$ 为电动机电磁力矩；J 为电动机转子和飞轮的转动惯量；$\Omega(t)$ 为

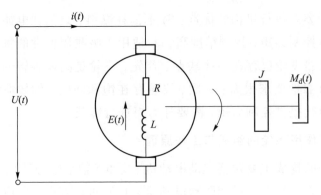

图 5-9 直流电动机的工作原理

飞轮转速；K_e 为电势常数；K_m 为力矩常数；$M_d(t)$ 为电动机轴系摩擦力矩与干扰力矩之和。

由式 (5-3) 可以得到飞轮转速 $\Omega(t)$ 与电枢电压 $U(t)$ 之间的传递函数：

$$\frac{\Omega(s)}{U(s)} = \frac{K_m}{LJs^2 + RJs + K_e K_m} \tag{5-4}$$

通常电枢电感 L 为小量，可忽略不计，则有

$$\frac{\Omega(s)}{U(s)} \approx \frac{K_m}{RJs + K_e K_m} = \frac{K_\omega}{T_\omega s + 1} \tag{5-5}$$

式中，K_ω、T_ω 分别为飞轮电动机的增益系数和机电时间常数

$$K_\omega = \frac{1}{K_e}, \quad T_\omega = \frac{RJ}{K_e K_m} \tag{5-6}$$

当飞轮作为姿态控制执行机构时，其输出的实际控制力矩 T_c 为

$$T_c = -J\dot{\Omega} = -\dot{h} \tag{5-7}$$

由式 (5-5) 并整理可得飞轮角动量 $h(t)$ 与电枢电压 $U(t)$ 之间的传递函数：

$$\frac{h(s)}{U(s)} = \frac{K_m}{R} \cdot \frac{1}{s + \dfrac{K_e K_m}{RJ}} = \frac{K_m}{R} \cdot \frac{1}{s + \dfrac{1}{T_\omega}} \tag{5-8}$$

对应的时域方程为

$$\dot{h} + \frac{1}{T_\omega} h = \frac{K_m}{R} U \tag{5-9}$$

在实际使用情况下，不直接使用电枢电压作为控制信号，根据飞轮控制指令形式的不同，飞轮有两种工作模式：转速模式和力矩模式[6]。

（1）转速模式：将外环输出的加速度需求转换成对飞轮转速的需求，再传递给反作用飞轮测速回路。内回路在存在轴承摩擦和不确定性的情况下保证合适的飞轮响应。测速计（磁感应转换器）测量飞轮转速，并与转速需求进行比较，得到偏差后传递给电动机，以实现精确的转速控制。当航天器运行在天底指向模式时，为了限制飞轮在零速度附近的静摩擦，飞轮需要运行在转速模式以实现高精度稳定。

（2）力矩模式：电动机的电流与电动机产生的力矩成正比，使用电流反馈，电动机与飞轮的组合就变成了惯性轮。当航天器运行在太阳指向或者大角度机动模式时，飞轮需要运行在力矩模式。

对于力矩模式的飞轮，其控制信号 u_c 与期望控制力矩成正比，其等效模型如图 5–10 所示。

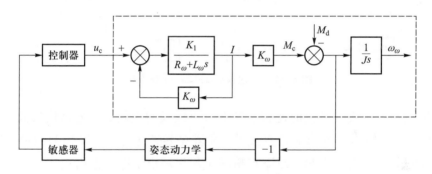

图 5–10　力矩模式的飞轮等效模型

飞轮产生的实际控制力矩与期望控制力矩的传递函数为

$$\frac{h(s)s}{T_c(s)} = \frac{s}{s + \dfrac{1}{T_\omega}} \left(\frac{K_m}{R} K_1 \right) \tag{5–10}$$

在选择比例系数 K_1 时，常选择 $K_1 = R/K_m$，使式（5–10）中括号内的项为 1。由于 $1/T_\omega$ 通常很小（机电时间常数 T_ω 通常为几十秒），因此在设计姿态控制系统时，可近似认为力矩模式的飞轮为一个增益为 1 的比例环节。

对于转速模式的飞轮，其控制信号与飞轮期望角动量成比例，即

$$u_c = K_{vh} \int T_c \mathrm{d}t = K_{vh} h_c \tag{5–11}$$

式中，T_c 为期望控制力矩；h_c 为飞轮期望角动量。转速模式的飞轮等效模型如

图 5-11 所示。则飞轮产生的实际控制力矩与期望控制力矩的传递函数为

$$\frac{h(s)s}{T_c(s)} = \frac{K_2}{s + \dfrac{1}{T_\omega} + \dfrac{K_2 K_m}{R}} \left(\frac{K_m}{R}\right) \tag{5-12}$$

由于 $1/T_\omega \ll 1$，则力矩输出的时间常数近似等于 $R/K_2 K_m$，通常该常数较大，在进行姿态控制系统设计时，应加以考虑。同时可以看到图 5-11 中有一个转速跟踪回路，能够补偿摩擦力矩的影响。

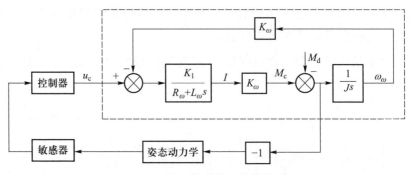

图 5-11　转速模式的飞轮等效模型

两种工作模式的飞轮的比较：对于力矩模式的飞轮，其电路比较简单，可靠性高，但摩擦力矩的影响是直接的，尤其是转速过零时，摩擦力矩的突变可能会对姿态产生剧烈影响，使姿态精度（尤其是稳定度）恶化；对于转速模式的飞轮，能有效补偿摩擦力矩对转速的影响，但要求测量飞轮转速作为反馈信息，测速计的量化误差和噪声可能使系统性能下降[4]。

两种工作模式各有利弊，选择时需根据实际情况而定。例如，当飞轮摩擦力矩小到 $1 \times 10^{-3} \sim 2 \times 10^{-3}$ N·m 时，用力矩模式比较合适。这是因为力矩模式中，飞轮本身的控制电路简单，可靠性高，而且机电时间常数的影响可以忽略不计。

5.3　磁力矩器系统的组成与工作原理

航天器的执行机构除推力器和飞轮两类主要执行机构外，还有其他形式的执行机构。它们利用磁场、引力场等环境场与航天器相互作用产生力矩，例如磁力矩、重力梯度力矩、太阳辐射力矩、气动力矩等，以实现对姿态的控制。这些力矩一般都比较小，而且与运行轨道高度、航天器结构和姿态等因素有关。其中，磁力矩器是最常见的一种[3]。

磁力矩器主要应用于低精度姿态稳定、动量交换装置卸载、航天器去翻滚控制等情况。典型的航天器磁力矩器如图 5-12 所示。

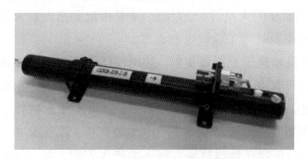

图 5-12 典型的航天器磁力矩器

航天器的磁矩与环境磁场相互作用可产生磁力矩，其大小为

$$\boldsymbol{T} = \boldsymbol{M} \times \boldsymbol{B} \tag{5-13}$$

式中，$\boldsymbol{M}$ 为航天器的磁矩；$\boldsymbol{B}$ 为当地环境磁场强度。当两者相互垂直时，磁力矩最大；当两者相互平行时，磁力矩为零。

对于地球轨道航天器，只要航天器存在磁矩，磁力矩总是存在的。若不把它作为控制力矩使用，就会成为干扰力矩。航天器上安装的通电线圈就是最简单的磁力矩器，通电线圈产生的磁矩与地球磁场相互作用就可以产生控制力矩，实现姿态控制。若沿航天器的 x_b, y_b, z_b 轴分别装有线圈与磁强计，且设航天器上备有姿态测量系统与简单功能的计算机。计算机由测得的姿态误差信号计算出应施加的控制力矩 $\boldsymbol{T}_c$ 的大小与方向，或是沿三轴的分量 T_{cx}、T_{cy} 和 T_{cz}；另由磁强计测得当地磁场强度 $\boldsymbol{B}$ 的三轴分量，则给各线圈通上相应的电流 I_x、I_y 和 I_z 就可以获得各轴需要的控制力矩[6]。

航天器的磁矩 $\boldsymbol{M}$ 与线圈中的电流成正比，是线圈圈数 n、电流 i、线圈围成面积 A 的乘积：

$$\boldsymbol{M} = niA\hat{\boldsymbol{n}} \tag{5-14}$$

式中，单位向量 $\hat{\boldsymbol{n}} = \hat{\boldsymbol{i}} \times \hat{\boldsymbol{B}}$，其中，$\hat{\boldsymbol{i}}$ 是电流在截面方向的单位向量，$\hat{\boldsymbol{B}}$ 是地球磁场矢量的单位向量。

磁线圈的设计需要考虑质量、电阻和功率损耗等约束，各约束分别表示为

$$m = nla_0\gamma \tag{5-15}$$

$$R = \frac{nl\rho}{a_0} \tag{5-16}$$

$$P = Ri^2 \tag{5-17}$$

式中，l 为线圈每圈导线的长度；a_0 为导线横截面的面积；γ 为导线的密度；ρ 为导线材料的电阻率；m 为总质量；R 为电阻；P 为功率损耗。

当地磁场强度 $\boldsymbol{B}$ 的大小与 r^3 成反比，$\boldsymbol{r}$ 是由地心指向航天器的矢径，$\|\boldsymbol{r}\| = r$。因此，磁力矩控制适用于低轨道航天器。

由于在地球同步轨道地磁场更弱，使用同样的磁力矩器在地球同步轨道上产生的控制力矩只有 10^{-8} N·m 量级。磁力矩可由电磁效应、永磁体效应两种方式产生。电磁效应与电磁线圈式磁力矩器的原理相似，永磁体效应由铁磁性内芯磁化后产生磁矩。磁力矩器成本低，电力消耗少，系统简单，在低轨道任务中应用广泛。磁力矩器在地球磁场方向不能产生控制力矩，只能提供部分控制能力；在小轨道倾角的情况下使用磁力矩器控制也有困难[3]。

5.4　执行机构建模实例

在前文内容的基础上，本节以推力器的仿真建模为例，主要介绍利用 MATLAB 的 m 函数文件和 Simulink 模块来建立执行机构仿真模型的过程。

本节建立了 3 种类型推力器的仿真模型。相关的仿真参数设置：推力器额定推力为 22 N；电磁阀的开启时延 T_{SR} 为 1 ms；电磁阀的关闭时延 T_{SD} 为 1.5 ms；推力上升时间常数 T_{fr} 为 0.5 ms；推力关闭时间常数 T_{fd} 为 0.5 ms。为了提高姿态控制精度和降低推进剂的消耗，推力器一般选用脉冲工作方式。因此，在仿真过程中，采用 Pulse Generator 模块产生脉冲信号作为输入信号。脉冲输入信号 1 表示推力器工作，产生一定大小的推力；脉冲输入信号 0 表示推力器不工作，推力为 0。推力器的推力大小通过 Gain 模块设置。

1）理想开关特性的推力器仿真建模

理想开关特性的推力器的仿真建模比较简单，脉冲输入信号连接一个设置推力大小的增益环节，输出即为理想开关特性的推力曲线。在 Gain 增益模块设计推力大小为 22 N，Simulink 建模结果如图 5-13 所示。运行建立的 Simulink 文件，运行时间为 10 s，生成理想开关特性的推力器曲线如图 5-14 所示。

图 5-13　理想开关特性的推力器 Simulink 仿真模型

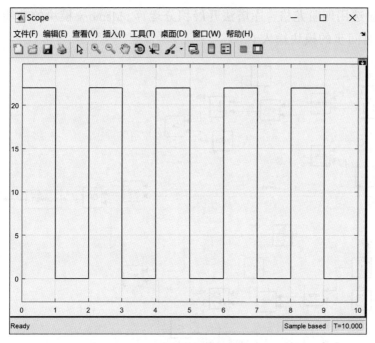

图 5-14 理想开关特性的推力器仿真结果

2) 带有时延开关特性的推力器仿真建模

考虑推力器的开启时延和关闭时延,同时假设推力器的推力恒定,根据前文的数学模型和设定的仿真参数,可建立带有时延开关特性的推力器 Simulink 仿真模型。本节将带有时延开关特性的推力器建模在名为 thruster 的子系统中,同时在子系统外同步建立了理想开关特性的推力器模型,用于对比分析仿真结果,如图 5-15 所示。

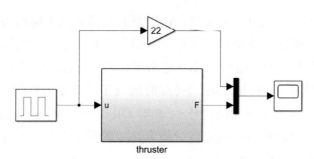

图 5-15 理想开关特性和带有时延开关特性的推力器的同步仿真建模

在带有时延开关特性的推力器子系统建模中,主要应用了逻辑运算模块和关系运算模块,如图 5-16 所示,同时应用了 Memory 模块和积分模块。仿真过程中，一般选用四阶龙格 – 库塔法开展积分运算。Memory 模块的功能为输出来自前一个时间步的模块输入。

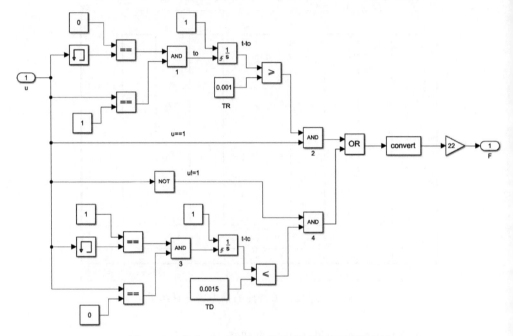

图 5-16　带有时延开关特性的推力器子系统建模

当脉冲输入信号为 0 时，OR 逻辑运算模块输出的信号为 0；因为 Gain 模块的输入为数值型数据，因此需要在 OR 与 Gain 模块之间连接一个 Data Type Conversion 模块，将布尔型逻辑信号转化为数值型信号；此时，推力曲线和脉冲输入信号保持为 0 不变。

当脉冲输入信号由 0 变为 1 时，AND 逻辑运算模块 1 输出信号 1 从而触发上升沿积分器，通过积分器计算脉冲输入信号变化后的持续时间，当持续时间小于电磁阀的开启时延 T_{SR} 时，AND 逻辑运算模块 2 输出信号 0，同时 OR 逻辑运算模块输出信号 0，推力为 0；当持续时间大于或等于电磁阀的开启时延 T_{SR} 时，AND 逻辑运算模块 2 输出信号 1，此时 OR 逻辑运算模块输出信号 1，输出推力变为 22 N，因此推力曲线出现时间为 T_{SR} 的开启时延；此后脉冲输入信号保持 1 不变，推力保持在 22 N。

当脉冲输入信号由 1 变为 0 时，AND 逻辑运算模块 3 输出信号 1 从而触发上升沿积分器，同理，通过积分器计算脉冲输入信号变化后的持续时间，当该时间小于或等于电磁阀的关闭时延 T_{SD} 时，AND 逻辑运算模块 4 输出信号

1，OR 逻辑运算模块输出信号 1，此时推力保持 22 N 不变；当该时间大于电磁阀的关闭时延 T_{SD} 时，AND 逻辑运算模块 4 输出信号 0，同时 OR 逻辑运算模块输出信号 0，推力从 22 N 变为 0，因此推力曲线出现时间为 T_{SD} 的关闭时延。

运行建立的 Simulink 文件，运行时间为 10 s，生成理想开关特性的推力曲线和带有时延开关特性的推力曲线，如图 5–17 所示。其中，黑色曲线为理想开

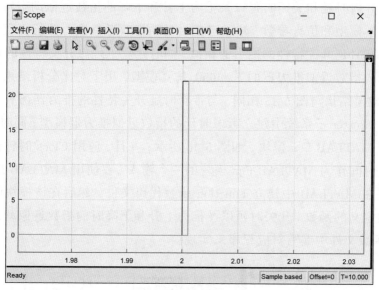

(a) 推力开启时延

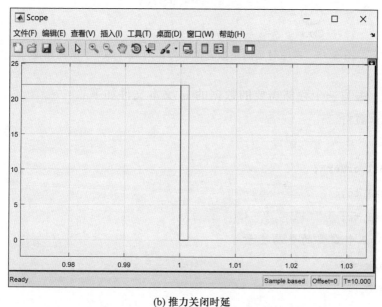

(b) 推力关闭时延

图 5–17 带有时延开关特性的推力器仿真结果 (见书后彩图)

关特性的推力曲线，灰色曲线为带有时延开关特性的推力曲线（书后彩图中为蓝色曲线）。

从仿真结果可以看出，灰色的推力曲线在开启和关闭时刻都相对于黑色的推力曲线出现了不同时长的时延。

3）考虑时延的指数近似推力器仿真建模

考虑开启时延和关闭时延以及推力上升和下降的指数近似动态特性，基于前文的数学模型和仿真参数，建立考虑时延的指数近似推力器仿真模型。建模过程与带有时延开关特性的推力器相似，同时建立了理想开关特性的推力器和考虑时延的指数近似推力器的 Simulink 仿真模型，用于对比分析结果，整体的 Simulink 建模结构与图 5–15 相同。与带有时延开关特性的推力器仿真建模不同的是，在 thruster 子系统中建立考虑时延的指数近似推力器模型；同时，子系统中采用了 MATLAB Fcn 模块，如图 5–18 所示；并且，应用 Clock 时钟信号模块提供仿真时间作为 MATLAB Fcn 模块的一个输入。要使用 MATLAB Fcn 模块，首先需要在 MATLAB 中建立 Function 函数代码文件，然后在该模块的参数设置中引用定义的函数。开关时延以及推力上升和下降时的指数近似动态特性通过在 m 函数文件中编写对应程序来实现。

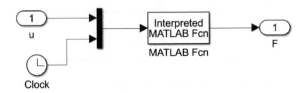

图 5–18　考虑时延的指数近似推力器的 thruster 子系统建模

首先，编写一个存储需要的数据的 m 文本文件如下：

```
clear all;
clc;
global orderk;
global to;
global tc;
%定义三个需要的全局变量
orderk = 0;
to = 0;
tc = 0;
```

%确定三个全局变量的初始值

运行建立的 m 文本文件，在工作区中生成定义的变量和对应的初值，方便后续仿真运行 m 函数文件时直接调用。

定义的 m 函数文件程序代码如下：

function out = thruster_3(u)%定义名为thruster_3的function函数，u为函数的输入

```
global orderk;

global to;

global tc;

%调用三个全局变量的值

order = u(1);%引用输入的脉冲信号

t = u(2);%引用输入的仿真时间

if order == 1 && orderk == 0

        to = t;%输入脉冲信号由0变为1的时刻

end

if order == 0 && orderk == 1

        tc = t; %输入脉冲信号由1变为0的时刻

end

if (order == 1 && t - to>=0.001) || (order == 0 && t - tc<=0.0015)

F_out = 22*(1 - exp(-(t-to-0.001)/0.0005));

%推力在开启时延上升时的指数近似

elseif order == 0 && t - tc>=0.0015

F_out = 22*exp(-(t-tc-0.0015)/0.0005);

%推力在关闭时延下降时的指数近似

else

        F_out = 0;

end

orderk = order;

out = F_out;
```

运行建立的 Simulink 文件，运行时间为 10 s，生成的理想开关特性的推力曲线和考虑时延的指数近似推力曲线如图 5-19 所示。其中，黑色曲线为理想开

关特性的推力曲线，灰色曲线为考虑时延的指数近似推力曲线（书后彩图中为蓝色曲线）。

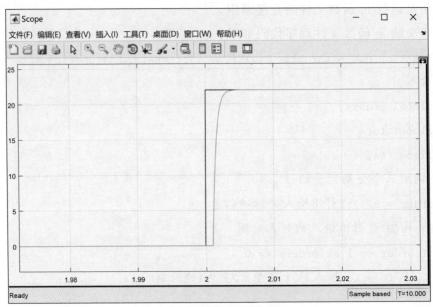

(a) 开启时延指数近似推力曲线

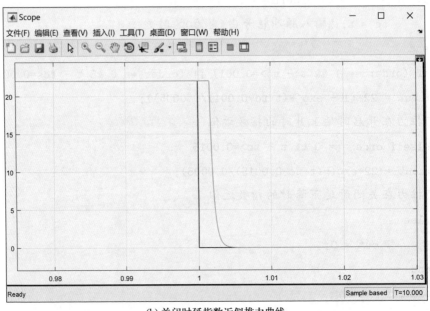

(b) 关闭时延指数近似推力曲线

图 5-19　考虑时延的指数近似推力器仿真结果（见书后彩图）

从仿真结果可以看出,灰色的推力曲线在开启和关闭时刻都相对于黑色的推力曲线出现了一定时间的时延,同时推力按照指数近似曲线上升和下降。

参 考 文 献

[1]　刘良栋. 卫星控制系统仿真技术 [M]. 北京: 中国宇航出版社, 2003.

[2]　肖业伦. 航天器飞行动力学原理 [M]. 北京: 中国宇航出版社, 1995.

[3]　布洛克利, 史维. 动力学与控制 [M]. 江驹, 周建江, 韩潮, 等译. 北京: 北京理工大学出版社, 2016.

[4]　周军. 航天器控制原理 [M]. 西安: 西北工业大学出版社, 2001.

[5]　屠善澄. 卫星姿态动力学与控制 [M]. 北京: 中国宇航出版社, 1998.

[6]　黄圳圭. 航天器姿态动力学 [M]. 长沙: 国防科技大学出版社, 1997.

第 6 章　航天器控制系统的数学仿真与计算机辅助设计

控制系统的计算机仿真与计算机辅助设计是当前十分活跃的两个课题，彼此既有差别又有联系，前者侧重于对系统性能的验证，后者侧重于对系统的分析和综合。它们的密切结合，大大推进了许多复杂算法的发展和先进控制理论的应用，使高精度复杂空间飞行器控制系统的设计成为可能。本章着重介绍与航天器控制数学仿真与计算机辅助设计有关的概念和技术，包括控制系统数学仿真原理和方法、数值积分算法、稳定性分析、积分步长选择与控制、控制系统的描述方法与分析方法等。

6.1　航天器控制系统数学仿真

6.1.1　数学仿真原理

数学仿真，也称计算机仿真，它是在计算机上实现描写系统物理过程的数学模型，并在这个模型上对系统进行定量的研究和实验。与物理仿真、半物理仿真相比，数学仿真的优点是经济、方便、灵活。目前用于仿真的计算机主要是数字计算机，因此计算机仿真也经常被称为数字仿真[1]。

数学模型是对系统的一种抽象描述，它能代表系统的有关特性，在可能条件下应尽量细致全面，并且仿真软件应忠实于数学模型。在控制系统设计中，需要了解和使用数学模型进行控制规律设计。使用复杂的模型经常会使控制规律复杂或设计过程复杂。为此，在工程设计中，经常采用简化的数学模型进行控制系统设计，它应能反映系统的主要特征。通过控制系统的仿真实验，可验证采用简化的数学模型进行设计是否合理[1-3]。

对简单系统的数学模型进行研究可以采用解析的方法，但对复杂系统的数学模型进行研究则往往要采用仿真的方法。数学仿真具有以下几个特点。

（1）连续系统的数学模型一般是常微分方程或偏微分方程，因此数学仿真中的主要数值计算工作是常微分方程（或偏微分方程）数值求解。但是由于右端函数计算常常有间断点，有时系统还具有一定的病态性，因此连续系统数学仿真中的算法与微分方程数值解问题并不是完全等同的，这些特殊性正是仿真算法要加以研究并解决的问题。

（2）数学仿真的整个过程由事先编写好的仿真程序来控制。为了提高仿真的自动化程度，减少系统工程师的负担，仿真程序不仅要能十分方便地处理诸如系统模型输入、参数改变、仿真结果输出等问题，而且应对仿真程序中的主要程序段——积分程序段有十分完善的处理，比如方法的选择、变步长策略、误差控制等。因此，仿真工作者不仅要研究仿真算法本身，还要研究如何编制这些算法的程序以及整个仿真软件的开发。

（3）一般的数字仿真计算机只有一个中央处理器，因此当用数字计算机对一个高阶系统进行仿真时，特别是进行实时仿真即要求仿真时间比例为1:1或更高时，由于数字计算机对所有的微分方程串行求解，仿真速度就成为一个十分突出的问题。控制系统的仿真流程如图 6-1 所示。由图可见，数学模型建立、仿真软件研制、仿真实验与系统实验是交互式逼近真实的过程，其中，数学模型是进行仿真的先决条件，而仿真实验是建立简化模型的重要手段之一，通过仿真可以检验模型和软件并使之不断完善。

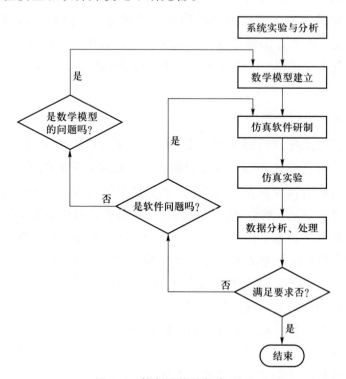

图 6-1 控制系统的仿真流程

6.1.2　数学仿真方法

数学仿真方法有两类：一类是数值积分法；另一类是离散相似法[2]。

数值积分法包括单步法和多步法两种：单步法以龙格－库塔法最为普遍；多步法中最常用的是亚当斯法，它又有显式和隐式之分。所有的数值积分公式可写成如下的统一形式

$$y_{m+1} = \sum_{i=0}^{N} A_i y_{m-i} + h \sum_{i=1}^{n} B_i K_i \tag{6-1}$$

式中，K_i 为微分方程 $\dfrac{\mathrm{d}y}{\mathrm{d}t} = f(t, y)$ 的右端函数 $f(t, y)$ 在某点的值；A_i、B_i 为常系数；h 为积分步长。当 $A_i = 0 (i \neq 0)$ 且 K_i 仅仅是 $t = mh \sim (m+1)h$ 中某点的 $f(t, y)$ 的值，那么式（6-1）所表示的数值积分法为单步法，即为求 y_{m+1} 只要知道 y_m 及 $f(t_m, y_m)$ 即可，否则就是多步法。对多步法而言，K_i 包括 $f(t_{m+1}, y_{m+1})$，就是隐式法，因为此时必须用迭代方法来计算 y_{m+1}，反之就是显式法。数值积分法属于数值计算方法，它不仅方法种类众多，而且有较强的理论性。

与数值积分法并列的另一类数学仿真算法是离散相似法，它是建立在对连续系统离散化的基础上的，有比较明显的物理意义，控制工程领域的技术人员很容易接受。这类方法对于线性系统仿真十分有用，特别适合实时仿真。对于航天器控制系统来说，由于动力学模型通常为非线性的，离散相似法应用较少[4-5]。

6.1.3　采样控制系统仿真

航天器控制系统发展到现在，几乎所有航天器都应用了计算机控制系统。计算机控制系统是一种典型的采样控制系统（或称数字控制系统）：它首先要以一定时间间隔对被控对象（过程）的有关信号进行采样，并通过输入通道把模拟量转变成数字量；然后将它送给数字控制器或计算机，数字控制器或计算机根据输入的数字信息，按预定的控制规律（数学模型）进行计算；最后将计算结果通过输出通道转换成模拟量以控制被控对象，使被控量达到预期指标要求[6]。因此，一个典型的采样控制系统由以下几个部分组成：

（1）连续的被控对象或被控过程；

（2）采样开关及模数转换器（A/D 转换器）；

（3）离散的数字控制器；

（4）数模转换器（D/A 转换器）及保持器。

各部分的关系可用图 6-2 所示的结构来表示。

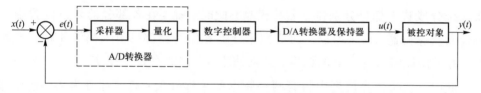

图 6-2 采样控制系统

误差信号 $e(t)$ 经 A/D 转换（包括采样和量化）传输给数字控制器，数字控制器进行某种控制规律的计算，运算结果经 D/A 转换到被控对象上。在采样间隔期间，由保持器保持控制信号 $u(t)$。

采样控制系统数学仿真的基本问题是如何确定仿真步长以及如何处理在不同采样间隔下的差分模型。仿真步长的选择必须根据被控对象的结构、采样周期的大小、保持器的类型以及仿真精度和仿真速度的要求来综合考虑，往往有三种情况：

（1）仿真步长 T 与采样周期 T_s 相等；

（2）仿真步长 T 小于采样周期 T_s；

（3）数字控制器的采样周期 T_s 可变。

仿真步长 T 与采样周期 T_s 相等的这种仿真与连续仿真完全相同，可大大简化仿真模型，缩短仿真周期，提高仿真速度。如果实际系统中的 T_s 比较小，系统的阶次比较低，取 $T = T_s$ 可满足仿真精度的要求，则应尽可能选择两者相等，如图 6-3 所示。

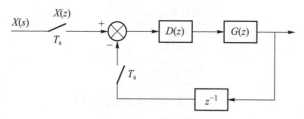

图 6-3 $T = T_s$ 时仿真模型

仿真步长 T 小于采样周期 T_s 是采样控制系统仿真中最常见的情况。一般说来，T_s 是根据系统频带宽度、实际采样开关硬件的性能和实现数字控制器计算程序的执行时间长短来决定的。由于种种原因（如控制算法比较复杂、数字控制器完成所要求的控制算法需要较长的时间等），T_s 比较大，但系统中连续部分若按采样间隔选择 T，将出现较大的误差，因此有必要使 $T < T_s$。

另外，当系统中连续部分存在强非线性时，为了便于仿真程序处理，需要将系统分成若干部分分别建立差分模型。此时，就要在各部分的入口设置虚拟采样器及保持器，而每增设一对虚拟采样器和保持器都将引入幅值和相位的误差。为了保证仿真有足够的精度，必须缩小 T，因此有必要使 $T < T_s$。

此时，系统仿真模型中将有两种频率的采样开关：离散部分为 T_s，连续部分为 T。为了便于仿真程序的实现，一般取 $T_s = NT$，其中 N 为正整数。采样控制系统的流程如图 6-4 所示[2,7-8]。

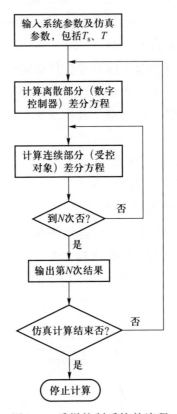

图 6-4　采样控制系统的流程

对这一类仿真系统，要分两部分分别进行仿真计算，对离散部分采用 T_s 进行仿真，对连续部分用 T 进行仿真。离散部分每计算一次差分模型，将其输出按保持器的要求保持，然后对连续部分的仿真模型计算 N 次，将第 N 次计算的结果作为连续部分采样周期的输出。

系统中存在不同频率采样开关的另一种情况是采样中有多个回路，且每个回路的采样周期不同。一般内回路的采样周期较小，而外回路的采样周期较大。例如，载人飞船再入段小升力体的 GNC 系统有三个采样周期：导航周期最短，提供制导与控制系统所需的位置、速度和姿态；姿态控制周期次之，保证制导所需的姿态；制导周期最长，利用导航提供的位置、速度等信息按制导规律给出姿态控指令。因此，该系统的数学仿真分为四部分，即被控对象（连续系统）的动力学部分再加上导航、姿态控制和制导三个部分。导航、姿态控制和制导的采样周期分别为动力学计算周期的 N_1、N_2、N_3 倍。一个离散部分采样周期 T_i 内，动力学计算 $N_i (i = 1, 2, 3)$ 次。

6.1.4 航天器控制系统数学模型的特点

1）被控对象时变性

以航天器上的太阳帆板为例：在航天器运动中，要求太阳帆板捕获并跟踪太阳，使其法线与太阳光线的夹角小于某个角度；在稳态时，太阳帆板角速度为航天器轨道角速度 $\omega_0(t)$，角度 $\alpha(t) = \int_{t_0}^{t} \omega(t)\mathrm{d}t$，这时太阳帆板与航天器中心体的耦合系数矩阵是时变的。

2）被控对象非线性

航天器姿态动力学的欧拉方程是非线性的。另外，控制系统中的姿态测量部件、姿态确定算法、姿态控制算法以及执行机构都包含大量的饱和、死区、限幅等典型非线性特性。在中低轨道航天器控制系统中，广泛采用一种全数字逻辑控制方法，即相平面分区控制方法，该方法是一种非线性逻辑方法。

3）被控对象集中 – 分布参数混合系统

现代许多长寿命、高指向精度航天器（通信广播卫星、气象卫星、对地观测卫星等）都采用三轴稳定方式。为了获得更大的电功率，航天器一般带有大型挠性太阳帆板。为了延长航天器的工作寿命，航天器还带有大量的推进剂，供轨道机动和姿态控制使用。对于使用双组元统一推进系统的通信广播卫星，推进剂的质量几乎占整星质量的 60%，太阳帆板的挠性振动和液体推进剂的晃动对航天器的控制精度与稳定性都有很大的影响。严格来说，太阳帆板振动和液体晃动的数学模型是分布参数的，数学上是无穷维的，用偏微分方程才能精确描述；这时航天器整星的动力学是一个集中 – 分布参数混合系统，而目前执行机构主要还是集中参数控制器，针对分布参数系统设计比较困难。另外，被控对象的偏微分方程求解也十分困难，工程上的做法是用有限维的常微分方程来近似，并将参数的确定建立在模态分析与实验的基础上。在数学仿真中，也是用高阶的常微分方程来近似。

4）敏感器的随机噪声和输出量化

航天器姿态敏感器（如陀螺、红外地球敏感器、太阳敏感器）的输出信号中都夹杂着某种程度的噪声。现代航天器姿态敏感器的处理线路通常用计算机实现，它与控制计算机的数据交换借助于数据通信。由敏感器输出到控制计算机的数据是离散型的，数值是最小码当量的整数倍。在数学模型中，若模拟量为 x，最小码当量为 D_0，则量化后的输出为

$$D_0 \mathrm{int}\left(\frac{x}{D_0}\right) \tag{6-2}$$

6.2　数值积分方法

在连续系统仿真中，主要的数值计算工作是对 $\dfrac{\mathrm{d}y}{\mathrm{d}t} = f(t,y)$ 的一阶微分方程进行求解，即如何对 $f(t,y)$ 进行积分。连续系统仿真中能用解析方法求出精确解的微分方程为数不多，且有的方程即使有解析解，可能由于解表达式非常复杂而不易计算，因此有必要研究微分方程的数值解法[9-10]。

6.2.1　常用的数值积分方法

1）欧拉方法

含有导数项 $y'(t)$ 是微分方程的本质特征，也是微分方程难以求解的症结所在。数值解法的第一步就是设法消除其导数项，称为离散化。由于差分是微分的近似运算，实现离散化的基本途径就是用差商代替导数。譬如，若在点 t_i 处列出方程：

$$y'(t_i) = f(t_i, y(t_i)) \tag{6-3}$$

用差商 $\dfrac{y(t_{i+1}) - y(t_i)}{h}$ 替代其中的导数项 $y'(t_i)$，则有结果

$$y(t_{i+1}) \approx y(t_i) + h f(t_i, y(t_i)) \tag{6-4}$$

将 $y(t_i)$ 的近似解 y_i 代入式（6-4），记所得结果为 y_{i+1}，则可导出

$$y_{i+1} = y_i + h f(t_i, y_i) \quad i = 0, 1, 2, \cdots, n \tag{6-5}$$

式（6-4）即为常用的欧拉公式。若初值 y_0 是已知的，则据式（6-5）可以逐步算出数值解 $y_1, y_2, \cdots, y_{n+1}$。

2）泰勒展开法

如果常微分方程 $\dfrac{\mathrm{d}y}{\mathrm{d}t} = f(t,y)$ 中的已知函数 $f(t,y)$ 和解函数 $y(t)$ 是充分光

滑的, 则可以利用泰勒公式将欲求的函数 $y(t)$ 在自变量节点 t_i 上展开

$$y(t) = y(t_i) + (t - t_i)y'(t_i) + \frac{1}{2!}(t - t_i)^2 y''(t_i) + \cdots +$$
$$\frac{1}{p!}(t - t_i)^p y^{(p)}(t_i) + \frac{1}{(p+1)!}(t - t_i)^{p+1} y^{(p+1)}(\xi_i) \tag{6-6}$$

式中, $\xi_i \in (t_i, t), i = 0, 1, 2, \cdots, n$。将 $t = t_{i+1}$ 代入式 (6–6), 并令 $t_{i+1} - t_i = h$, 得

$$y(t_{i+1}) = y(t_i) + hy'(t_i) + \frac{1}{2!}h^2 y''(t_i) + \cdots +$$
$$\frac{1}{p!}h^p y^{(p)}(t_i) + \frac{1}{(p+1)!}h^{p+1} y^{p+1}(\xi_i) \tag{6-7}$$

略去余项, 则得到差分方程

$$y_{i+1} = y_i + hf(t_i, y_i) + \frac{1}{2!}h^2 f'(t_i, y_i) + \cdots + \frac{1}{p!}h^p f^{(p-1)}(t_i, y_i) \tag{6-8}$$

称式 (6–7) 为求解常微分方程 $\frac{\mathrm{d}y}{\mathrm{d}y} = f(t, y)$ 的泰勒公式, 它是一种递推公式。

若初值 t_0、$y_0 = y(t_0)$ 及 f 的各阶导数在 (t_0, y_0) 处的取值是已知的, 则据式 (6–8) 可以逐步算出 $y_1, y_2, \cdots, y_n$, 这样就得到常微分方程 $\frac{\mathrm{d}y}{\mathrm{d}t} = f(t, y)$ 满足初值条件的数值解。

3) 显式龙格 – 库塔法

显式龙格 – 库塔法是当今航天器控制系统仿真最常用的一种方法, 有多种形式, 目前主要采用的是四阶显式龙格 – 库塔法。其计算公式为

$$y_{k+1} = y_k + \frac{h}{6}(K_1 + 2K_2 + 2K_3 + K_4) \tag{6-9}$$

式中,

$$\begin{aligned}
K_1 &= f(t_k, y_k), \\
K_2 &= f\left(t_k + \frac{h}{2}, y_k + \frac{h}{2}K_1\right), \\
K_3 &= f\left(t_k + \frac{h}{2}, y_k + \frac{h}{2}K_2\right), \\
K_4 &= f(t_k + h, y_k + hK_3)
\end{aligned} \tag{6-10}$$

显式龙格 – 库塔法的特点:

(1) 计算 $y(t_{k+1})$ 时只用到了 $y(t_k)$, 而不直接用 $y(t_{k-1})$、$y(t_{k-2})$ 等项, 即在后一步的计算中, 仅仅利用前一步的计算结果, 所以称为单步法。显然这种

方法不仅存储量小，而且可以自启动，即给定初值后，不必用别的方法来帮助，而直接利用此法进行仿真。

（2）步长 h 在整个计算中并不要求固定，可以根据精度要求改变。但是在一步中，为计算若干个系数 K_i，必须用同一个步长 h。

4）亚当斯法

亚当斯法分为隐式法和显式法，其统一形式如下：

$$y_{k+1} = y_k + h[B_{-1}f(t_{k+1}, y_{k+1}) + B_0 f(t_{k-1}, y_{k-1}) + \cdots +$$
$$B_{N-1}f(t_{k-N+1}, y_{k-N+1})] \tag{6-11}$$

由式（6-11）可知，亚当斯法是一种多步法，即为了计算 y_{k+1}，不仅要知道 y_k，还要知道 $y_{k-1}, y_{k-2}, \cdots$，因此不仅要保存 y_k，还要保存 $y_{k-1}, y_{k-2}, \cdots$，阶次越高，过去的结果就要保存得越多。多步法的最大缺点是不能自启动，即开始几步要利用单步法，然后才转到多步法。表 6-1 列出了各阶亚当斯法计算公式中的系数值。

表 6-1　亚当斯法系数表

名称	B_{-1}	B_0	B_1	B_2	B_3
一阶显式	0	1	0	0	0
二阶显式	0	3/2	−1/2	0	0
三阶显式	0	23/12	−16/12	5/12	0
四阶显式	0	55/24	−59/24	37/24	−9/24
一阶隐式	1	0	0	0	0
二阶隐式	1/2	1/2	0	0	0
三阶隐式	5/12	8/12	−1/12	0	0
四阶隐式	9/24	19/24	−5/24	1/24	0

隐式多步法不仅不能自启动，也不能直接求解，而要采用迭代法求解。为了简化计算，通常采用显式多步法来计算初值，然后用隐式多步法做校正计算。比如利用一阶显式来计算初值[1]，即

$$y_{k+1}^{(0)} = y_k + h f(t_k, y_k) \tag{6-12}$$

然后用二阶隐式计算 y_{k+1}：

$$y_{k+1} = y_k + \frac{h}{2}[f(t_k, y_k) + f(t_k + h, y_{k+1}^{(0)})] \tag{6-13}$$

这与二阶龙格－库塔公式完全相同，说明上述计算方法是可行的。

这种用显式来计算初值（或称预报值）而用隐式来计算最后的值（或称校正）的方法称为预报－校正法。

预报－校正法与龙格－库塔法相比，如果同样采用四阶精度的算法求取相同的步长 h，那么前者每步只要计算两次右端函数，而后者每步要计算四次右端函数，因此预报－正法仍有其可取之处。

5）吉尔法

吉尔法对付病态系统较有效，它是一种隐式方法。微分方程的一般递推公式为

$$y_{m+1} = \sum_{i=0}^{P} a_i y_{m-i} + h \sum_{i=-1}^{P} b_i f_{m-i} \tag{6-14}$$

式（6-14）要确定 $2P+3$ 个系数，考虑 K 阶算法约束方程数，为此特限定 $P = K-1$，且令 $b_0 = b_1 = \cdots = b_{K-1} = 0$，则式（6-14）可写成

$$y_{m+1} = a_0 y_m + a_1 y_{m-1} + \cdots + a_{K-1} y_{m-K+1} + h b_{-1} f_{m+1} \tag{6-15}$$

而约束条件可改为

$$\begin{cases} \sum\limits_{i=0}^{K-i} a_i = 1 \\ \sum\limits_{i=0}^{K-i} -i a_i + b_{-1} = 1 \\ \sum\limits_{i=0}^{K-i} (-i)^j a_i + j b_{-1} = 1, \quad j = 2, 3, \cdots, K \end{cases} \tag{6-16}$$

由此可得 $K = 1, 2, 3, 4, 5$ 时的系数，如表 6-2 所示。

表 6-2　吉尔法系数表

K	a_0	a_1	a_2	a_3	a_4	b_{-1}
1	1	0	0	0	0	1
2	4/3	−1/3	0	0	0	2/3
3	18/11	−9/11	2/11	0	0	6/11
4	48/25	−36/25	16/25	−3/25	0	12/25
5	300/137	−300/137	200/137	−75/137	12/137	60/137

6）罗森布罗克法

罗森布罗克法是对付病态系统的另一种较为有效的方法，为半隐式方法，其一般形式为

$$\begin{cases} K_i = f\left(y_m + h\sum_{j=1}^{i} b_{ij}K_j\right) + h\sum_{j=1}^{i} r_{ij}f'(y_m)K_j \\ y_{m+1} = y_m + h\sum_{i=1}^{s} c_i K_i \end{cases} \tag{6-17}$$

与吉尔法相比，该法在使用时要求能准确求出雅可比矩阵，且无直接估计误差的公式。为估计每步误差，要求用 h 计算一次得 y_{m+1}，再用 $h/2$ 计算两次得 y_{m+1}^*，并令截断误差为

$$E_{m+1} = \frac{|y_{m+1}^* - y_{m+1}|}{2^K - 1} \tag{6-18}$$

式中，K 为公式的阶次。罗森布罗克法的计算量比吉尔法略少，且精度较高。

6.2.2　稳定性分析

在利用数值积分法进行仿真时常常发生这样的现象，本来属于稳定的系统，但仿真结果却得出不稳定的结论。这种现象通常是由于计算步长选得太大而造成的，当步长选得过大时，数值积分法可能使各种误差恶性发展，以致引起计算不稳定[7,9]。

下面以一阶显式亚当斯法为例，介绍一下稳定域的计算。

假定系统的微分方程为

$$\frac{\mathrm{d}y}{\mathrm{d}t} = \mu y, \mu = \alpha + i\beta \tag{6-19}$$

且 $\mathrm{Re}\,\mu = \alpha < 0$，即系统是稳定的。若用一阶亚当斯法对它进行仿真，则有如下的递推公式：

$$y_{m+1} = y_m + hf(t_m, y_m) \tag{6-20}$$

故有

$$y_{m+1} = y_m + h\mu y_m \tag{6-21}$$

仿真算法是否稳定，取决于上面差分方程是否稳定，即差分方程所对应的特征多项式的根是否在单位圆内。式（6-21）的特征方程为

$$q - (1 + h\mu) = 0 \tag{6-22}$$

根为

$$q = 1 + h\mu \tag{6-23}$$

仿真算法稳定 $\Leftrightarrow |q| < 1 \Leftrightarrow -1 < 1 + h\mu < 1 \Leftrightarrow 0 < h < -\dfrac{2}{\alpha}$。

对于其他算法或其他微分方程，利用上面方法同样可求出稳定域，通过对各算法稳定域的分析可以发现：

（1）一阶、二阶隐式亚当斯法为恒稳定法，除这两种方法外，其他方法都是条件稳定；

（2）除恒稳定法外，其他方法的步长 h 应限制在系统中最小时间常数数量级；

（3）对于龙格 – 库塔法来讲，K 增大则稳定域略微增大；而对于亚当斯法来讲，K 增大则稳定域反而缩小。

6.2.3　积分步长的选择与控制

6.2.3.1　积分步长的选择

积分步长的选择原则如下：

（1）首先要保证计算稳定。例如，当采用四阶龙格 – 库塔法时，理论分析表明，步长 h 必须小于系统中最小时间常数的 2.78 倍才能保证计算稳定。

（2）要求有一定的计算精度。采用数值积分法时，有两种计算误差：截断误差和舍入误差。通常，后者比较小，可忽略不计，因而主要误差是截断误差。截断误差将随 h 的增大而增大，甚至超过允许值。

以上两种误差都要求限制 h 不能过大。但是，这并不是说 h 越小越好，因为 h 越小，计算量越大。所以，最好的选择应注意：在保证计算稳定性及计算精度的要求下，选取最大步长。

对于一般工程系统的仿真，若采用四阶龙格 – 库塔法（RK-4），为保证计算精度在 0.5% 左右，可采用以下经验公式：

$$h \leqslant \frac{t_n}{40} \ \text{或} \ h \leqslant \frac{1}{5\omega_c} \tag{6-24}$$

式中，t_n 为系统在阶跃函数作用下的过渡过程时间；ω_c 为系统开环频率特性的剪切频率（若系统中有小闭环，则 ω_c 及 t_n 均应按反应最快的小闭环考虑）。

由于高阶仿真系统的 t_n 及 ω_c 很难估计，或者由于系统是非线性的，根本无法估计 t_n 及 ω_c，因此最为可靠的方法是对截断误差的估计来自动改变步长、控制步长。如图 6-5 所示，每积分一步，都设法估计出计算误差。然后，判断实际误差是否大于允许误差：若实际误差不大于允许误差，则这一步计算结果有效，并设法调整下一步步长（一般是略为放大）；若实际误差大于允许误差，则这一步计算结果无效，设法减小步长，重新积分一次。由此可见，要自动完成对步长的控制，必须解决两个问题：误差估计及步长调整的策略。

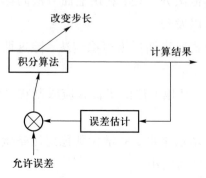

图 6-5　步长控制

一个实用的仿真程序必须将步长的自动控制作为必要手段。因为要求用户给出仿真步长往往是很困难的，更何况为保证仿真过程满足一定精度而又要求计算量尽可能小，仿真步长是需要不断改变的。实现步长自动控制的前提是要有一个好的局部误差估计公式。

例如，某一种龙格 – 库塔法常用的误差估计方法是设法找到另一个低阶（一般是低一阶）的龙格 – 库塔公式，要求这两个公式中的 K_i 相同，则这两个公式计算结果之差可以被看作误差。

比如龙格 – 库塔 – 墨森法（RKM3-4），它的计算公式为

$$y_{m+1} = y_m + \frac{h}{6}(K_1 + 4K_4 + K_5) \tag{6-25}$$

式中，

$$\begin{cases} K_1 = f(t_m, y_m) \\ K_2 = f\left(t_m + \frac{h}{3}, y_m + \frac{h}{3}K_1\right) \\ K_3 = f\left(t_m + \frac{h}{3}, y_m + \frac{h}{6}(K_1 + K_2)\right) \\ K_4 = f\left(t_m + \frac{h}{2}, y_m + \frac{h}{8}(K_1 + 3K_3)\right) \\ K_5 = f\left(t_m + h, y_m + \frac{h}{2}(K_1 - 3K_3 + 4K_4)\right) \end{cases} \tag{6-26}$$

它是一个 4 阶 5 级公式。另外可以推出一个 3 阶 4 级公式：

$$\widehat{y}_{m+1} = y_m + \frac{h}{6}(3K_1 - 9K_3 + 12K_4) \tag{6-27}$$

则可用 $\widehat{y}_{m+1} - y_{m+1}$ 作为误差估计，即

$$E_m = \frac{h}{6}(2K_1 - 9K_3 + 8K_4 - K_5) \tag{6-28}$$

6.2.3.2　积分步长的控制

积分步长控制的方法有以下几种。

1）加倍 – 减半法

设定最小误差和最大误差限。当估计的局部误差大于最大误差时，将步长减半，并重新计算这一步；当误差在最大误差和最小误差之间时，步长不变；当误差小于最小误差时，将步长加倍。

每步的局部误差通常可取以下形式：

$$e_m = E_m/(|y_m| + 1) \tag{6-29}$$

式中，E_m 为误差估计。当 y_m 较大时，e_m 是相对误差；当 y_m 很小时，e_m 是绝对误差。这样做的目的是避免当 y_m 的值较小时，误差值变得过大。若最小、最大误差限分别记为 $\varepsilon_{\min}$、$\varepsilon_{\max}$，则上述步长控制的策略可以表示为：

（1）如果 $e_m \geqslant \varepsilon_{\max}$，则 $h_{m+1} = 0.5h_m$；

（2）如果 $\varepsilon_{\min} < e_m < \varepsilon_{\max}$，则 $h_{m+1} = h_m$；

（3）如果 $\varepsilon_{\min} \leqslant e_m$，则 $h_{m+1} = 2h_m$。

这种步长控制方法简单易行，每步附加计算量小，但是这种方法不能实现每步都是最优步长。

2）最优步长法

为了使每个积分步长在保证精度的前提下为最大（或最优），可以设法根据本步误差估计，近似确定下一步可能的最大步长。与前一种方法相比，这种方法在规定的精度下取得了最大步长，因此减少了计算量。具体步骤如下：

给定相对误差限 ε_0，设本步步长为 h_m，本步相对误差估计值为 e_m。假定所采用的积分算法为 K 阶，则 e_m 可表示为

$$e_m = \varphi(\zeta)h_m^K \tag{6-30}$$

式中，$\varphi(\zeta)$ 是 $f(t, y)$ 在积分区间 $(t_m, t_m + h)$ 中某处一阶偏导数的组合，通常可取 $\zeta = t_m$，因此有

$$e_m = \varphi(t_m)h_m^K/(|y_m| + 1) \tag{6-31}$$

若 $e_m \leqslant \varepsilon_0$，则本步积分成功。下面确定下一步的最大步长 h_{m+1}，假定 h_{m+1} 足够小，即可认为 $\varphi(t_m + h_{m+1}) \approx \varphi(t_m)$，故下一步的误差可能为

$$
\begin{aligned}
e_{m+1} &= \varphi(t_m)h_{m+1}^K/|y_{m+1}| \\
&\approx \varphi(t_m)h_{m+1}^K/(|y_{m+1}| + 1)
\end{aligned}
\tag{6-32}
$$

为使 $e_{m+1} \leqslant \varepsilon_0$，则有

$$h_{m+1} \approx [\varepsilon_0(|y_m| + 1)/\varphi(t_m)]^{1/K} \tag{6-33}$$

将 e_m 代入式 (6-33)，得

$$h_{m+1} \approx (\varepsilon_0 h^K/e_m)^{1/K} = (\varepsilon_0/e_m)^{1/K} h \tag{6-34}$$

若 $e_{m+1} > \varepsilon_0$，则本步积分失败。此时仍可采用式 (6-34)，但它表示重新积分的本步步长。由于假定 h_{m+1} 足够小，因此 $\varphi(t_m)$ 基本不变，故必须限制步长的无限增大和无限缩小，一般可限制 h 的最大放、缩系数为 10，即要求

$$0.1h_m < h_{m+1} < 10h_m \tag{6-35}$$

6.3　控制系统计算机辅助设计

早期的控制系统设计可以由纸笔等工具容易地计算出来，随着控制理论的迅速发展，控制的精度要求越来越高，控制算法越来越复杂，控制器的设计也越来越困难，这样只利用纸笔以及计算器等简单的运算工具已难以达到设计要求，加之计算机技术的迅速发展，于是很自然地出现了控制系统计算机辅助设计（computer-aided control system design，CACSD）技术。

控制系统计算机辅助设计技术的发展目前已达到相当高的水平，并一直受到控制界的普遍重视。在如国际自动控制联合会世界大会（IFAC World Congress）、美国控制会议（American Control Conference，ACC）、IEEE 的决策与控制会议（Conference on Decision and Control，CDC）等各种国际控制界的重要会议上都有有关 CACSD 的专题会议[3]。

6.3.1　特点与发展历程

　　自动控制系统的设计原则是在系统绝对稳定的基础上，寻求合理的相对稳定性与适当的稳定裕度。设计过程通常包括控制对象建模、系统组成设计及建模、基于对预定指标系统综合及性能分析的控制规律设计、系统功能及性能的仿真验证。上述过程可以概括为系统建模、系统综合、系统仿真。

　　控制系统在不同的设计阶段可以使用不同的模型描述方法。通常，建模可分为对物理过程的数学建模和对数学模型的仿真建模。数学建模是对系统物理过程的抽象，在自动控制理论中描述系统数学模型的方法有时域法、频域法、复平面法等。

　　系统综合是利用已有的控制对象、测量部件、执行部件模型，为满足给定的系统性能指标而进行的系统结构设计和控制律设计的过程。

　　在完成系统结构设计、控制律初步设计的基础上，基于时间域系统模型的数学仿真已成为验证系统功能及性能的必要手段被广泛应用。借助数学仿真验证控制系统性能时，需要将系统的数学模型转换为用数值计算算法描述的模型，并以相应的程序实现，这一过程称为仿真建模。

　　线性系统可以通过直接综合法完成控制系统设计，非线性系统则不能完全采用直接综合的方法。系统设计中，性能指标通常用时域的特征量描述，如上升时间、最大超调量和调整时间；但也常用频域的特征量描述，如相位裕度、增益裕度、带宽等。系统综合只能采用基于相平面或频率域的试探法进行。通常将能完成时域、频率域或复平面内系统设计任务的计算机软件称为 CACSD 软件。

　　CACSD 软件涉及时间域、频率域、S 平面、Z 平面、状态空间等各种系统模型之间的转换及稳定性判据的应用。与单纯的数学仿真软件相比，CACSD 软件功能范围广、涉及的数值计算方法多。此外，由于奈奎斯特判据和根轨迹等稳定性分析方法都是基于图形的稳定性判据，早在 CACSD 软件诞生之时，丰富的用户交互功能和各种计算的可视化功能就成为其基本的功能需求。

　　20 世纪 80 年代中期，出现了具有专家系统功能的 CACSD 软件。20 世纪 90 年代，面向对象软件设计技术及各种面向对象设计语言（如 C++、Java）的应用又进一步改善了 CACSD 软件的结构，提高了软件运行效率，增强了软件的开放性。有人定义 CACSD 软件经历了 3 个发展阶段：第一阶段为独立运行的、解决某一控制系统分析问题的大规模程序，用户可以用参数形式修改程序运行条件；第二阶段为基于 MATLAB 方式的工具包，为用户提供了一种迭代式工作环境，但其数据结构以矩阵表达式为主；第三阶段在保留 MATLAB 优点的基础上，扩展了数据模型，引入了人工智能建模功能，基于 Windows 的用户界面。

美国学者 Cleve Moler 等推出的交互式 MATLAB 语言逐渐受到控制界研究者的普遍重视，从而陆续出现了许多专门用于控制理论及其计算机辅助设计的工具箱，为控制系统的分析与设计提供了极大的方便，也为研究者开发测试新方法提供了强有力的工具。图形交互式的模型输入计算机仿真环境 Simulink 的出现对 MATLAB 应用的进一步推广起到了积极的推动作用。

我国在航天器控制系统设计领域取得了丰富的成功经验。航天器控制系统设计中描述星体动力学和控制系统部件模型的方法包括基于时域的状态方程、基于拉氏变换算子的状态方程、Z 变换后的状态方程与传递函数。进行航天器控制系统稳定性分析时涉及的算法包括传递函数求解、Z 变换、矩阵运算、频率响应计算、根轨迹计算等。鉴于目前航天器控制系统主要是按照单变量系统设计，因此本节重点介绍单变量系统设计中的常用算法[3]。

6.3.2　系统模型描述方法

自动控制领域描述一个线性定常系统的方式有根平面内连续系统开环传递函数、根平面内离散系统传递函数、时间域内连续系统状态方程、时间域内离散系统状态方程等[5,11-12]。

1）传递函数

根轨迹法可以清楚地描述根平面上反馈环节参数变化（典型参数为开环增益）对闭环极点位置的影响，常被工程实践采用；为此，首先需要求出系统的传递函数。

在线性定常连续系统中，当初始条件为零时，系统输出的拉普拉斯变换与输入的拉普拉斯变换之比称为系统的传递函数。系统的传递函数模型可用增益、分子分母多项式表示为

$$H(s) = \frac{b_0 s^m + b_1 s^{m-1} + b_2 s^{m-2} + \cdots + b_m}{a_0 s^n + a_1 s^{n-1} + a_2 s^{n-2} + \cdots + a_n} \tag{6-36}$$

也可用增益、零极点表示为

$$H(s) = K_g \frac{(s - z_1)(s - z_2) \cdots (s - z_m)}{(s - p_1)(s - p_2) \cdots (s - p_n)} \tag{6-37}$$

式中，$z_1, z_2, \cdots, z_m$ 是分子多项式等于零时的根，称为传递函数的零点；$p_1, p_2, \cdots, p_n$ 是分母多项式等于零时的根，称为传递函数的极点（又称特征根）；$K_g = b_0 / a_0$ 称为传递函数系数或根轨迹增益。

把零点和极点同时表示在复数平面上的图,称为零极点分布图。零点用"o"表示,极点用"x"表示。极点决定系统的固有运动属性,极点的位置决定模态的收敛性,即决定稳定性、快速性。全部极点均在左半平面,系统即为稳定。极点距离虚轴越远,相应的模态收敛越快。零点决定运动模态的比重。

稳定是指系统受到扰动偏离原来平衡状态后,去掉扰动,系统仍能恢复到原工作状态的能力。线性系统的这种稳定性只取决于系统内部的结构及参数,而与初始条件和外作用的大小及形式无关。线性连续系统稳定的充要条件:系统的所有闭环特征根都具有负的实部,或闭环特征根都分布在 S 平面的左半平面。

只有一个输入量和一个输出量的系统,称为 SISO(single input single output,单输入单输出)系统。在 MATLAB 环境下可以方便地用两个行向量表示 SISO 系统的特征传递函数,分别代表其分子函数和分母函数

$$\text{num} = (b_0, b_1, b_2, \cdots, b_m)$$
$$\text{den} = (a_0, a_1, a_2, \cdots, a_n)$$

两个行向量的元素分别是原系统传递函数分子和分母多项式系数的降幂排列。这两个行向量可以取不同的名字。但在 MATLAB 环境下对控制系统进行仿真时,习惯用 num 和 den 来命名,从而增强可读性。

建立了分别代表分子和分母的函数后,可以利用 MATLAB 提供的 tf( ) 函数对连续线性定常系统建模,调用格式为

$$\text{sys} = \text{tf(num, den)}$$

有了描述系统传递函数的行向量之后,就可以求取其零点和极点了。MATLAB 的 tf2zp( ) 函数可以用来根据系统的传递函数求取其零点、极点和增益。其基本调用格式如下:

$$(z, p, k) = \text{tf2zp(num, den)} \text{ 或 } (z, p, k) = \text{tf2zp(sys)}$$

其中:z 和 p 是行向量(对于一阶系统来说是标量),包含了系统的零极点;k 是标量,表示系统的增益。也就是说,tf2zp( ) 函数将原系统的传递函数化为增益、零极点的表示方式。

对于离散系统,根平面内离散系统传递函数为

$$H(z) = k_g \frac{z^m + b_1 z^{m-1} + b_2 z^{m-2} + \cdots + b_m}{z^n + a_1 z^{n-1} + a_2 z^{n-2} + \cdots + a_n} \tag{6-38}$$

表示成增益、零极点的形式为

$$H(z) = k_g \frac{(z - z_1)(z - z_2) \cdots (z - z_m)}{(z - p_1)(z - p_2) \cdots (z - p_n)} \tag{6-39}$$

借助留数定理的算法，可以将零极点表示的传递函数转换为多项式表达式。借助求矩阵特征值的算法，可以将多项式表达的传递函数转换为零极点表达式。线性离散系统稳定的充要条件：线性系统全部的闭环特征根 $p_1, p_2, \cdots, p_n$ 均分布在 Z 平面的单位圆内，或全部特征根的模必须小于 1，即 $|p_i| < 1 (i = 1, 2, \cdots, n)$。如果有特征根位于单位圆之外，则闭环系统将是不稳定的。

2) 状态方程

传递函数是采用拉普拉斯变换后的一种系统表示方法，在 SISO 系统中应用较为广泛，其对多输入多输出系统的表示相对较为烦琐，因此利用传递函数描述系统模型较为不便，这时基于时域的状态方程可以有效地解决这一问题。

描述系统状态变量与输入变量之间关系的一阶微分方程组称为状态方程，其形式为

$$\dot{\boldsymbol{x}} = \boldsymbol{f}(\boldsymbol{x}, \boldsymbol{u}, t) \tag{6-40}$$

对于线性定常系统，可以表示为

$$\dot{\boldsymbol{x}} = \boldsymbol{A}\boldsymbol{x}(t) + \boldsymbol{B}\boldsymbol{u}(t) \tag{6-41}$$

描述系统输出变量与系统输入变量和状态变量之间函数关系的代数方程称为输出方程。其一般形式为

$$\boldsymbol{y} = \boldsymbol{g}(\boldsymbol{x}, \boldsymbol{u}, t) \tag{6-42}$$

对于线性定常系统，可以表示为

$$\boldsymbol{y} = \boldsymbol{C}\boldsymbol{x}(t) + \boldsymbol{D}\boldsymbol{u}(t) \tag{6-43}$$

将状态方程和输出方程联立起来，构成一个对动态系统的完整描述，总称为系统的状态空间表达式，又称为动态方程，其一般形式为

$$\begin{cases} \dot{\boldsymbol{x}} = \boldsymbol{f}(\boldsymbol{x}, \boldsymbol{u}, t) \\ \boldsymbol{y} = \boldsymbol{g}(\boldsymbol{x}, \boldsymbol{u}, t) \end{cases} \tag{6-44}$$

对于线性定常系统，为

$$\begin{cases} \dot{\boldsymbol{x}} = \boldsymbol{A}\boldsymbol{x}(t) + \boldsymbol{B}\boldsymbol{u}(t) \\ \boldsymbol{y} = \boldsymbol{C}\boldsymbol{x}(t) + \boldsymbol{D}\boldsymbol{u}(t) \end{cases} \tag{6-45}$$

状态空间方法易于采用数字和模拟计算机求解，MATLAB 的控制系统工具箱中也提供了大量功能强大的函数，可以用来进行状态方程的求解和仿真。有两种方法可以得到系统的状态方程：一种是由系统的 n 阶微分方程得到；另一种是从系统模型中选用合适的状态变量直接写出。

与传递函数的表示方法类似，在 MATLAB 环境下可以很直观地将系统的状态方程模型表示为 4 个不同维数的矩阵 $(\boldsymbol{A}, \boldsymbol{B}, \boldsymbol{C}, \boldsymbol{D})$，然后就可以使用 MATLAB 提供的控制系统工具箱中的各种函数对该系统进行操作。分别建立了各系数矩阵后，可以利用 MATLAB 提供的 ss( ) 函数对线性定常连续系统建模，调用格式为

$$\mathrm{sys} = \mathrm{ss}(A, B, C, D)$$

对于离散控制系统来说，也可以用状态方程对其进行数学描述。将其差分方程化为状态方程模型后，有

$$\begin{cases} \boldsymbol{x}(k+1) = \boldsymbol{F}\boldsymbol{x}(k) + \boldsymbol{G}\boldsymbol{u}(k) \\ \boldsymbol{y}(k) = \boldsymbol{C}\boldsymbol{x}(k) + \boldsymbol{D}\boldsymbol{u}(k) \end{cases} \tag{6-46}$$

简记为 $(\mathrm{F,G,C,D})$。在 MATLAB 环境下，其表示方法和处理手段与连续系统并无区别。事实上，使用数字计算机进行仿真时，连续系统也要先进行采样量化，化为离散系统，然后再进行处理。因此，从实际操作的角度来看，离散控制系统与连续系统并无多大区别。当然，在进行理论研究时，还是要注意将二者区分开来。

3) 模型之间的相互转换

控制系统可采用微分方程描述、传递函数描述和状态方程描述，其中，微分方程描述是整个控制系统数学描述的基础，传递函数描述和状态方程描述都是在微分方程描述的基础上发展起来的。由于微分方程描述形式不够简洁、处理和运算不够方便，一般在控制系统仿真和设计时已经很少直接用到微分方程描述了。而传递函数描述和状态方程描述分属于频率域和时间域，因此存在模型间相互转换的问题。MATLAB 提供了直接进行控制系统模型间相互转换的函数，可以完成传递函数描述与状态方程描述之间的相互转换、连续模型与离散模型之间的相互转换。

6.3.3 控制系统分析方法

前面已经讲过如何在数学上描述控制系统并求解出它的运动。只要知道了它的结构和参数，就能计算出它的各种物理量的变化规律[5,12]。

从工程角度看，这还是不够的。一方面，系统越复杂，微分方程阶次越高，求解也越困难。对于实际工程领域的许多复杂系统，微分方程阶次高达十几阶甚至几十阶，不用计算机无法求解。另一方面，实际工程问题并不是简单地求解一个既定系统的运动，而往往要选择系统中的某些参数，甚至还要改变系统的结构，以求获得较好的静态和动态性能。

对于上述这些问题，如果都靠直接求解微分方程来研究，势必要求解大量的微分方程，从而导致计算量大大增加。同时，只从微分方程也不容易区分影响系统运动规律的主要因素和次要因素。因此，就需要研究一些比较方便的工程分析方法，这些工程分析方法的计算量不应太大，并且不因方程阶次的升高而增加太多。用这些方法不仅比较容易分析各主要参数对系统运动规律的影响，还可以借助图表直观地展示出运动特性。而这些都是直接求解微分方程所做不到的。

早期的控制系统分析过程复杂而耗时，若想得到一个系统的冲激响应曲线，首先需要编写一个求解微分方程的子程序，然后将已经获得的系统模型输入计算机，通过计算机的运算获得冲激响应的响应数据，然后再编写一个绘图程序，将数据绘制成可供工程分析的相应曲线。

而 MATLAB 提供的控制系统工具箱可以帮助完成自动控制系统的建模、分析和设计。该工具箱中的函数可以实现通用的古典传递函数控制技术和现代状态空间控制技术。利用控制系统工具箱，可对连续时间系统和离散时间系统进行建模、仿真和分析，可以快速计算和绘制系统的时域响应曲线、频域响应曲线和根轨迹图。控制系统工具箱具有如下功能：① 单输入单输出系统设计工具（SISOTOOL）采用图形用户界面完成 SISO 系统补偿器设计，交互式绘制出系统开环根轨迹、频率响应曲线和时域响应曲线；② 反馈增益选择：幅值和相角裕度、极点配置、根轨迹、交互式确定增益值和 LQR/LQG 设计；③ 现代 LQG 设计工具；④ 模型实现：可控性、可观测性、最小阶实现和模型降阶；⑤ 模型特征：判定可控性/可观测性、可控性/可观测性矩阵、传输零点、李雅普诺夫方程和协方差响应；⑥ 支持连续时间输入延迟。

1）控制系统的时域响应分析

控制系统的时域响应分析就是在时间域内求解系统的微分方程，然后根据绘制出来的曲线分析系统的性能和各主要参数对系统性能的影响。一个动态系统的性能常用典型输入作用下的响应来描述。响应是指零初始值条件下某种典型的输入函数作用下对象的响应。这里的响应曲线一般是指典型的响应曲线，即阶跃响应和脉冲响应。其激励函数分别为单位阶跃函数 $u(t)$ [或 $l(t)$] 和单位脉冲函数 $\delta(t)$。

单位阶跃函数的数学表达式为

$$u(t) = \begin{cases} 0, & t < 0 \\ 1, & t \geqslant 0 \end{cases} \tag{6-47}$$

对应拉普拉斯变换为 $1/s$。

单位脉冲函数的数学表达式为

$$\delta(t) = \begin{cases} 0, & t \neq 0 \\ \infty, & t = 0 \\ \displaystyle\int_{-\infty}^{\infty} \delta(t)\mathrm{d}t = 1 \end{cases} \tag{6-48}$$

对应拉普拉斯变换为 1。

求解系统典型响应的思路是首先列出微分方程，对方程两边同时取拉普拉斯变换得到系统的传递函数；然后根据输入量的类型确定输出量的表达式，求解此表达式并编写绘制程序；最后根据绘制出来的图形对系统进行分析。事实上，MATLAB 提供了一些函数可以直接求解系统的典型响应，让使用者从上述复杂的程序编写过程中解放出来，把更多的精力放在系统的性能分析上。MATLAB 的控制系统工具箱提供了两种典型输入下系统相应的函数：

（1）求取系统的单位阶跃响应：step( )；

（2）求取系统的脉冲响应：impulse( )。

2）控制系统的频域分析

频率特性是传递函数的特例，与传递函数和微分方程一样，也表征了系统的运动规律，这就是频率分析法能够从频率特性出发研究系统的理论依据。频率特性是指系统在正弦信号作用下，稳态输出与输入之比和频率的关系特性。频率特性函数与传递函数有直接的关系。将 $s = j\omega$ 代入系统开环传递函数便可求得频率响应，即

$$G(j\omega) = G(s)|_{s=j\omega} \tag{6-49}$$

幅频特性：稳态输出与输入振幅之比，用 $A(\omega)$ 表示，$A(\omega) = |G(j\omega)|$。

相频特性：稳态输出与输入相位之差，用 $\varphi(\omega)$ 表示，$\varphi(\omega) = \angle G(j\omega)$。

幅频特性函数表示的是正弦输出信号与正弦输入信号的振幅之比，而相频

特性函数表示的是正弦输出信号相对于正弦输入信号相位的领先。因此,有

$$\begin{cases} |G(j\omega)| = \dfrac{|Y|}{|U|} \\ \angle G(j\omega) = \angle Y - \angle U \end{cases} \tag{6-50}$$

从式 (6–50) 可以得出带宽、增益、转折频率、闭环稳定性等系统特征。

频率分析法是应用频率特性研究控制系统的一种典型方法。采用这种方法可直观地表达出系统的频率特性,分析方法比较简单,物理概念比较明确,对于诸如防止结构谐振、抑制噪声、增强系统稳定性和暂态性能等问题,都可以从系统的频率特性上明确地看出其物理实质和解决途径。常用的频率分析法有以下几种。

(1)极坐标图:又称幅相频率特性曲线,它把频率看成参变量,当 ω 从 $0 \to \infty$ 时,将频率特性的幅频和相频或实频和虚频特性同时表示在复平面上。

(2)对数频率特性图(波特图):bode( )。波特图是线性非时变系统的传递函数对频率的半对数坐标图,利用波特图可以看出系统的频率响应。其又称幅频响应和相频响应曲线图。

(3)奈奎斯特图(幅相曲线图或极坐标图):nyquist( )。奈奎斯特图是一种线性控制系统的频率特性图,对于一个连续时间的线性非时变系统,将其频率响应的增益及相位以极坐标的方式绘出。

参 考 文 献

[1] 丁丽娟, 程杞元. 数值计算方法 [M]. 2 版. 北京: 北京理工大学出版社, 2005.

[2] 刘良栋. 卫星控制系统仿真技术 [M]. 北京: 中国宇航出版社, 2003.

[3] 薛定宇. 控制系统计算机辅助设计 —— MATLAB 语言与应用 [M]. 2 版. 北京: 清华大学出版社, 2006.

[4] 吴森堂. 飞行控制系统 [M]. 2 版. 北京: 北京航空航天大学出版社, 2013.

[5] 杨涤, 耿云海, 杨旭, 等. 飞行器系统仿真与 CAD [M]. 哈尔滨: 哈尔滨工业大学出版社, 2006.

[6] 单家元, 孟秀云, 丁艳. 半实物仿真 [M]. 北京: 国防工业出版社, 2008.

[7] 张德丰. MATLAB 自动控制系统设计 [M]. 北京: 机械工业出版社, 2010.

[8] 张德丰. MATLAB 数值计算方法 [M]. 北京: 机械工业出版社, 2010.

[9] 张德丰. MATLAB 数值分析 [M]. 2 版. 北京: 机械工业出版社, 2012.

[10] 林炳强, 谢龙汉, 周维维. MATLAB 2018 从入门到精通 [M]. 北京: 人民邮电出版社, 2019.

[11] 张德丰. MATLAB/Simulink 建模与仿真实例精讲 [M]. 北京: 机械工业出版社, 2010.

[12] 黎明安, 钱利. Matlab/Simulink 动力学系统建模与仿真 [M]. 2 版. 北京: 国防工业出版社, 2015.

第 7 章　航天器物理仿真系统的构成与原理

航天器控制系统物理仿真比数学仿真具有更高的置信度[1]，是航天器控制系统研制中的一个重要环节。当控制系统研制出来以后，人们最关心的问题是它的功能和性能是否与设计要求相一致，这只有通过对实际系统进行实验才能确定[2]。但是航天器控制系统不同于一般的地面设备，它必须在特定条件下才能实现闭路运行，并显示其性能指标。航天器物理仿真包括半物理仿真和全物理仿真两类。半物理仿真系统除航天器和执行机构采用数学模型以外，其他全部采用实物，这种仿真方法可以作为星上产品性能检验的手段，可以做到定量仿真。全物理仿真系统则全部采用实物，航天器采用实物模型，即由气浮台模拟航天器处在空间失重和无摩擦状态下的姿态运动。

7.1　半物理仿真系统的构成与原理

半物理仿真是将参试的航天器控制系统各部件（包括硬件和软件）接入仿真回路所进行的闭路动态实验，它在地面设备（运动仿真器、目标仿真器、仿真计算机等）的配合下，模拟航天器在轨道上的各种运行状态，由于其逼真度较高，所以常用来验证控制系统方案的正确性和可行性[3]。航天器控制系统半物理仿真实际上是航天器动力学和运动学的仿真，由于要求硬件接入仿真回路，有时也称为硬件接入回路仿真。

7.1.1　半物理仿真的必要性

半物理仿真对于航天器各种动力学实验和模型验证等具有重要的功能与必要性，主要体现在以下几个方面。

（1）航天器半物理仿真是对航天器动力学、运动学以及环境干扰模型进行全面验证的需要[4]。

（2）半物理仿真比全物理仿真经济，比数学仿真可靠。

（3）航天器控制系统的设计是一个复杂且缺乏先验知识的高难度课题，设计指标包括稳定性、精度、超调量、过渡时间、推力器工作次数、推进剂消耗量等，这些指标必须在规定的环境力与力矩、量测噪声、参数变化和允许误差范围内都得到满足。而这些指标有些是相互矛盾的，在设计过程中要进行合理的折中，并通过大量的较为可靠的半物理仿真和稳定性分析确定控制器的结构与参数，并对控制系统全面反复地进行验证。

（4）鉴定航天器控制系统的实际性能。在系统研制过程中，由于硬件参数的偏差、各种部件性能的非理想化，实际系统性能或多或少会偏离设计指标。半物理仿真可以反映已开发的硬件与软件系统性能。

（5）通过半物理仿真对实际系统进行进一步优化。由于半物理仿真结果更能反映系统的性能，诸如噪声、死区、非线性等，可通过改变系统某些参数来抵消这些因素的影响，使系统的实际性能进一步得到优化。

（6）能及时发现理论分析、设计过程中未能暴露的矛盾和设计缺陷。

（7）对于部分难以用物理器件进行仿真模拟的环节，可以用数学模型来代替；对于部分难以建立精确数学模型的环节，可以用器件来模拟。

对于先验知识较为缺乏的系统研究，人们常借助仿真技术对原型系统进行研究，仿真结果常用来对原型系统进行理论验证和分析。但仿真结果是否具有再现性、是否具有说服性，还必须对仿真系统和真实系统进行相似性以及可信性分析。

7.1.2 半物理仿真系统的构成

半物理仿真是在仿真的动力学及环境条件下将部分或全部控制系统用实物模型来代替并引导到回路中[5]，但部分控制系统和控制对象（航天器本体）的动力学仍用数学模型代替。虽然数学仿真可以得到航天器在各种不同参数组合和初始条件下的性能结果，但是半物理仿真仍然是航天器研制中一个十分重要的环节。

航天器控制系统半物理仿真就是动力学应用数学模型的非数学仿真。对于不同的应用目的，半物理仿真有不同的实验规模和表现形式，基本上可分为计算机在回路仿真、控制系统电性能综合测试、敏感器与控制器在回路仿真 3 种[6]。半物理仿真要求将控制系统的硬件接入回路，需要有一系列仿真设备的支持。这些设备主要被分为 3 个部分：运动仿真器、目标仿真器、仿真计算机（如模型、数据库、程序）与接口[5]。

运动仿真器又称运动模拟器，航天器半物理仿真用转台来模拟航天器运动，而全物理仿真则用气浮台。根据用途不同，转台分为单轴、两轴、三轴和多轴几种形式。航天器仿真主要用三轴转台，有时也要采用单轴转台。从运动学的角度来说，航天器的姿态运动是刚体绕定点的转动，任何这种运动都可以通过绕坐标系三个轴的转动来实现,因此航天器的姿态运动可以用三轴转台进行仿真。

目标仿真器又称目标模拟器,是针对航天器轨道敏感器、姿态敏感器的特点而设计的一种专用设备。航天器在依靠太阳、地球、恒星以及目标天体等参考目标来确定自己的姿态时,分别用太阳敏感器、地球敏感器、星敏感器、光学相机和激光测距仪等进行位置和姿态测量。在仿真实验中,这些敏感器需要相应的目标仿真器配合才能工作。

仿真计算机是系统仿真的核心设备。半物理仿真中的仿真计算机主要用来解算航天器动力学和运动学模型,进行坐标变换,通过接口接收航天器控制系统执行机构输出的控制指令,同时控制运动仿真器和目标仿真器运动[7]。

航天器半物理仿真主要用于验证控制系统方案、鉴定已研制出来的控制系统性能和研究航天器在轨道运行时的故障对策。随着载人航天工程和深空探测工程的开展,我国的航天器半物理仿真范围进一步扩展,主要包括导航与制导系统的半物理仿真、人接入回路的半物理仿真和空间交会对接半物理仿真。图7–1 是典型的航天器半物理仿真系统结构。

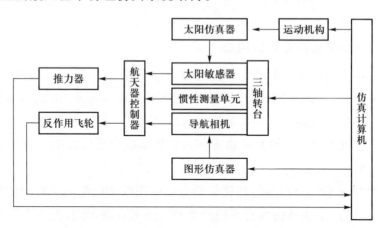

图 7–1　典型的航天器半物理仿真系统结构

7.1.3　半物理仿真的类型

硬件接入回路仿真就是将整个航天器控制系统的部分或全部部件和星载计算机软件与仿真设备(仿真计算机、运动仿真器、目标仿真器等)连成一个仿真回路并运行,用以检验控制系统的实际功能和性能。因此,它是一种系统鉴定性的实验,常常在系统初样研制阶段进行。航天器半物理仿真系统依据采用运动仿真器的不同可分为以下四种。

1) 单转台半物理仿真

单转台半物理仿真是用一个三轴转台配合相应的目标仿真器、仿真计算机完成半物理仿真实验。仿真计算机作航天器动力学、运动学计算，三轴转台模拟航天器在轨道上的姿态运动。

2) 多转台半物理仿真

在某些情况下，单转台难以实现航天器控制系统的半物理仿真，这是由于航天器在仿真实验室与航天器在轨道上的情况有很大不同。

（1）在轨道上，航天器到参考目标的距离由几百千米到几万千米，航天器可以看作一个质点，航天器的转动不会影响航天器上任何一个敏感器到目标的距离，敏感器测得的姿态误差与它安装的位置到航天器质心的距离无关。但在实验室里，安装在转台上的敏感器到相应目标仿真器的距离都不大，如果敏感器不是放在转台转动中心，它就不能正确测量卫星姿态的变化。但是在技术实现上，要求全部敏感器放在转台转动中心上是不可能的。

（2）大部分光学敏感器都有一定的视场，在一个转台上很难同时提供满足多种光学敏感器正常工作的视场。

（3）每种敏感器都有自己的参考目标或参考坐标系，例如陀螺的参考系为惯性坐标系、太阳敏感器的参考系为太阳坐标系、地球敏感器的参考系为轨道坐标系，单转台仿真很难解决各种坐标系间的相对运动问题。

（4）有时为了补偿地面实验环境对某些敏感器的附加影响，需要将这些敏感器单独安装在一个转台上（如补偿地球自转对速率陀螺的影响）。

（5）对多刚体航天器或大柔性体航天器进行半物理仿真时，如果在航天器有相对运动的不同部位安装了姿态敏感器，就可能需要采用多个转台。

（6）有些航天器同时应用太阳敏感器和星敏感器测量姿态，为了避免太阳仿真器对星敏感器的干扰，有时也需要将它们安装在不同转台上。

3) 星－地计算机闭路仿真（无转台半物理仿真）

在硬件接入回路的仿真中，将敏感器用相应的数学模型代替，并通过软件和硬件（接口）的方法使数学模型的输出变换成与敏感器输出等效的信号流，直接送入航天器的控制器（星载计算机），这就构成一个无转台半物理仿真系统，如图 7-2 所示。无转台半物理仿真由于不用转台参与实验，不仅大大降低了实验成本，而且使整个仿真结构得到简化，为验证航天器控制系统（除敏感器以外）各部件的匹配性，特别是为验证星载计算机软件的正确性提供了一种方便、有效的手段。

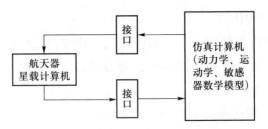

图 7-2　无转台半物理仿真系统结构

4）数学随动

数学随动是一种带设备驱动的实时数学仿真。仿真计算机的程序包含解算航天器动力学、敏感器、控制器、执行机构数学模型的程序，以及运动仿真器、目标仿真器驱动程序等全部程序。数学仿真在仿真计算机内作闭路运行，运动仿真器和目标仿真器作随动运行，航天器控制系统作开路运行，其结构如图 7-3 所示。数学随动的用途：检验半物理仿真系统连接的正确性（在正式开始半物理仿真实验前进行）；验证航天器控制系统硬件模型的正确性（在航天器控制系统半物理仿真实验后进行）。

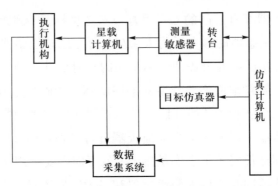

图 7-3　数学随动系统结构

7.2　全物理仿真系统的构成与原理

航天器控制系统全物理仿真是指将航天器控制系统的部分或全部实物部件固定于气浮台台体上，用气浮台模拟航天器本体作为控制对象[8]，控制系统采用航天器控制系统实物所进行的仿真实验。它与数学仿真、半物理仿真一样，都是航天器研制过程中的重要手段和方法，对于验证控制系统方案设计的正确性、检验实际控制系统的功能和性能是十分重要的。全物理仿真还具有其独特的作用。其一，全物理仿真不用通过数学模型代替控制系统和控制对象（航天器本体）的动力学，系统实物直接参与对气浮台的控制，因此将有效地发现控制系统设计和某些部件实际模型存在的问题。其二，全物理仿真避免了系统中某些实物部件难以建立精确数学模型的困难。由于将这些部件直接接入回路，因而其对控制系统性能的影响就直观和有效地反映在仿真实验的结果中。其三，全物理仿真是进行大型挠性太阳帆板、天线附件等多体航天器动力学单通道实验研究以及进行自旋航天器液体晃动缩比模型实验研究的重要方法，能够有效地验证控制方案，为各种控制方法的实际应用创造条件。

7.2.1 全物理仿真的原理和方法

　　航天器姿态运动的地面全物理仿真主要考虑达到空间近似无摩擦的环境。气浮台依靠压缩空气在气浮轴承与轴承座之间形成的气膜，使模拟台体浮起，从而实现近似无摩擦的相对运动条件，以模拟航天器在外层空间所受干扰力矩很小的力学环境[9]。作为航天器运动仿真器，如采用球面气浮轴承支持的三轴气浮台，不但在三轴方向可以满足所需要的姿态运动范围，而且还能模拟航天器三轴耦合动力学。与航天器控制系统半物理仿真相比，全物理仿真不需要仿真计算机，航天器动力学由气浮台来模拟。全物理仿真采用航天器控制系统部分或全部实物部件组成控制系统，并置于气浮台上，组成与航天器控制系统相同的仿真回路，使用星上实际的控制规律、实际的运行软件完成对气浮台的姿态控制。执行机构产生的控制力矩直接作用在气浮台上，如气浮台各轴与航天器对应各轴具有相等的转动惯量，实现惯量的 1:1 模拟，则执行机构的控制力矩矢量与实际航天器的相同；在气浮台缩比模型实验时，气浮台各轴与航天器对应各轴的惯量比等于实验时执行机构与实际航天器执行机构的控制力矩之比，使两者的角加速度矢量相一致。另外，航天器姿态敏感器也按要求安装在气浮台上，与地面目标仿真器相配合，得到姿态角测量信号，因此全物理仿真就相当于对航天器实际物理模型控制的演示实验。这样，全物理仿真就可以在地面上更真实地模拟航天器在空间的动力学、动量交换、动量耦合，以发现实际模型可能存在的问题。

　　以气浮台为核心设备的全物理仿真系统实现起来有很大难度，是一项复杂的系统工程。作为运动仿真器的气浮台，在设计上要根据特定航天器姿态控制系统的要求来确定，但实际上又要求运动仿真器是多用途的，并希望可用于各类控制系统和不同质量或转动惯量的航天器。由于不同型号航天器其转动惯量相差很大，这就给模拟航天器动力学的气浮台设计带来很大困难。特别是大型三轴气浮台，由于台体结构变形、不对称气体推进剂消耗等因素，以及受地球重力的影响，台体的不平衡力矩难以调整到小于 10^{-4} N·m 的仿真要求，而中、高轨道航天器所受到的干扰力矩就是这个数量级，这就使得气浮台仿真常用于这些航天器控制系统的功能性验证。

7.2.2　全物理仿真系统的构成

航天器控制系统全物理仿真主要分为单通道全物理仿真和三通道全物理仿真。单通道全物理仿真选用单轴气浮台作为运动仿真器，三通道全物理仿真选用三轴气浮台作为运动仿真器。

无论是单轴还是三轴气浮台仿真系统，从系统配置上讲，可分为台上仿真控制系统、台上技术系统以及地面支持设备。台上仿真控制系统是指装载在气浮台上的航天器姿态控制系统实物，主要包括姿态敏感部件（倾角传感器、光纤陀螺和磁强计）、执行部件（控制力矩陀螺、动量轮、喷气驱动和自动调平机构）；台上技术系统是指除台上仿真控制系统之外，为保证系统仿真而装载在气浮台上的其他设备，主要包括电源部件、通信部件、台上控制计算机及接口；地面支持设备是指包括气浮台本身及其配套的地面装置，主要包括气浮台的测角装置、气浮台气源、地面控制台、数据处理系统和目标仿真器。

7.2.3　全物理仿真的类型和作用

航天器控制系统全物理仿真的功能主要是在航天器方案设计阶段验证方案设计的正确性，或进行控制系统故障仿真与故障对策实验研究。另外，全物理仿真对于航天器各种动力学实验研究具有重要功能和作用。

航天器控制系统全物理仿真特别适合采用各种飞轮组合或框架动量轮组合控制方案的航天器。在航天器的研制中，为验证控制系统方案设计的正确性，提高航天器在轨运行的可靠性，减少航天器失控风险，全物理仿真实验是系统研制的重要环节。在航天器研制初期或一个新的控制系统方案确定时，气浮台仿真实验具有特别重要的意义，它是方案论证和功能验证不可缺少的工具。

综合世界各主要国家气浮台仿真实验，航天器控制系统全物理仿真的作用大致分为 5 个方面：自旋稳定卫星动力学模型验证、喷气执行机构三轴稳定航天器动力学模型验证、飞轮执行机构三轴稳定航天器动力学模型验证、挠性结构航天器动力学仿真实验研究和液体晃动仿真实验研究。

7.3 运动仿真器

航天器半物理仿真和全物理仿真往往需要运动仿真器配合进行,运动仿真器的主要功能是提供一种与航天器在轨道运行时相似或等价的运动,使航天器反馈控制实验形成回路。目前,运动仿真器大多只能做姿态运动仿真,所以确切地说,它是一种航天器姿态运动仿真器。在航天器半物理仿真和全物理仿真实验中,运动仿真器的概念和设备特点都有很大的差别,前者用的是机械伺服转台,后者用的是气浮台。

机械伺服转台(以下简称伺服转台),实际上是一个高性能的(单轴、双轴、三轴或多轴)伺服系统。在运行时,它要求每个轴严格地跟随仿真计算机的某项输出。目前的伺服转台可以真实地模拟航天器的动力学特性,在实验室条件下复现其在空中的各种飞行姿态,对航天器的传感器件、制导系统和控制系统及各执行机构的性能加以测试,将经典自破坏性的全实物实验转化为实验室的预测性研究,为成功的实际飞行提供充分的技术指标和实验数据,为航天器的改进和再设计提供各种参考依据。

气浮台作为一个数控转台主要用于仿真航天器在外层空间的失重和低摩擦条件下的运动来实现航天器控制系统的全物理仿真。气浮台依靠压缩空气在气浮轴承与轴承座之间形成的气膜,使模拟台浮起,以模拟航天器在外层空间所受力矩很小的力学环境。气浮台台体本身是对航天器本体的模拟,它的动态性能应近似等价于航天器姿态动力学特性,因此更确切地说,它是一个动力学仿真器,而且也是航天器仿真特有的一种设备。

7.3.1 伺服转台

7.3.1.1 伺服转台的分类

伺服转台是半物理仿真或用于某些特定用途的专用设备,它有各种类型和技术要求,可以根据不同的原则做如下分类。

1) 根据转动自由度的数目分类

根据转动自由度的数目,可分为单轴转台、双轴转台、三轴转台和多轴转台。三轴转台具有 3 个独立运动的框架,分别代表航天器在空间运动时其姿态变化的 3 个自由度(俯仰、偏航和滚转),它是半物理仿真实验中用途最广、性能要求最高的一种转台。

2）根据能源类别分类

按照转台驱动能源可分为电动转台、液压转台和电动 – 液压混合式转台。电动转台是以电力驱动仿真器框架运动的，一般采用直流或交流力矩电动机驱动。它的能源系统简单，造价较低，使用维护方便。与液压转台相比，电动转台负载能力与加速度较小，适用于负载不太大且加速度要求不是很高的系统仿真。现代的高性能力矩电动机（有刷或无刷）其力矩可达到数千牛米以上，能够满足较高动态性能要求的转台使用。液压转台是以液压作为动力能源，一般多用液压马达作为驱动机构。它具有传递力矩大、调速比宽、负载能力大、动态响应快等特点，但需液压能源设备，且转动角度范围受限制，造价成本高，维护比较复杂。电动 – 液压混合转台是根据仿真实验要求设计的转台，连续转动的框架用电动机驱动，加速度很大的框架用液压马达来驱动。

3）根据台体的结构形式分类

三轴转台根据台体的结构形式可分为立式和卧式两种。

7.3.1.2　伺服转台的机械结构

三轴转台由内框、中框、外框和基座四大部分组成。工作台面安装在内框轴系上或与内框连接为一体，内、中、外框分别绕本身轴系转动。基座支承外框且可以调整水平。伺服转台的机械结构是其性能好坏的关键和基础。设计时，必须清楚地了解实验目的、性能指标、被测件的安装方式、几何参数、转动范围、检测基准与方法等重要因素，以保证设计的正确、合理。伺服转台的结构形式取决于实验任务的要求。无论是何种结构形式，都可归纳为框架设计、轴系设计、各种机电部件的选用和安装以及转台总体结构布局设计。在设计时，还应考虑检测、安全保护与维修方便。

1）框架

框架结构可以有多种形式，主要应根据实验任务、结构刚度要求和对目标的观测视线要求来确定。框架的材料多采用铝合金铸造或采用钢、铝型材焊接。框架截面为中空的矩形或八棱形，在其表面上（特别是变形较大处）应该尽量减少开孔或不开孔，以保证它的刚度。在保证刚度的前提下，框架应尽可能的轻，以利于提高系统的动态性能。框架的设计应通过静态或动态应力分析，自然频率应满足控制系统的要求，最终确定其材料、结构形式和尺寸。

2）轴系

轴系是保证伺服转台的回转精度、位置精度和速度平稳性能的关键。一般说来，轴系由框架轴、轴承座（有时就是框架本身）、轴承等组成。框架轴多采用经过特殊处理的合金钢制造，它应有足够的刚度、硬度和精度。轴承多采用施加适宜预负载的高精密轴承；必要时，需配对挑选，精心装配调试，以保证高回转精度的要求。此外，转台结构设计还应包括电磁兼容性设计，特别是在用脉冲调宽式功率放大器或无刷力矩电动机时，以防止对试件信号的影响。设计中应最大限度地采用标准件，优先从现有的国家标准中选用。

7.3.1.3 姿控系统仿真实验对转台的要求

1）高频响

惯导测试转台的动态特性会对整个仿真回路的动态特性产生直接的影响，为了减小这种影响，需要拓宽转台的频带，使转台的 3 个自由度均能在较宽的频带内复现输入信号。然而，实现高频响的关键因素包括执行元件、控制元件、框架系统和控制系统的算法等。惯导测试转台伺服系统频响特性的确定是以所模拟的飞行器的特性和台体本身的自然特性为依据的。系统的频带原则上是越宽越好，频带越宽就可近似认为伺服系统在相当宽的频带范围内为无惯性环节。然而，若系统设计很宽的带宽，其负面因素也随之而来，如高频干扰等，从而使系统抗干扰能力减弱，影响系统的稳定性和精度。因此，在满足系统的技术指标的前提下，应尽量使频带变窄。实现高频响的关键是对执行元件、控制元件、框架系统和控制系统的设计。

（1）执行元件：对电动机而言，应满足最大力矩和最小时间常数的要求。

（2）控制元件：对电动机而言，主要是电动机控制电路响应快慢的问题。

（3）框架系统：框架要有足够的动态刚度，其一阶振荡的频率值要与驱动元件的固有频率相匹配。

（4）控制系统：控制系统应采用高频响的数字控制电路。

2）超低速

低速性能是测试转台整体性能好坏的重要指标之一，低速平稳性的好坏直接关系到飞行控制系统和制导系统的仿真置信度。原因如下：如果低速平稳性不好，即角速度发生周期性突跳，安装在转台上的飞行控制系统的角度测量元件很容易受到干扰，对控制系统发出错误信号，引起系统输出结果错误，产生仿真结果误差，使得实验结果分析复杂化。伺服系统的低速平稳性主要取决于系统在小信号下工作的非线性因素，如轴承精度、机械摩擦及电动机死区等，对电动机驱动而言，主要是保证电动机低速力矩波动下无死区等。

3）宽调速

调速范围是最大角速度与最低角速度的比值。这取决于电动机本身特性以及驱动系统的设计。转台系统的动态范围宽，表明系统能快速跟踪输入量的变化，对输入量的慢变化也有很好的反应。这就要求系统既能满足最大速度要求，又能使低速信号输出平稳。转台系统的动态范围与其执行元件的调速范围对应。

4）高精度

这项指标主要包括各框架轴的转角位置精度以及 3 个框架轴线的相交度和垂直度。影响位置精度的主要因素是位置环路中元件的死区、磁滞、摩擦力矩、偏载力矩、框架间运动耦合以及陀螺力矩等。其中，位置反馈元件是关键，其次采用直接驱动方式也可提高位置精度。为满足三轴线相交度和垂直度的要求，应保证：各框架、机座、执行元件加工与安装的尺寸精度和相互位置精度；各框架轴承的运动精度；框架系统的变形在允许范围内；三轴线的相交度和垂直度检测方法科学准确。

由于转台是由传感器、驱动器、控制器和机械结构等部件高度集成的高精密设备，因此伺服系统的性能受到多方面因素的影响和制约，主要包括以下几个方面。

（1）结构谐振对系统稳定性的影响。几乎所有的大型系统以及许多小型系统都以某种方式受到机械谐振的不利影响。在系统设计的初期，初始的工作在于建立系统性能，机械谐振很可能被忽视。

（2）三轴耦合对控制系统的影响。转台在工作时，各个框架之间存在着非线性耦合。这主要表现在内框的转动给中框以及外框带来的陀螺力矩干扰、中框转动给外框造成的陀螺力矩干扰；同时由于转台在运动过程中其转动惯量是一个变化的参数，中框和外框的转动惯量随着转台各框架位置的不同而不同。以上两种情况的存在，将会影响转台的控制性能。

（3）传感器精度的影响。转台的精度主要取决于传感器的精度。对于速率传感器，直流测速机、交流测速机都存在不对称和纹波，直流测速机还存在电刷易损等问题。对于位置传感器，感应同步器的测角系统在近几十年有了突飞猛进的发展，但是由于感应同步器受本身结构的限制，难以进一步提高自身的精度。

（4）检测方法的影响。一台惯导测试设备研制成功后，如何标定它的精度是鉴定一台设备性能的首要手段。对于测试设备的静态精度已经有很成熟的办法，但动态精度如何检测，仍是国内外都面临的一个技术难题。

7.3.2 气浮台

全物理仿真中,气浮台作为航天器运动仿真器,不但要模拟航天器刚性本体,还要将航天器控制系统的实物部件装载在上面,组成仿真控制系统对其进行姿态控制。仿真实验时,气浮台是关键动力学设备,一般要根据特定航天器系统仿真要求来设计。仿真实验对气浮台的要求主要有以下几点。

(1) 对仿真运动自由度的要求。航天器姿态运动是三自由度的,若模拟航天器是自旋稳定的,则气浮台必须具有三自由度。若模拟航天器是三轴稳定的,则气浮台最好是三自由度的。但有时为简化实验,气浮台亦可是单自由度的。

(2) 对气浮台承载能力的要求。全物理仿真时,要将航天器控制系统部分或全部实物部件置于台上,因此气浮台的承载能力要根据装载仿真控制系统实物部件的质量来设计。

(3) 对气浮台各轴转动惯量的要求。全物理仿真时,仿真控制系统执行机构产生的力矩直接作用在气浮台上,因此一般要求装载仿真控制系统后的气浮台各轴与实际航天器相应各轴具有相等的转动惯量;在进行惯量的缩比模型实验时,各轴转动惯量等于实验时执行机构与实际航天器执行机构控制力矩之比。

(4) 对气浮台各轴干扰力矩的要求。气浮台可模拟航天器在空间所受干扰力矩的力学环境,全物理仿真中作用在气浮台各轴的干扰力矩值应尽可能小一些。一般模拟中、高轨道航天器时,各轴干扰力矩在 10^{-4} N·m 量级;模拟低轨道航天器时,各轴干扰力矩在 $10^{-3} \sim 10^{-2}$ N·m 量级。

(5) 对气浮台连续工作时间的要求。以中、低轨道航天器仿真实验为例,一般要求一次仿真实验中,气浮台能连续工作 $1 \sim 2$ 个轨道运行周期的时间。

(6) 对气浮台角位置测量的要求。为检测航天器控制系统的技术性能,一般要求气浮台具有高精度、高稳定度的测角功能。

气浮台是航天器控制系统全物理仿真实验的核心设备,按航天器动力学仿真运动自由度来划分,主要有单轴气浮台和三轴气浮台两种。下面分别简述这两种气浮台的结构及主要技术性能等。

1) 单轴气浮台

单轴气浮台仅有一个铅垂轴转动自由度,主要用于航天器单通道姿态控制系统全物理仿真和转动部件的单元测试。构成单轴气浮台系统主体的是一台单轴气浮转台,由转动部分和固定部分组成,依靠气浮轴承使转动部分浮起。图 7-4 和图 7-5 分别为单轴气浮转台的原理示意图和典型实物图。

下面以带有挠性太阳帆板的航天器仿真为例,对单轴气浮台应用进行介绍。

气浮台转动部分上安装太阳帆板的模拟惯量，从而实现在地面实验时太阳帆板对其驱动机构施加重力的卸载。太阳帆板驱动机构通过专用联轴器与帆板模拟惯量及转台转动部分相连，驱动帆板模拟惯量及转台转动部分按规定的角速度转动，通过安装在转台转动台面上的陀螺和台上测控单元测量太阳帆板驱动机构输出轴的角速度变化量，即速度稳定度。整个仿真系统的结构包括以下组成部分。

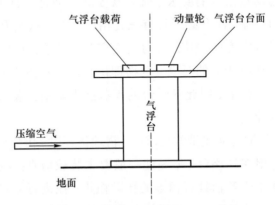

图 7-4　单轴气浮转台的原理示意图

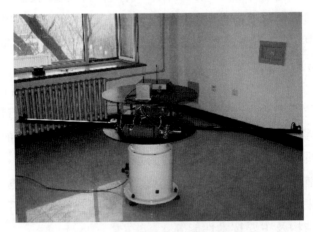

图 7-5　典型单轴气浮转台实物

（1）单轴气浮台台体。单轴气浮台台体具有刚度高、结构简单可靠、使用维修方便等特点。单轴气浮台台体为台上测控单元、陀螺线路盒电源系统及太阳帆板的模拟惯量提供安装平台。

（2）狭缝空气轴承。单轴气浮台主轴在系统工作链内，应尽量减少对测量系统的附加误差，不能给系统带来附加力矩。采用径向狭缝进气式静压空气轴承将气浮台台体的转动部分浮起,单轴气浮台转台本体具有气压保护和低气压报警功能。

(3) 台上测控单元。台上测控单元完成陀螺测试、电源控制及与台下主控数据处理单元通信等工作。系统利用高精度角速度陀螺仪实现对太阳帆板控制机构旋转角速度的被动测试,太阳帆板控制机构带动转台旋转,角速度陀螺仪对转台的旋转角速度进行测量,测量数据经陀螺线路盒由台上测控单元进行采集,由无线通信单元传送至台下主控与数据处理单元处理;同时通过陀螺仪对转台的速度进行监测,对电源实时控制。

(4) 台下主控与数据处理单元。台下主控与数据处理单元的作用是作为单元测试设备,运行专用测试软件对台上设备进行远程控制,并采集台上设备的运行数据,实时监测太阳帆板驱动装置的运行状态。

(5) 转台控制单元。在主动标定模式中,转台控制单元控制交流涡流电动机驱动单轴气浮台以规定的角速度运行。作为一个反馈控制系统,在稳定的基础上,转台主要满足超低速、高精度两方面要求。

(6) 高精度角度测试单元。搭载于单轴气浮台上的角度高精度传感器可以对转台所处的位置进行精确测量,当角度传感器的角度数据与采集时间相结合时,可以对陀螺仪的角速度进行校准。这组数据的作用是:在测试程序的主动标定模式下,作为对角速度陀螺仪进行标定的标准;在测试程序的被动测试模式下,作为角速度陀螺仪以外的另一套角速度监测数据。

(7) 被测机构控制单元。台下主控与数据处理单元控制中的计算机经串口向太阳帆板驱动机构发送遥控指令,控制其按一定的测试项目运动,在运动的过程中带动单轴气浮台被动转动。

(8) 数据记录单元。台下主控与数据处理单元控制中的计算机根据用户要求可定时记录测试数据或备份数据,数据以文本文件的形式存储。数据文件可以按照时间、数据内容、测量值、环境情况等形成条件进行数据查询和测试实验报告。

2) 三轴气浮台

三轴气浮台主要用于航天器三自由度姿态控制系统全物理仿真。随着航天任务的不断增多以及卫星的复杂化,三轴气浮台的种类不断丰富[10]。目前,按照结构特点划分,三轴气浮台的种类主要包括平台式气浮台、伞式气浮台、哑铃式气浮台和球形气浮台[11]。

美国佐治亚理工学院研发了一套平台式三轴气浮台用于教学和研究,气浮台台面由上、下两个圆盘组成，如图 7-6 所示。气浮台的转动范围为俯仰和滚转 ±30°、偏航 360°[12]。气浮台承载能力达 300 磅（约 136 kg），台上搭载有星敏感器、速率陀螺、磁力计和惯性测量单元等多种传感器。执行机构包括冷喷气推力系统和可变速的控制力矩陀螺。台上配备独立的直流电源系统，可为各载荷进行独立供电。平台式三轴气浮台由于构型限制，通常其俯仰角和滚转角范围较小。为了增大气浮台的运动范围，推出了伞式气浮台。伞式气浮台台体与球轴承之间通过一个较长的支撑法兰连接，同时增加台体下方的直径，从而增加运动范围。典型的伞式气浮台有霍尼韦尔公司研发的 MCS/LOS 三轴气浮台，如图 7-7 所示。

图 7-6　佐治亚理工学院平台式三轴气浮台

图 7-7　霍尼韦尔公司伞式气浮台

伞式气浮台在运动范围上有所改进，但是其滚转角仍然不能满足某些实验的需求，研究人员又研发了哑铃式三轴气浮台。例如 2000 年美国空军技术研究所研制了一种哑铃式气浮台——SimSat I，如图 7-8 所示。其构型采用一根长杆从球轴承对称伸出，将元器件布置在两端的平面上，使滚转运动范围达到 360°。

图 7-8　哑铃式气浮台——SimSat I

对于部分小型卫星，由于其尺寸较小，将载荷直接放在球轴承上甚至放在球轴承内部，从而构成球状三轴气浮台。例如针对微小卫星研发的三轴模拟器 CubeTAS，其可用来验证微小卫星的姿态确定和控制算法，如图 7-9 所示，其俯仰和滚转运动范围可达 ±50°，台上装有多种传感器（惯性测量单元、倾角传感器和太阳敏感器），通过反作用飞轮和磁线圈进行姿态控制。

图 7-9　CubeTAS 三轴模拟器

气浮球轴承是影响气浮台性能的关键，由气浮球和气浮球窝组成。当气浮球轴承供气系统向气浮球轴承供气时，气浮球与气浮球窝之间形成气膜，使气浮球与气浮球窝之间的摩擦极小。并且由于是球轴承，气浮球可以绕气浮球窝竖直方向旋转 360°，水平方向也可以有一定运动范围[13]。气浮球轴承如图 7-10

所示。

图 7-10　气浮球轴承

气浮球窝一般设计为与下端支撑系统连接，这样可以通过外部供气系统进行供气，而不需要通过气浮台自带气瓶对气浮球轴承进行供气。气浮球轴承的安装示意如图 7-11 所示。

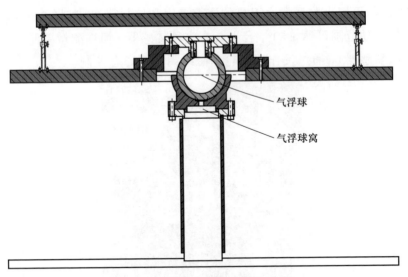

气浮球

气浮球窝

图 7-11　气浮球轴承的安装示意

气浮球的难点在于加工。由于气浮球轴承采用气浮原理，配合面的表面粗糙度及圆度要求很高。以球心为坐标原点建立笛卡儿坐标系，如图 7-12 所示。

气浮球轴承一般将球面及球窝做成等半径的，当高压气体通过节流孔进入球轴承时，上面的球体就会沿着 z 轴向上产生微小位移 h，便在球面与球窝之间形成一定的间隙，即气膜厚度。当压力为 P_s 的气体经节流孔流入气膜后，孔

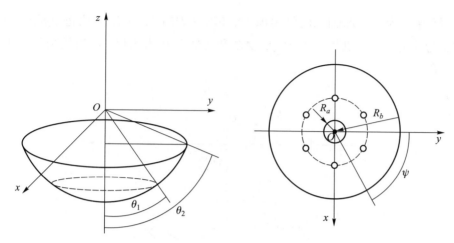

图 7–12　气浮球轴承所在的笛卡儿坐标系

后的压力下降为 P_d，由于球面是沿对称轴移动的，各节流孔后的压力必然互相相等。气体从节流孔流出后，向外经 θ_2 圆锥外边界直接流入大气。气体压力则自节流孔后方的 P_d 逐渐降为在边界处的环境压力 P_a，这个由 P_d 逐渐变成 P_a 的压力形成球面轴承的承载能力。气体压力在球面上的水平投影是对称的，因此水平合力为零，而在 z 轴上的投影就形成了对球面的支承力。当起浮量 h 增大时，形成的气膜厚度也变大，从而使气流阻力变小，流量增加，使通过节流孔的压力增大。当外供气压力 P_s 不变时，P_d 将减小，总支承力在 z 轴上的投影也将变小。相反地，当起浮量减小时，合力在 z 轴上的投影将会增大。当球轴承的结构及供气压力一定时，起浮量与承载能力是一一对应的[14-15]。气浮球轴承的结构示意如图 7–13 所示。

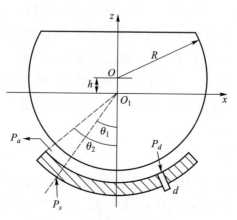

图 7–13　气浮球轴承的结构示意

图 7–14 为气浮球轴承的气膜模型，其中 $CDFG$ 和 $HIJK$ 为进气流道，DF 和 IJ 为压力入口，供气压力为 P_s；AB 和 LM 为压力出口，出口压力为环境压力 P_a（大气压）。

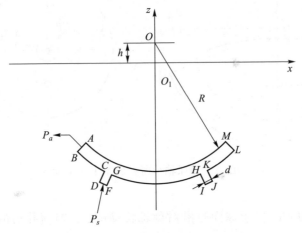

图 7–14　气浮球轴承的气膜模型

7.4　目标仿真器

运行在近地空间的航天器以太阳、地球及恒星作为参考目标来确定姿态，因而太阳敏感器、地球敏感器、恒星敏感器、光学相机等光学敏感器在航天器控制系统中得到广泛应用。在航天器控制系统仿真时，需要在实验室条件下仿真这些天体，借以产生光学敏感器的输入信号。这些仿真设备就是太阳仿真器、地球仿真器、恒星仿真器、图像仿真器等，在仿真技术中称为目标仿真器。

目标仿真器可以分为两类：一类是用作光学敏感器的测试及标定设备，用来检测、标定光学敏感器的技术性能参数，主要着重于静态性能；另一类是用于控制系统仿真的设备，除满足光学敏感器输入信号的要求外，还应满足系统仿真中运动学关系的要求，主要着重于综合性能。两类仿真器的设计差别并不大，本节主要介绍用于控制系统仿真的太阳仿真器、地球仿真器、恒星仿真器和图像仿真器。

7.4.1　太阳仿真器

太阳敏感器是卫星及其他航天器控制系统的姿态测量部件，在姿态测量、全姿态应急捕获、太阳帆板的定向控制中均得到广泛应用。太阳仿真器是控制系统地面实验及太阳敏感器部件测试的重要设备[16]，它是在地表实验室中模拟出一套类似太空中的环境，其辐照特性应满足真实太阳辐照的全部特性。但是由于场地、技术、成本等条件的制约，目前还没有足够的能力模拟出最符合真实太阳辐照的模拟器，现阶段只是针对不同用处和功能的太阳仿真器，有所偏重地进行研制和开发。对于地面标定太阳仿真器的太阳敏感器而言，往往对光线光束方向的准直角有着严格的要求，而对辐照的稳定性和均匀性有着较为宽泛的要求[17]。

1) 太阳光辐照特征

太阳是一个热等离子体和磁场相互交织着的理想化球体，是太阳系中最具识别性的参考物目标，是距离地球最近的恒星天体。太阳光辐照特征主要包括以下几个方面。

(1) 地球大气层外，来自太阳的辐射能 E 以太阳常数表示。太阳常数 Eso 定义为大气质量为零时平均日 – 地距离上单位面积获取的太阳光辐射功率，Eso= 1 353 W/m² (误差为 ±1.5%)，这个数据是 1971 年 NASA 根据人造卫星上的观测结果公布的太阳常数值。

(2) 太阳光辐照的均匀性与稳定性。由于地球大气的外层为真空状态，且其他干扰因素影响很小，太阳辐射对地球表面的辐照能量是连续稳定的，但由于公转及自转的原因，及日地距离的变化，所以不同的时间段所测得的太阳常数也有所不同，在近日点上测得 Eso=1 438 W/m²，远日点上测得 Eso=1 340 W/m²。

(3) 太阳辐射光谱。太阳辐射光谱中的可见光及近红外线光谱辐照的总能量占据了所有辐射光谱能量的 80%，可见光的频谱范围的能量比重最大，近似于黑体辐射散发出的能量。

从地球表面和卫星上看，太阳是一个发光圆盘，视张角为 32′。但由于地球在环绕太阳的椭圆轨道上运行，近地点处太阳的视张角为 32′36″，远地点处为 31′3″，一般情况下视张角可取 32′±0.5′。太阳仿真器必须仿真该视张角值，输出光束的准直性是一个重要的指标。除此之外，由于太阳在外太空向地球辐射的能量将地球的外部表面覆盖，其辐射表面对于太空中的航天器来说是非常大的。因此，对于太阳仿真器的设计，出光的孔径尺寸越大越好。

2) 太阳仿真器的工作原理、结构及特性

对仿真实验室用太阳仿真器的要求：一是输出准直光束需要进行移动或转动；二是要实时监测输出的准直光束光辐照度，并利用光反馈信号对光辐照度进行控制，以达到长时间稳定的要求。太阳仿真器的组成主要包括光源、聚光系统、光学积分器、光准直系统、电源控制系统和冷却系统。另外，还必须有实时监测光辐照度系统、机械移动和转动结构。下面介绍其中主要的组成部分。

（1）太阳仿真器光源。随着近几年的发展，太阳仿真器的光源多采用超高电压的球形氙灯，它的灯体体积小、亮度高，是比较理想的电光源，其色温可恒定达到 6 000 K 且十分稳定，其光谱辐射特性曲线与太阳光十分相似，在电源的调节下还能实现在一定范围内对亮度的调节，作为太阳仿真器光源能提供足够的辐照度。

（2）聚光系统。太阳仿真器的聚光系统设计和制造精度直接影响其光辐照度和光辐照均匀度。该系统把氙灯发射的光能量有效地汇聚到光学积分器前端，即把氙灯弧光的影像建立在此处。氙灯弧光影像的亮度按高斯曲线分布。太阳仿真器聚光系统的形式有凸透镜、抛物面型加凸透镜、椭球反射镜等。设计合理的聚光镜面型及相应的机械调整机构是高质量聚光系统的关键，对提高太阳仿真器的光辐照度和光辐照均匀度有重要意义。

（3）光学积分器组。由于太阳辐照的一个重要特性就是辐照的均匀性，常用的照明方式（例如阿贝照明等）都满足不了较高的均匀性要求。所以，对于太阳仿真器辐照的均匀性参数，要通过光学积分器组件来实现，氙灯光源的光线通过光学积分器可以获得均匀性较好的光线。

（4）光学滤光片。由于光源的不同，氙灯光源和太阳光源在光谱上有一定的差距，在对光谱有较高要求的系统中，要用光学滤光片将氙灯光谱中与太阳光谱不一致的部分滤除，达到更准确的光谱特性。太阳仿真器在一些应用中（例如针对太阳能电池测试、气象环境检测中的太阳仿真器）对太阳光谱的响应时间较长和范围较广，对太阳模拟的光谱变化也比较敏感。对于这类工作需求的太阳仿真器，需要进一步改进光学滤光片来修正模拟太阳光。

（5）准直系统。准直镜的作用是将太阳仿真器的光变成平行光束来模拟来自无穷远的平行太阳光。太阳仿真器的准直系统的辐射光出射口径准直角是由系统的准直镜比例焦距与视场光阑的最大口径的关系决定的，物镜出光口径和到辐射面的距离决定了整个系统的辐射面积。为了近一步提高太阳仿真器的辐射精度和准直精度，设计中通常采用双分离式复合透镜的设计思路来设计大口径的准直物镜。为了在全口径上得到满意的准直精度，通常将视场光阑放置在光学积分器出瞳位置附近。

（6）氙灯电源及电源控制系统。氙灯电源组件的质量直接决定了太阳仿真器辐照特性品质。通常氙灯电源是直流稳压电源。对于一般的系统，辐照度稳定性是时间的函数。但对于太阳仿真器的辐照稳定度来说，电源的电流波动性能是最主要的影响因素。太阳仿真器系统对于电源系统组件性能有较高的参数要求，目前常用的大功率电源多采用大功率管作为稳压的控制端电源，多数采用光辐射面对于硅光电池的光反馈信号调制工作电流作为稳定的输出电流。

(7) 冷却系统。由于氙灯平时工作温度高，冷却系统也是保障整个系统正常运行的重要组成部分。氙灯组件结构的冷却方法一般有风冷和水冷两种形式，现行规定：当氙灯功率高于 5 kW 时，建议采用水冷方式；当氙灯功率低于 5 kW 时，建议采用风冷方式。

7.4.2 地球仿真器

地球敏感器是航天器姿态控制系统的重要测量部件。由于航天器对地球定向及观察的需要，地球敏感器在航天器控制系统中得到广泛应用。从航天器到地球中心的连线与地球表面的交点称为星下点，星下点与地球敏感器的连线称为当地垂线。地球敏感器的功能实际上就是在航天器坐标系中测出当地垂线的方位，包含俯仰和滚转姿态信息等。在航天器控制系统仿真中，地球仿真器为地球敏感器提供热辐射输入信号，是航天器控制系统物理仿真中不可缺少的设备。

地球仿真器大体可以分为两类：第一类主要适用于高轨道，由于地球视张角小，地球仿真器充分体现其圆盘形特征，即直接设计成圆盘，地球弦宽通过扫描地球圆盘实现；第二类主要适用于中、低轨道，由于地球视张角大，若直接仿真出地平圈的圆盘特征，则仿真器尺寸过大，难以实现，一般是根据地球敏感器工作原理的要求仿真地球弦宽，从而建立起与姿态的关系。所以第二类仿真器的形式和结构多种多样。下面从地球特征出发，介绍地球仿真的方法。

1) 作为航天器姿态参考源的地球特征

航天器之所以能够确定相对于地球的位置，主要是利用了地球所具有的特征，即地球的几何特征和红外辐射特征。

(1) 地球的几何特征。从光学角度讨论问题时，可以把地球的外观简化为一个球体，在赤道上半径为 6 378.14 km，图 7–15 表示从航天器上观察地球的几何关系，O 为地心，地球半径为 R_e，S 为航天器，ρ 是航天器观察到的地球半视张角，h 是航天器高度，则有

$$\sin \rho = \frac{R_e}{R_e + h} \tag{7–1}$$

观察到的地平圈半径为

$$r = R_e \cos \rho \tag{7–2}$$

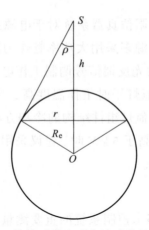

图 7-15　从航天器上观察地球的几何关系

（2）地球的红外辐射特征。地球敏感器是通过光学探测的方法来确定航天器姿态的。对于高精度的姿态确定就必须对地球的外观有充分的了解。其中最主要的特征是地球的红外辐射特征。

太阳辐射不断到达大气圈，其中一部分被反射或散射到空间，另一部分则被大气、悬浮微粒和地面吸收，太阳辐射能转化为热能使温度升高，同时地球和大气圈也向空间不断地辐射能量；地球表面的辐射一部分直接辐射到空间，另一部分被大气和悬浮微粒吸收或散射，并且大气和悬浮微粒也向空间辐射能量。地球表面与其周围空间的这种不断的热交换使其处于一个热力学平衡状态，平均表面温度约为 290 K。

地球的辐射是由对太阳辐射的反射和地球及大气系统的自身辐射两部分组成的。从辐射的光谱分布来看，主要是在可见光谱部分，大光谱辐亮度在 0.5 μm 波长处；自身辐射主要是在红外光谱部分，大光谱辐亮度大致位于 10 μm 波长处。卫星实际是通过探测地球及大气圈的辐射来确定出当地垂线，从而确定自身的位置。卫星观察到的地平圈是卫星探测视线与地球大气圈某个表面相切点的集合，地平圈的大小与轨道高度有关，其半径小于地球半径。由于大气圈的存在，硬的地球外壳构成的"硬地平"对卫星而言是没有意义的，实际上地球是以大气圈为外层，硬的地壳为核的球。

由于大气层内压强、温度由内向外逐渐变低，因此由大气圈辐射确定的地球边缘是模糊的，地球的边缘是具有一定宽度的带，地平圈就位于这个带内。地球边缘的模糊带造成的不确定性是制约卫星测量精度的主要原因，在可见光频段，地球外观是随着星下点的变化而变化的，受到日照的白天和未受日照的夜间辐射亮度变化是很大的，白天和夜间的分界线是模糊不清的。

地球辐射的红外频段具有两个主要特征：辐射亮度变化比可见光小得多；辐射的亮区和暗区与可见光正好相反。这是由于红外辐射是由地球及大气圈自身的热辐射产生的，地球温度在白天和夜间相差并不很大，对红外辐射影响很小。在可见光频段的亮区主要是反射太阳辐射，因而吸收较少，温度较低，发射红外辐射就少。相反，可见光频段的暗区在红外频段则较明亮。

2）地球仿真的方法

（1）仿真地球红外辐射。一种比较简单的方法是用加热器维持恒温的热金属圆盘来仿真地球。金属圆盘表面进行黑化处理，以提高表面发射率，用精密温度控制装置使圆盘表面恒温，表面各点温度应均匀。天空背景一般用室温或其他温度的挡板来仿真，通常采用与热金属圆盘相同的材料及表面处理工艺。采用恒温的方法来控制其温度，但控温精度可以比热金属圆盘低一些。由于在一般条件下很难实现温度为 3 K 的背景，所以对地球红外辐射的仿真是用辐射亮度差等效的方法来实现的。

（2）仿真地平梯度。地球波信号处理采用微分方案的敏感器，地平梯度对前、后沿及"地入脉冲""地出脉冲"有很大的影响。地平梯度仿真的基本出发点是使天空背景挡板和热金属圆盘交接处的红外辐射形成一定梯度，并与地平梯度一致，但由于很难做到准确模拟，所以一般采用一些近似方法。一种简单的方法是利用地球敏感器视线扫描有限距离上不在同一平面的热金属圆盘和天空背景挡板，由于敏感器光学系统入窗和物平面不重合而产生"渐晕"现象，进入光学系统的辐射能是逐渐变化的，这种现象可作为地平梯度的近似。这种方法常称孔径效应法。

（3）仿真地球弦宽。地球弦宽是地球敏感器测量卫星姿态的一项重要参数，仿真的方法基本有两种：第一种方法是使地球敏感器视线直接扫描热金属圆盘的弦。高轨道地球敏感器由于观察到的地球视张角较小，较小直径的金属圆盘即可满足扫描弦宽的要求，所以这是一种常用的方法。第二种方法是在地球仿真器视线扫描的路径上用天空背景挡板遮挡热金属圆盘或其他形式的地球辐射仿真器，在视线扫描一周中扫描热金属圆盘部分所占的角度，即为地球弦宽，圆锥扫描地球敏感器常采用这种方法。

（4）仿真地球辐射亮度随纬度的变化。纬度效应对高轨道自旋扫描地球敏感器有较大影响，常需进行仿真实验。基本方法是控制地球仿真器表面温度随仿真纬度的变化而变化，并与实际的变化量相一致。另一种方法是在仿真器表面加一辐射亮度衰减板来达到所需要求。

7.4.3　恒星仿真器

星敏感器是一种高精度光学敏感器,是航天器姿态控制系统的重要测量部件。星敏感器在航天器及其他空间飞行器上的应用非常广泛。可以这样认为:恒星分布在一个以地球中心为球心、半径无穷大的球面上。这个球就是通常所说的"天球"。在建立适当的坐标系后,通过天文测量可以非常准确地得到每颗恒星在该坐标系下的位置。将星敏感器的光轴无限延长,与天球表面相交于某一点,星敏感器的作用就是借助恒星的信息来确定该点的坐标,即确定敏感器光轴矢量在惯性坐标系中的坐标。进而可以根据星敏感器与航天器本体的相互关系确定航天器坐标系与惯性坐标系的关系,即确定航天器姿态。

星敏感器是以恒星为目标的姿态敏感器。在地面测试阶段,固然可以在外场直接利用恒星进行实验,但诸多客观因素影响了实验的可行性。在实验室内,借助专用仿真器进行仿真实验,可以避免诸多客观因素带来的影响,大大缩短实验周期。同时,采用仿真手段,能够根据需要设定实验条件,对敏感器多次进行可重复性实验,准确、有效地检验星敏感器的性能。因此,高精度、多功能的星仿真器是星敏感器研制的基础和保障,在进行航天器控制系统物理仿真中是为星敏感器提供光输入信号的基本设备[18]。星仿真器所提供的恒星特征主要包括两个方面:恒星的辐射特征和几何特征。

7.4.3.1　恒星的辐射特征

恒星的辐射特征包括恒星的亮度和恒星的光谱。

1)恒星的亮度

天体亮度用星等表示。星等的概念起源于古希腊,当时的学者依巴谷将肉眼能看到的恒星分为 6 个等级,最亮的定为 1 等,最暗的定为 6 等。后来英国天文学家赫歇尔发现,1 等星比 6 等星亮 100 倍。即每相差一个星等,亮度相差 2.512 倍。按照这个比例,星等的范围大大扩展了,例如太阳为 -26.7 等,目前可观测到的最暗天体约为 24 等,星敏感器能探测到的最暗恒星一般在 7 等左右。

恒星的亮度有以下三个特点。

(1)恒星是弱光光源。无论是从地面还是从航天器上观察,恒星亮度微弱。例如,6 等星的亮度比太阳低 13 个数量级,比地球低 12 个数量级,在航天器轨道上产生的辐照度约为 10^{-14} W/cm²。对于敏感器来说,这是非常微弱的光信号。

(2)亮星的数量少,暗星的数量多。随着星等数的提高,恒星亮度降低,但其数量呈几何级数增加。

（3）在敏感范围内恒星亮度差异很大。星敏感器灵敏度所对应的星等可称为星敏感器的极限星等，即所有星等低于极限星等的天体都可以被敏感器探测到。极限星等与全天最亮恒星星等之差，就是星敏感器的星等范围。当星敏感器灵敏度较高，即极限星等较高时，星等范围很大，目标恒星的亮度在一个很大的范围内变化。

2）恒星的光谱

恒星的光谱具有以下三个主要特点。

（1）不同类型的恒星，光谱差异很大。目视观察，恒星的颜色存在显著差别：某些恒星是红色的，如天蝎座（Sco）α；某些是橙黄色的，如御夫座（Aur）α；而某些则是蓝白色的，如大熊座（UMa）η。颜色的不同能够在一定程度上反映出恒星光谱的差异。

研究表明：不同恒星的光谱曲线有很大差别。例如：表层温度超过 20 000 K 的恒星的光谱主要表现为中性氢线和电离氢线，而且在紫外频段有着很强的连续光谱；表层温度为 10 000 K 左右的恒星光谱上，氢线最为强烈；温度接近 6 000 K 的恒星，位于可见光频段和紫外频段分界处的电离钙线十分明显。特别是辐射光谱的峰值波长也有很大不同。例如：温度为 30 000 K 左右的恒星，峰值波长约 0.1 μm；温度为 6 000 K 的恒星，峰值波长出现在 0.5 μm 附近。

为了表征这些差异很大的恒星光谱，天文学上把全天恒星划分为 O、B、A、F、C、K、M 7 个光谱型，每一个光谱型又细分为从 0～9 共 10 个次型。

（2）恒星光谱范围很宽。任何一种光谱型的恒星都具有很宽的光谱范围，几乎覆盖了全部电磁波频段，特别是大多数恒星在紫外频段、可见光频段和红外频段都有很强的相对光谱辐射亮度。

（3）大多数恒星光谱比较接近黑体辐射光谱。恒星的光谱表现为非常不规则的不光滑曲线。除少数温度极高的恒星以外，大多数恒星的光谱分布是比较接近某一温度的黑体辐射曲线。以太阳辐射为例，太阳辐射曲线与 6 000 K 的黑体辐射曲线十分近似。

7.4.3.2 恒星的几何特征

恒星是体积、质量巨大的球体，除太阳以外的恒星与地球相距遥远。星敏感器可探测到的大多数恒星与地球距离相对较近，这些恒星的平均星地距离是其平均直径的 1 000 万倍。因此，恒星的视张角极小，是名副其实的点光源。同时，也正是因为星地距离很远，所以地球上接收到的星光是平行光。

在星敏感器的视场中同时出现的恒星组成一个星组。将这些恒星视为顶点，并按一定规则以假想的连线连接各个顶点，就得到了星多边形。由于一个星组内的恒星数量和组成恒星是不固定的，因此星组数量极多，星多边形的数量也极多，但与每一个星组对应的星多边形是唯一确定的，正是这一特性，使星敏感器对星组（星多边形）的识别成为可能。对于星敏感器来说，恒星在一个较长时间内的位置变化可以忽略，因此星多边形的形状也是恒定不变的。

7.4.3.3　恒星仿真的要求

恒星仿真器就是要在实验室条件下完成对恒星特征的仿真。表 7–1 列出对恒星仿真器的具体要求及相应的测试项目。

表 7–1　对恒星仿真器的具体要求及相应的测试项目

仿真要求	测试项目
在星等范围内仿真恒星亮度	检验星敏感器的灵敏度 检测星敏感器的光度响应特性
仿真不同光谱型恒星的光谱特性	测试星敏感器的光谱响应特性
仿真恒星（组）的几何特性	检测星敏感器的信号处理能力 检验星敏感器对星图识别的准确性和指向精度
仿真恒星与航天器的相对运动	用于系统级仿真实验中综合检验星敏感器和控制系统的动态特性

7.4.3.4　视星等与照度的换算关系

视星等通常用来表示恒星的亮度，但也常常用来表示观测到的大行星和小行星以恒星为参照的亮度。视星等与照度之间的关系可以表达为

$$E = E_0 \times 2.512^{-m} = 2.65 \times 10^{-6} \times 2.512^{-m} \tag{7-3}$$

利用式（7–3）就可以根据依巴谷星表获得导航恒星视星等参数，计算每一颗导航恒星的光学照度。

行星是航天器进行自主天文导航的主要观测目标，下面对行星视星等与照度进行扩展介绍。行星本身不发光，其入射到光学导航相机的光信号来自对太阳直接辐射能量的反射。太阳所发出的总辐射量在空间方向上的分布是均匀的，在 $\lambda_1 \sim \lambda_2$ 波长范围内，太阳在行星表面产生的照度 E_0 可表示为

$$E_0 = 10^{12} R_{\mathrm{s}}^2 c_1 D^{-2} \int_{\lambda_1}^{\lambda_2} \lambda^{-5} [\exp(c_2/\lambda T_0) - 1]^{-1} \mathrm{d}\lambda \tag{7-4}$$

式中，太阳半径 $R_{\mathrm{s}} = 6.959\,9 \times 10^8$ m；λ 为波长；T_0 为黑体的温度 $T_0 = 5\,900$ K（通常太阳辐射可以认为是温度为 $5\,900$ K 的黑体辐射）；$c_1 = 3.742 \times 10^{-4}$ W·µm² 为第一辐射常数；$c_2 = 14\,388$ µm·K 为第二辐射常数；D 为太阳与行星的距离。

到达行星表面的太阳辐射能量，由于其本身的漫反射作用，将在 2π 空间范围发散，航天器的敏感器在轨道上将以一定的角度对其进行探测。将行星看作一个等效反射球体（朗伯辐射体），那么可以计算出到达相机系统入瞳处的点目标辐射强度：

$$I_{\mathrm{e}} = \frac{E_0 \cos\theta \cdot \rho \cdot A_{\mathrm{obj}}}{2\pi} \tag{7-5}$$

式中：θ 为观测相角，即太阳与行星连线和行星与相机连线形成的夹角；ρ 为行星的平均反射率，可通过查阅相关资料得到；A_{obj} 为行星的相对于相机的等效截面积，可根据行星的半径估计。根据到达相机系统入瞳处的点目标辐射强度和光学系统入瞳所对应的立体角，可以确定可见光相机光学系统采集到的行星反射太阳光的信号能量，将其转化为光子数表示，可以推导得到最终进入光学系统的行星的信号光子流量密度

$$\Phi_{\mathrm{s}} = \frac{I_{\mathrm{e}} \cdot \overline{\lambda}}{R_{\mathrm{oc}}^2 \cdot hc} \tag{7-6}$$

式中，R_{oc} 为行星与可见光敏感器的距离；h 为普朗克常量；c 为光速；$\overline{\lambda}$ 为平均波长。通常来说，习惯将空间点目标的信号亮度等效为天文学上的视星等来衡量，视星等为 m_0 的点光源每秒钟发射到相机光学系统入瞳处的光子数为

$$\Phi_{\mathrm{s}} = 5 \times 10^{10} \times 10^{-\frac{2}{5}m_0} \tag{7-7}$$

联合以上各式，则得到计算表征行星反射信号亮度的等效视星等的表达式：

$$m_0 = -2.5 \log_{10}\left(\frac{E_0 \times \cos\theta \times \rho \times A_{\mathrm{obj}} \times \overline{\lambda}}{2\pi \times 5 \times 10^{10} \times R_{\mathrm{oc}}^2 \times hc}\right) \tag{7-8}$$

由式（7-8）可以计算出大行星和小行星相对于探测器的视星等，然后再利用式（7-3）中视星等与照度之间的换算关系，就可以采用与恒星相同的方法计算其光学照度。

7.4.3.5 星等到灰度的变换

在计算机屏幕上显示模拟的星空，也就相当于显示一幅二维的数字图像。除了得到 CCD 平面的位置坐标外，还需要获得每个像素点的灰度值，即将一个视场内的观测星的星等 m_i 转换为灰度 g_i。亮度在黑白图像上表现为不同的灰

度等级，将星等转化为灰度，涉及的星等到灰度变换都是采用线性变换，星等值越小，对应的亮度越强，相应的灰度值越大。转化公式为

$$g_i = k(11 - m_i) + g_0 \tag{7-9}$$

星等的范围是 $-1 \sim 11$ 之间的浮点型数，但实际用到的导航星的星等在 $0 \sim 7$ 之间，计算机有 256 个灰度级，即范围是 $0 \sim 255$。这只是相对亮度的一种近似变换，与实际值有较大差别。

7.4.4　图像仿真器

图形仿真器的主要功能是模拟生成光学导航相机拍摄的场景，生成一个形状、色彩、亮度变化逼真的动态模拟图像，给导航相机提供一个接近真实的感知环境。图形仿真器接收实时仿真机输出的航天器当前时刻的位置、姿态状态、结合光照等信息，利用虚拟现实技术驱动目标模型，在显示器屏幕上生成导航相机采集的图像。

1）虚拟空间环境构建

（1）大范围形貌环境构建。小区域的形貌环境可视化构建时，数据量较小，通常绘制时直接载入内存即可；但是大范围的地理环境可视化构建时，目标形貌和影像数据巨大，不可能将数据依次读入显示，因此必须采用一定的海量影像数据存储、调度和渲染策略才能完成大范围形貌环境的构建。当前，通用方法是使用细节层次技术（level-of-detail，LOD），该技术可根据给定的视点和视线方向来绘制必要的数据，比如视点附近的景物使用高细节层次进行绘制，而远处的形貌则可使用较低的细节层次进行绘制。

（2）复杂区域构建。建立全局形貌环境后，对于地势平坦或无明显突变的区域有较好的成像模拟效果，但是对于某些区域存在大量细部特征、纹理难以模拟等问题，要实现全局在轨成像模拟，必须解决形貌复杂区域的数据构建问题。可采用在全局基础地理数据上叠加 3D 模型的方法进行复杂区域构建。3D模型是以矢量形式表示复杂区域的轮廓及细部纹理特征信息，不受成像分辨率的限制，并且模型的纹理贴图可以精确地呈现多角度成像的纹理特征，因此可极大地提高成像模拟的精度和模拟效果。

（3）时空模型构建。要能根据航天器轨道参数和时间完成成像模拟，必须构建准确的时空模型，以解决航天器何时应在何地观测到何范围的问题。例如，近地航天器将时空模型构建分为两部分。① 日地时空模型：日地时空关系是近地航天器运行的基础环境，直接决定了卫星对地成像时的日照条件；为了获取

日地高精度的位置，通常采用高精度的太阳系行星历表内插的方法得到。② 航天器时空模型：航天器时空模型构建的主要任务是对航天器的各类轨道进行递推和预报，以便获取给定时刻传感器的外方位元素。精确轨道递推与预报不同于二体问题，需要考虑复杂的动力学模型，该模型包括地球非球形引力摄动、第三体引力摄动、太阳辐射压摄动、大气阻力摄动等。

2）几何成像模型

航天器在光学导航的过程中，通过光学相机拍摄到目标的像元、像线信息，可以获得目标在航天器本体坐标系下的指向方向。姿态确定系统给出航天器相对惯性空间的姿态，结合事先估计的目标自旋姿态状态，能够确定航天器相对目标参考系的姿态。这样在目标位置已知的前提下，最少需要两个目标的像元、像线坐标就能构建出航天器在目标参考坐标系下的位置。

设目标参考坐标系下目标的位置为 $\boldsymbol{\rho}_T$，航天器本体坐标系相对于目标参考坐标系的转换矩阵为 $\boldsymbol{C}_{\mathrm{ba}}$，则在航天器本体坐标系下，目标的位置为

$$\boldsymbol{r}_T^{\mathrm{b}} = \boldsymbol{C}_{\mathrm{ba}}(\boldsymbol{r} - \boldsymbol{\rho}_T) \tag{7-10}$$

为不失一般性，假设相机坐标系与航天器本体坐标系重合，目标的像元、像线坐标可以表示为

$$u_T = f\frac{c_{11}(x - x_T) + c_{12}(y - y_T) + c_{13}(z - z_T)}{c_{31}(x - x_T) + c_{32}(y - y_T) + c_{33}(z - z_T)}$$
$$v_T = f\frac{c_{21}(x - x_T) + c_{22}(y - y_T) + c_{23}(z - z_T)}{c_{31}(x - x_T) + c_{32}(y - y_T) + c_{33}(z - z_T)} \tag{7-11}$$

式中，(x, y, z) 为航天器三轴位置坐标；(x_T, y_T, z_T) 为目标点的三轴位置坐标；c_{ij} 为转换矩阵 $\boldsymbol{C}_{\mathrm{ba}}$ 中第 i 行第 j 列的元素；f 为导航相机焦距。

3）仿真器成像模型实现方法

在构建好虚拟空间环境之后，接下来的工作就是模拟仿真器的成像过程并获取仿真图像。利用 OpenGL 可以实现光学图像仿真，由于 OpenGL 成像过程中涉及的参数和矩阵与光学几何成像模型中的内方位元素没有直接的对应关系，使用如下方法完成全部内方位元素的设置。

目前航天器图像传感器的影像分辨率可以达到上万像素，远远大于屏幕分辨率，此时如果不进行特殊处理，由 OpenGL 模拟的图像只能达到屏幕的分辨率，由于函数 glFrustum( ) 定义的平截头体并不一定是对称的，轴也并不需要与 z 轴对齐，因此可利用函数 glFrustum( ) 的这一特性来完成大于屏幕分辨率的图像模拟，具体方法如下。

图 7-16 是视口划分示意图，假设待模拟图像的宽为 W 像素、高为 H 像素，而 OpenGL 能设置的最大视口宽为 w 像素、高为 h 像素，则可以分 N 次来模拟一幅图像，其中

$$N = N_w \times N_h \tag{7-12}$$

式中，

$$N_w = \text{int}(W/w) + 1 \tag{7-13}$$

$$N_h = \text{int}(H/h) + 1 \tag{7-14}$$

其中，int( ) 表示取整运算。第 (i,j) 渲染窗口的 glFrustum$(x_l, x_r, y_b, y_t, Z_n, Z_f)$ 参数设置方法为

$$\begin{cases} x_l = -\dfrac{W}{2} + j \times w, & 0 < j \leqslant N_w - 1 \\[2mm] x_r = -\dfrac{W}{2} + (j+1) \times w, & 0 < j < N_w - 1 \\[2mm] y_b = -\dfrac{H}{2} + i \times h, & 0 < i \leqslant N_h - 1 \\[2mm] y_t = -\dfrac{H}{2} + (i+1) \times h, & 0 < i < N_h - 1 \\[2mm] Z_n = \text{Near} \\[2mm] Z_f = \text{Far} \end{cases} \tag{7-15}$$

式中，i 值为从下到上从 0 开始依次递增；j 值为从左到右从 0 开始依次递增。当 $j = N_w - 1$ 时，$x_r = \dfrac{W}{2}$；当 $i = N_h - 1$ 时，$y_t = \dfrac{H}{2}$。

在图像的每个小部分均被渲染后，可以读取每个部分的像素，以收集高分辨率图像的数据，最后将这些图像数据拼接成一幅大的图像。这种大图像的模拟方法较绘制到内存的大图像模拟方法的优势是其可以充分利用一些 OpenGL 的特效，并且不需要过多地修改程序内部绘制的代码。

4）误差模型分析

在仿真器成像过程中，由于各种因素的影响，使得所成图像存在一定的几何误差，为了增加仿真图像的真实性，需要分析仿真器成像过程中涉及的因素以及影响各因素的误差特性。引起成像几何误差的原因有很多，一般可分为内部误差和外部误差。内部误差是指由传感器本身的结构因素引起的误差，如传感器焦距变动、像主点偏移、像元大小不规则、镜头畸变、像元量化电平不同等，内部误差对成像的影响是多方面的，且很复杂，难以通过仿真模拟出来，而

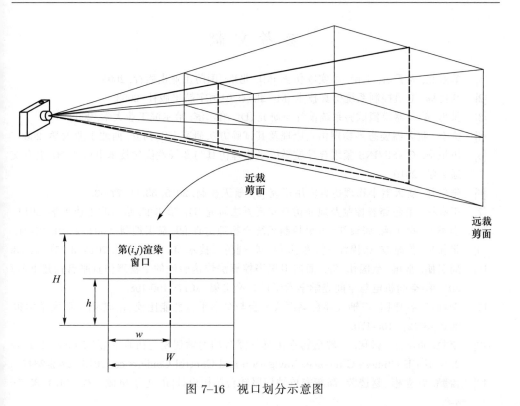

图 7–16 视口划分示意图

且传感器结构各异，仿真结果很难具有普遍性。外部误差是指由传感器以外的因素引起的误差，如传感器外方位元素、大气密度不均匀、地形起伏、地球曲率、地球旋转等。

传感器姿态误差主要由航天器平台的姿态误差和传感器指向误差组成。航天器平台的姿态误差主要包括航天器姿态指向抖动和航天器姿态指向误差。航天器姿态指向抖动是由周期性空间外扰力矩作用引起的周期性变化，可以用周期性正弦函数来模拟；航天器指向误差是一段时间内航天器姿态扰动的均值，可以利用固定误差来模拟。而对于传感器指向误差：当调度传感器指向目标时，由于转动机械的精度问题引起的指向误差前后两次之间影响较少，其每次转动产生的误差可以用高斯误差来模拟；当传感器指向某一方向时，受到各种因素的影响，指向会进行随机的微小抖动，抖动值之间具有关联，可以采用AR（autoregressive，自回归）模型来模拟。对于传感器的安装误差，则可用固定误差来模拟。

参 考 文 献

[1] 单家元, 孟秀云, 丁艳. 半实物仿真 [M]. 北京: 国防工业出版社, 2008.

[2] 刘良栋. 卫星控制系统仿真技术 [M]. 北京: 中国宇航出版社, 2003.

[3] 张勇. 航天器模拟试验系统设计与研究 [D]. 哈尔滨: 哈尔滨工业大学, 2008.

[4] 贾杰. 航天器姿态半物理仿真原理及其试验方法研究 [D]. 西安: 西北工业大学, 2006.

[5] 伍星华. GNSS/INS 紧组合导航系统半物理仿真与非线性优化技术 [D]. 上海: 上海交通大学, 2019.

[6] 张新邦. 航天器半物理仿真应用研究 [J]. 航天控制, 2015, 33(1): 77-83.

[7] 王有松. 卫星姿态控制及地面仿真实现方法研究 [D]. 哈尔滨: 哈尔滨工业大学, 2014.

[8] 李季苏, 牟小刚, 张锦江. 卫星控制系统全物理仿真 [J]. 航天控制, 2004, 22(2): 37-41.

[9] 张新邦, 曾海波, 张锦江, 等. 航天器全物理仿真技术 [J]. 航天控制, 2015, 33(5): 72-78.

[10] 周美丽, 常琳, 范国伟, 等. 面向卫星姿控算法快速验证的全物理仿真平台构建 [C]// 2017 年空间机电与空间光学学术研讨会论文集. 2017: 190-198.

[11] 李延斌, 谷建国. 三轴气浮台桌面式平台与伞形平台性能比较 [J]. 沈阳工业大学学报, 2010, 32(2): 166-170.

[12] 李稳, 黄奕勇, 张翔. 三轴全物理仿真气浮台动力学建模与仿真 [C]// Proceedings of 2016 IEEE Chinese Guidance, Navigation and Control Conference. 2016: 2842-2847.

[13] 孟鹏, 顾立彬, 赵选荣. 高精密单轴伺服转台结构设计[J]. 电子机械工程, 2019, 35(5): 4-8.

[14] 林海奇. 三轴气浮台质量特性优化设计及其参数辨识方法研究 [D]. 哈尔滨: 哈尔滨工业大学, 2018.

[15] 吴敬玉, 陈秀梅, 钟超, 等. 基于三自由度气浮台卫星姿态控制系统仿真 [J]. 兵工自动化, 2018, 37(7): 51-55.

[16] 杨嘉墀. 航天器轨道动力学与控制 [M]. 北京: 中国宇航出版社, 1995.

[17] 何志成. 太阳模拟器和地球模拟器的设计研究 [D]. 北京: 北京邮电大学, 2013.

[18] 施群山, 蓝朝桢, 徐青, 等. 光学对地观测卫星在轨成像实时模拟方法 [J]. 系统仿真学报, 2014, 26(10): 2535-2540.

第 8 章　仿真计算机与典型实时仿真系统应用

随着计算机性能的不断提高以及仿真技术的高速发展，实时仿真逐渐成为各种控制系统设计的重要手段，仿真计算机也成为航天器控制系统仿真中非常重要的设备。然而，随着仿真需求的不断上升，仿真正在向多系统、复杂系统综合仿真和军事领域的体系对抗仿真方向发展。数学仿真完全依靠计算机进行，对仿真计算完成时间无特殊要求。在半物理仿真中，要求仿真计算机能实时地进行航天器动力学和运动学方程的运算及 I/O 操作，对时间要求苛刻。

半物理仿真已成为现代工业领域的重要研究方法。半物理仿真由于实物的引入，需要模拟这些部件的真实工作环境和激励信号，还需要以一些专用的物理仿真模型加以实现。半物理仿真作为替代真实环境或设备的一种典型方法，借助于先进仿真技术，既提高了仿真的逼真性，又解决了纯仿真过程中建模复杂、精度低的难题，这不但能大大减轻设计人员的工作量，而且能有效地缩短新产品开发周期，降低开发成本，因而半物理仿真成为主要的发展方向并得到广泛的应用。此外，在开发的初期阶段，半物理仿真能快速地建立控制对象原型及控制器模型，并对整个控制系统进行多次离线的及在线的实验来验证控制系统软件、硬件方案的可行性。另外，仿真平台不仅可以观测系统运行工况，还可以形象地展示模型内部结构及各个环节的实时运行数据。因此，高效便捷、高精度、高可靠仿真技术的研究越来越受到人们的重视。

8.1　仿真计算机概述

仿真计算机是用计算机系统去模拟现实世界的物理系统的仿真工具。它是武器系统和航天器系统设计、实验、定型、检验的重要手段。它能通过数字仿真模拟出物理系统各种参数变化及其结果，设计者可以在计算机上对设计方案反复地进行改进、创新和优化，从而缩短研制周期，提高设计质量，节约研制费用。因此，仿真计算机在航空、航天、兵器、交通、能源、化工等领域的大型和超大型实时仿真中有着独特而重要的作用，一直是发达国家重点开发的高科技产品。仿真计算机的发展主要经历了模拟仿真计算机、数字仿真计算机、混合仿真计算机、全数字仿真计算机等阶段。下面从仿真计算机的分类、体系结构和发展趋势进行介绍。

8.1.1　仿真计算机的分类

仿真计算机按照其工作原理可分为三类：模拟计算机、混合计算机和数字计算机[1-4]。

1）模拟计算机

仿真计算机是系统仿真中至关重要的设备之一。早期的仿真计算机主要是模拟计算机。1946 年第一台仿真计算机的诞生开创了仿真计算机的新纪元。20世纪 50 年代以及 60 年代初是模拟计算机发展的黄金时期。这段时间成就了诸如亚德诺半导体有限公司（Analog Devices Inc., ADI）、捷克阿立脱玛公司（Aritma）、贝克曼仪器公司（Beckman Instruments Inc.）、电子联合公司（Electronic Associates Inc.）等行业巨头，也涌现了大量的模拟计算机。

模拟计算机是利用连续的物理学现象（如电子、机械或者水压）来对待解决问题进行建模的一类计算机。它主要由运算部件、控制部件、排题板、输入/输出部件等构成。它通过直接连接各种运算部件（如加法器、乘法器、积分器和函数产生器）来组成仿真模型。它与原系统模型只有数学描述上的相似。其中，各部件的连接和监控分别由排题板和监控系统实现。模拟计算机运算速度快、实时性好，但是存在数据精度不够、实现插值函数困难、不能满足数字控制系统的需要等问题。

2）混合计算机

尽管模拟计算机在当时取得了巨大的成功，但也暴露出很多问题。20 世纪 50 年代末到 60 年代，空间技术（如洲际导弹和宇宙飞船的姿态及轨道控制动力学）的研究促进了混合仿真技术的发展，1958 年第一台混合计算机用于洲际导弹的仿真，1964 年第一台商用混合计算机问世。这一时期成为混合计算机仿真的黄金时代。混合计算机可以兼顾运算速度和运算精度两方面的要求，因此非常适合导航、制导与控制（GNC）系统的仿真应用。

混合计算机兼具模拟计算机和数字计算机的特性。其数字计算部分主要用于管理监控以及执行代数/逻辑运算等，而其模拟计算部分主要用于求解常微分方程数学模型的高频部分和连接实物。总的来说，混合计算机的模拟计算部分处理速度相当快，在求解复杂方程时，其速度相当于信号在电路中传递的速度，这个速度与光速在同一个量级上。但是，混合计算机模拟计算的精度不高，精度一般限制在 3 位，最多为 4 位。相反，混合计算机的数字计算部分在求解方程时能达到极高的精度，但是与模拟计算机相比，速度要慢很多。

3）数字计算机

混合计算机从诞生之日起就与数字计算机展开了激烈的竞争。20 世纪 70 年代，随着微电子技术和数字计算机硬件及软件技术的发展，特别是小型通用机的大量进入以及数字仿真算法和高级仿真语言的发展，全数字仿真计算机迅速崛起，混合仿真计算机的性能价格比逐步下降。ADI 1978 年研制出第一台全数字仿真计算机 AD10，20 世纪 80 年代初公布了配套仿真软件 MPS，从而形成完整系统 System10。至此，混合仿真失去了在实时仿真方面的垄断地位，全数字仿真成为系统仿真的主流，具有代表性的有 ADI 的 AD-100 计算机及仿真软件、美国亚拉巴马州红石兵工厂的美国陆军高级仿真中心以及后来的美国并行计算机公司的 Night-Hawk 实时计算机和 ADI 的实时工作站（Real Time Station）。

数字计算机是一种用"0""1"断续变化的电脉冲表示其运算量的计算装置。它主要由运算处理器（算术/逻辑运算）、存储器（存放数据和指令）、输入/输出部分和控制器（统一指挥整个计算机）组成。系统数学模型的执行过程就是按照某种算法编写成指令串（程序）对有关的数据进行运算操作的过程。

8.1.2 仿真计算机的体系结构

基于通用平台的实时仿真计算机体系结构如图 8-1 所示。从图中可以看出，

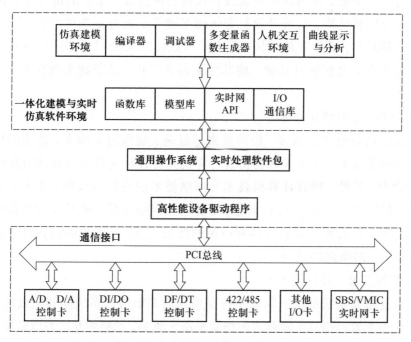

图 8-1 基于通用平台的实时仿真计算机体系结构

它由四部分组成。第一部分为通信接口，包括：A/D、D/A、DI、DO、DF、DT、422、485 等 I/O 接口，用于与外部设备连接；SBS 和 VMIC 等实时网卡，分别用于与 SBS 及 VMIC 实时网相连，构建复杂的分布式实时半物理仿真系统，为大型复杂系统的半物理仿真提供强有力的硬件仿真平台。第二部分为高性能设备驱动程序，它为 I/O 子系统的各个接口和实时网卡提供高速、高效的设备驱动，是仿真程序访问外部设备的桥梁。第三部分为通用操作系统和实时处理软件包，其中实时处理软件包用于保证仿真的实时性。第四部分为一体化建模与实时仿真软件环境，包括仿真建模环境、编译器、调试器、多变量函数生成器等，为用户构建分布式实时半物理仿真系统、进行仿真建模、仿真程序调试、交互与运行、结果分析提供强有力的软件平台。

8.1.3　仿真计算机的发展趋势

仿真计算机的过去是走全数字化的道路，并采用主副机结构解决实时性的问题。仿真计算机的现在是走通用化的道路。仿真计算机的未来将采用更加开放的结构，走网络化、并行技术和集群技术的道路[5]。

1）开放式体系结构

仿真计算机的主副机结构设计实际上是历史的产物，随着任务平衡和实时性要求的具体保证，它的存在也就没有任何实际意义。未来的仿真计算机呼唤更加开放的体系结构，这种开放首先体现在硬件上抛弃复杂的结构、摒弃专用的器件。事实上，采用开放式体系结构，可以使一家公司生产的仿真计算机利用另一家的产品来扩展其功能，使其博采各家之长，功能越来越完善，生命力大大提高。

2）分布式、网络化技术

随着仿真对象越来越多，模型越来越复杂，规模越来越大，传统的单机仿真已不能满足需要，要求未来的仿真计算机具有针对这样的分布式对象的分布式处理能力。另外，随着计算机技术和网络技术的发展与成熟，未来仿真软件可能不再局限于一台计算机上实现。仿真机与网络互联，使其成为计算机网络的共享资源，将大大扩大它的仿真应用的范围。因此，未来的仿真计算机要坚持走分布式、网络化的道路。

3）集群技术、并行技术

未来复杂大系统的仿真需求不再是单一的简单仿真系统能够完成的。高端的仿真应用要求网格式、集群式的仿真系统。例如，遥感测量、大地监测、天气预报等对集群式计算提出了新的要求，而经济运行、抗震救灾、应急抢险等仿真应用需要基于集群式的仿真计算机系统。

自然、社会生活中的很多事件本身就是并行发生、并行演化、并行推进的。对这些事件进行仿真研究的最好方式就是按照其自然规律进行。现有的很多高级仿真语言都不同程度地具有了并行仿真的能力和特点，未来的仿真计算机必须遵循并行规律、采用并行技术。

4）实时性、帧时间确定性技术

实时半物理仿真的关键是保证实时性。因此，要基于通用平台来研制实时仿真计算机，就必须解决仿真应用的实时性保障问题。通常的措施有：研制基于通用操作系统的半物理仿真实时处理软件包，研制高精度时钟帧计时器，研制基于 PCI 总线的高速、高效的 I/O 接口及相应的设备驱动程序等。

5）仿真语言的高效编译技术

仿真语言的高效编译对于仿真程序的高效执行非常重要。通常的仿真语言编译器都是将仿真程序编译成中间语言，如 FORTRAN、C 语言等。随着计算机技术的发展，C 语言越来越普及，使用面越来越广，同时，C 语言具有众多的第三方软件包括开发工具的支持，且易于移植，特别是现在许多用户都熟悉 C 语言，一般更愿意用 C 语言来编写程序。因此，基于通用平台的实时仿真计算机应提供将仿真源程序编译成优化的 C 代码的功能。

6）仿真模型动态优化技术

用户在进行仿真实验时，往往需要对仿真参数进行不断的修改，以找出参数的最佳组合，实现仿真模型的最优化。为提高用户仿真实验的效率，需提供仿真模型的动态优化功能，使用户在修改模型中的参数值后，无须重新编译与链接即可运行；同时参数值的修改界面应具备一定的智能化功能，使用户无须记忆和查找仿真程序中使用的变量名，如程序中所有变量名应可由用户在下拉菜单中选择。

7）智能化技术

随着技术的发展和仿真应用的深入，被研究对象（如生命系统和社会系统）的智能化可能会越来越高。知识库和专家系统在未来仿真机的应用需求中也会越来越明显。仿真计算机需要不断积累知识，需要在遇到复杂的情况下能代替专家做出决策。这将使仿真的效果越来越好，逐渐达到与实际情况近似完全吻合。事实上，仍以数值计算和数据处理为主的现代仿真计算机将不能适应各个领域对仿真技术所提出的要求。未来的仿真计算机应该是高效处理数值计算、数据、知识的智能化、一体化、交互式的建模/仿真软硬件系统。仿真研究工作的开展也必将呼唤智能化程度更高的仿真计算机。大量信息的采集、分辨、融合和处理以及有目的地分发都要求未来的仿真计算机向智能化的方向发展。随着人工智能技术的发展，特别是 Agent 技术和 Multi-Agent 技术的发展，仿真软件的智能化程度必将越来越高。

8.2　dSPACE 实时仿真系统的功能与组成

dSPACE 半物理仿真系统是德国 dSPACE 公司开发的一套基于 MATLAB/Simulink 的控制系统在实时环境下的开发及测试工作平台，该平台可以实现与 MATLAB/Simulink 软件无缝连接[6]。dSPACE 半物理仿真系统由两大部分组成：一是硬件系统，二是软件环境。其中：硬件系统的主要特点是具有高速计算能力，包括处理器和 I/O 接口等；软件环境可以方便地实现代码生成/下载和实验调试等工作。具体来说，就是将 MATLAB 仿真模型中的部分环节用实物代替，而其他环节仍采用 MATLAB 软件中的模块。例如，对电动机与拖动模型中的电动机、逆变器模块、电压电流传感器和位置传感器采用实物，而控制算法模块、调制模块和坐标变换模块等采用软件中的仿真模块，在仿真模块部分和实物部分增加相应的连接端口，就构成完整的系统。

半物理仿真模型比 MATLAB 仿真模型更能体现实际控制系统的特性，比传统的实物实验平台成本低、项目建设方便。更重要的是，在 MATLAB 中算法实现方便，可以提高实验项目开发速度。dSPACE 具有强大的功能，可以很好地完成控制算法的设计、测试和实现，并为这一套并行工程提供了一个良好的环境。dSPACE 控制器计算能力强，输入/输出端口丰富，配有功能强大的应用软件，可视化图形界面操作方便，可以实时在线修改参数，适合教学中演示操作。

从一个产品的概念级设计到实验结果的监控和调试，dSPACE 都可以集成到一套平台中来完成。因此，它具有许多其他实时仿真环境所不能比拟的优点，主要特点可归纳为以下几点。

（1）组合性很强。利用标准组件系统可以对实时仿真系统进行多种组合，以满足不同用户的需求。对不同的用户而言，可以在运算速度不同的多处理器之间进行选择，还可以选择不同的 I/O 配置，以组成不同的应用系统。

（2）过渡性和快速性好。由于 dSPACE 与 MATLAB 的无缝连接，使 MATLAB 用户可以轻松地掌握 dSPACE 的使用，从而方便地从非实时分析、设计过渡到实时的分析和设计上来，也正是由于这种无缝连接，使用户在几分钟之内就可以完成模型参数的修改以及代码的生成和下载等工作,从而在短时间内就可以完成对所设计的控制系统进行反复更改和实验,大大节省了时间和费用。

(3) 性能价格比高。对使用者而言,dSPACE 是一个操作平台,这就意味着用户使用 dSPACE 完成一种产品的设计和测试后,还可以用它进行其他新产品的开发或实时仿真测试。

(4) 实时性好,可靠性高。dSPACE 实时系统硬件、代码生成及下载软件、实验工具软件都是由 dSPACE 工程师精心设计、制造和调试的,不用考虑任何兼容性问题,代码下载到实时系统中后将是独立运行的,实验工具软件只是通过内存映射访问实验过程中的各种参数变量,不会产生对实验过程的中断,因此它的实时性和可靠性都很好,是一个可信赖的软/硬件平台。

由于上述诸多优点,目前 dSPACE 已经广泛应用于航空、航天、汽车、发动机、机器人及工业控制等领域,越来越多的工厂、学校和研究部门开始用 dSPACE 来解决在实际工作及研究中碰到的问题。而且,也正是由于 dSPACE 的存在,使得控制系统的开发、产品型控制器的仿真测试变得更加方便易行,大大加快了新产品的研制速度,也使技术研究人员对控制算法及仿真测试方案的研究进入了更高的境界[7]。

8.2.1 dSPACE 实时仿真系统的功能

dSPACE 实时仿真系统的主要功能可简单归纳为如下四点。

1) 用 dSPACE 实时仿真系统实现快速控制原型(rapid control prototype, RCP)仿真

用 dSPACE 实时仿真机代替控制器的原型机,并与实际的系统设备连接到一起,构成实时仿真运行系统,对所涉及的控制方案与控制算法等进行实时仿真验证,称为快速控制原型仿真实验。

2) 用 dSPACE 实时仿真机完成硬件在回路(hardware in the loop, HIL)仿真

将研制好的控制器连到真实的系统设备上,用 dSPACE 实时仿真机作为描述系统非实物部件(如航天控制系统中的被控对象)的仿真计算机,构成实时仿真系统,称为硬件在回路仿真。

显然,RCP 与 HIL 不同:前者是控制器原型机在回路中的仿真,后者是研制好的控制器在回路中的仿真;前者是对控制器设计方案与控制算法及实时运行软件给予验证和确认,后者是对研制好的控制器产品及系统功能予以验证和确认。在上述两个不同功用的实时仿真系统中,dSPACE 仿真机用来分别模拟系统的不同部件,即控制器原型机(在 RCP 中)和非实物部件(在 HIL 中)。

3）用 dSPACE 实时仿真系统完成数据采集与数据处理

将 dSPACE 实时仿真系统与被测试的系统或部件连接起来，用 dSPACE 对被测系统进行数据采集，并可利用下载信号处理应用软件进行数据处理，从而实现数据采集与系统测试功能。

4）自动代码生成

对于 dSPACE 实时仿真系统，其软件环境 Real-Time Interface（RTI）或 Real-Time Interface Multiprocessor（RTI-MP）扮演了具有连接功能的角色，与 Math-Works 公司的 Real-Time Workshop（RTW）配合使用，可以直接从 Simulink 模型中自动地生成实时代码并且将生成的代码运行在 dSPACE 实时硬件上。其特点在于：用户无须手动将 Simulink 模型转换成其他语言（如 C 语言），且不需要关心实时程序的结构和 I/O 函数的调用，也不需要关心如何应用生成的代码及如何将其下载到 dSPACE 硬件中，RTI 会自动执行这些步骤，用户所要完成的工作就是将一些需要的 dSPACE 模块（如 I/O 模块）加入 Simulink 模型中并对模块的参数进行必要的设置[8]。

8.2.2　dSPACE 实时仿真系统的组成

dSPACE 实时仿真系统主要由硬件系统和软件环境两大部分组成。硬件系统包含处理器和 I/O 接口等，可以提供很强大的计算能力及其与周围设备间的联系通道。软件环境可以方便地实现代码生成/下载和实验/调试等工作。

1）dSPACE 硬件系统

作为一个全方位的计算机辅助设计平台，dSPACE 拥有灵活性极强的硬件组合系统。dSPACE 公司针对不同用户的需求，提出了以下两大类可供选择的硬件方案。

（1）单板系统。主要面向 RCP 用户，其处理器和 I/O 集成在一块板子上，形成一个完整的实时仿真系统。其特点是高度集成，可以让用户通过单板实施快速控制原型设计。尽管其 I/O 数量有限，但仍包括进行 RCP 设计所需要的大多数 I/O（包括 A/D、D/A、数字 I/O 等）。另外，考虑到驱动应用方面的需求，还配有增量编码器信号接口及 PWM 信号发生器，既可用来进行原型设计，还可直接用作核心控制板进行驱动控制。

（2）标准组件系统。实时处理器板和用户接口板完全分开，并提供了多个系列和品种，允许用户根据特定需求进行搭配安装，以实现处理器能力和 I/O 能力的自由扩展。处理器与 I/O 之间的通信由 PHS 总线实现。同时，也可通过专用处理器接口扩展处理器板，组成并行多处理器系统，从而大大加快模型的仿真速度,适应用户对快速实时计算模型的要求。例如,DS1005 PPC 处理板、DS1003 DSP 处理器板和 DS1004 Alpha 处理器板都属于标准组件系统所提供的处理器板,而 DS2001、DS2002、DS2003 为配备的 A/D 接口板,DS2101、DS2102、DS2103 为 D/A 接口板,DS4001、DS4002 为定时及数字 I/O 板,另外还有一些增量编码器接口等 I/O。

2) dSPACE 软件系统

dSPACE 提供的软件环境主要由两大部分组成:一部分是实时代码的生成和下载软件 RTI,它是连接 dSPACE 实时仿真系统与 MATLAB/Simulink 的纽带,通过 RTW 进行扩展,可实现从 Simulink 模型到 dSPACE 实时仿真系统的代码自动生成和下载;另一部分为测试软件,其中包含综合实验与测试环境软件 ControlDesk、自动实验及参数调整软件 MLIB/MTRACE、产品级代码生成软件 TargetLink、三维图形显示工具 MotionDesk 等。

使用 RTI 可使开发人员完全致力于实际设计过程并能迅速完成设计的更改,淘汰费时费力的手工编程。它的主要特点是:

(1) 与 Simulink 无缝连接;

(2) 自动实现代码的生成与下载;

(3) 支持多处理器系统;

(4) 支持硬件和软件中断;

(5) 支持单采样频率和多采样频率;

(6) 支持单任务模式和多任务模式。

模型通过 RTI 实现自动生成代码并下载到实时仿真机之后,ControlDesk 将提供针对实验过程的综合管理。利用 ControlDesk 可以实现:

(1) 用拖放方式建立虚拟仪表,与实时程序进行动态数据交换,进行在线调参、实时记录数据;

(2) 硬件的图形化管理,包括硬件注册、程序下载;

(3) 变量的可视化管理,通过拖放操作在变量和虚拟仪表之间建立联系;

(4) 参数的可视化管理,通过参数文件对实验参数进行修改,监视不同参数对实验的影响。

使用 MLIB/MTRACE 可以大大增加 dSPACE 实时系统的自动实验能力。使用该库,可在不中断实验的情况下从 MATLAB 直接访问 dSPACE 板上运行的应用程序中的变量,甚至无须知道变量的地址,有变量名就足够了。这样就可以利用 MATLAB 的数字计算及图形能力进行顺序自动测试、数据记录和控制参数的优化。有 MATLAB 强大的计算能力做支持，可以自动执行需要进行的实验。例如控制器的优化，用 MLIB/MTRACE 记录数据，然后将数据传送给 MATLAB，MATLAB 自动计算出新的控制器参数，并通过 MLIB/MTRACE 送回处理器板或控制板。MLIB/MTRACE 也可以和 ControlDesk 同时使用。

8.2.3　基于 dSPACE 的系统开发步骤

使用 dSPACE 对控制系统进行开发的步骤可以概括为以下几点。

（1）MATLAB/Simulink 模型建立以及离线仿真。利用 MATLAB/Simulink 建立仿真对象的数学模型、设计方案，并对系统进行离线数学仿真。

（2）I/O 的接入。在 MATLAB/Simulink 中保留需要下载到 dSPACE 中的模块，用硬件接口关系来代替原来的逻辑连接关系，并对 I/O 进行配置，设置软/硬件中断优先级。

（3）利用 RTW 和 dSPACE 提供的工具自动生成代码并下载。将模型下载并转化为实时仿真系统上可执行的程序。

（4）dSPACE 综合实验和测试。利用 dSPACE 提供的 ControlDesk 对实时仿真数据进行获取、在线调参。

8.2.4　dSPACE 应用实例

以航天器喷气大角度机动与反作用飞轮稳定控制为例来进一步阐述 dSPACE 如何应用于实时仿真。

1）功能设计和 Simulink 下的数学仿真

首先设计系统如图 8-2 所示。

dSPACE 实时仿真系统是整个半物理仿真系统的核心，其主要任务是数据采集、模型计算、控制算法实现[9-10]。宿主计算机可以通过共享内存的方式对仿真进行实时监视，并可以在线改变仿真参数。单轴气浮转台与 dSPACE 之间的所有信息都是通过无线收发组件完成，台面上设备的供气、供电由安装在转台上的供气及电源系统提供。反作用飞轮和喷嘴安装在转台上，通过无线接收单元接收 dSPACE 实时仿真系统发来的控制信号，从而控制转台的转动。飞轮的转速通过计数器送给星载计算机。光纤陀螺测量得到的是探测器 x 轴的角速率，该信号通过无线网络发送至 dSPACE 的串口板。基于以上系统设计，在 Simulink 中搭建仿真模型并进行离线仿真。

2）快速控制原型的实现

这一步就是建立控制器的实时代码（包含 I/O 界面）并且将它下载到 dSPACE

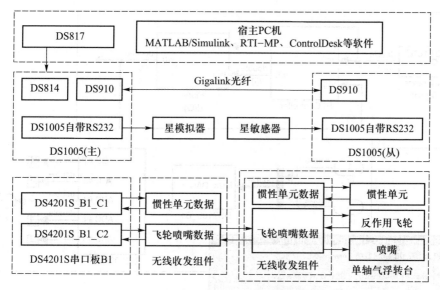

图 8-2　姿态控制半物理仿真系统的构成

硬件中。通过加入 dSPACE I/O，将离线模型转为实时模型，即 RCP 仿真实验。图 8-3 为用 dSPACE 实现的图 8-2 所示系统的数学模型及接口驱动模块的设置。

在正确连接所有硬件并且通信正常的情况下，建立和下载步骤可以通过 Build 按钮来启动，点击 Simulink 界面右上角的编译按钮 ，将搭建的模型编译成 ControlDesk 可以识别的代码。编译结束后，如果编译成功，会在 MATLAB 命令窗口出现 "Download Successfully" 字样，如图 8-4 所示。需要注意的是：编译后生成的文件会默认保存在之前模型文件（mdl/slx）所保存的目录下。

3）硬件在回路中的仿真

将图 8-2 所示的模拟控制器换成实际的设备（如陀螺、反作用飞轮、喷嘴、星敏感器等产品级的控制器实物），航天器系统用数学模型表示。如此构成的系统即为硬件在回路中的仿真。

4）建立实时程序和下载

基于上述软/硬件设计，对于一个单处理器系统，需要设置以下仿真参数。

（1）选择一个定步长算法并在 Simulation Parameters 对话框中的 Solver 选项卡中指定一个步长值。由于需要用 RTW 生成实时仿真代码，必须采用定步长的积分算法，仿真的终止时间必须大于仿真的起始时间，如图 8-5 所示。

（2）在用 dSPACE 实时仿真时，无论是采用单处理器还是采用多处理器，在 Simulation Parameters 对话框的 Advanced 选项卡中，"Block reduction" 功能应

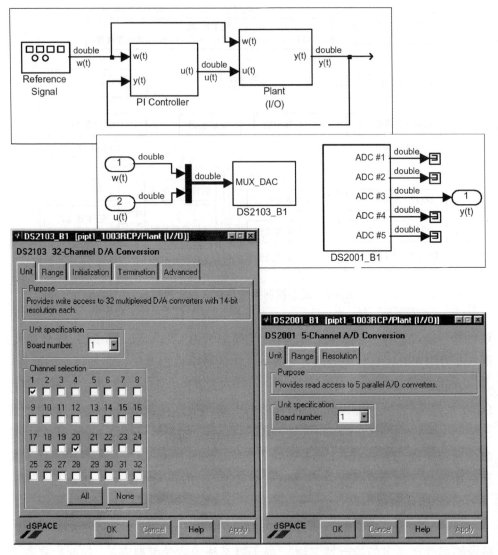

图 8-3 接入 I/O 设备模块的 Simulink 模型

选为"Off",否则,在编译的时候会出现错误。

（3）在 Real-Time Workshop 中为 DS1005 系统进行正确的设置,在 Category 中选择 Target configuration 项,并用 Browse(浏览器)选中与实际所用目标一致的配置文件,如图 8-6 所示为 rti1005.tlc 等。

假设实时仿真系统的硬件已经用 ControlDesk 的 Platform Manager 正确注册过了,RTW 和 RTI 就会生成实时代码并且将它下载到 dSPACE 硬件上完成建立和下载过程,然后就可以进行实时仿真并可通过 ControlDesk 进行仿真结果

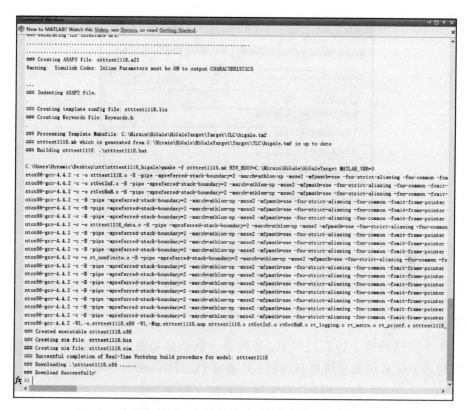

图 8-4 Simulink 模型下载成功界面

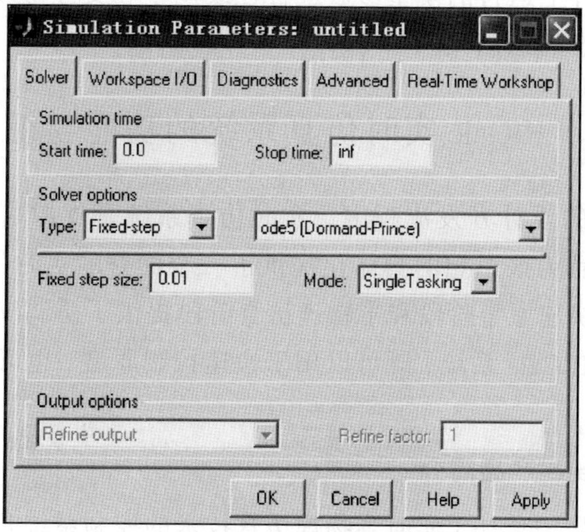

图 8-5 Solver 选项卡配置

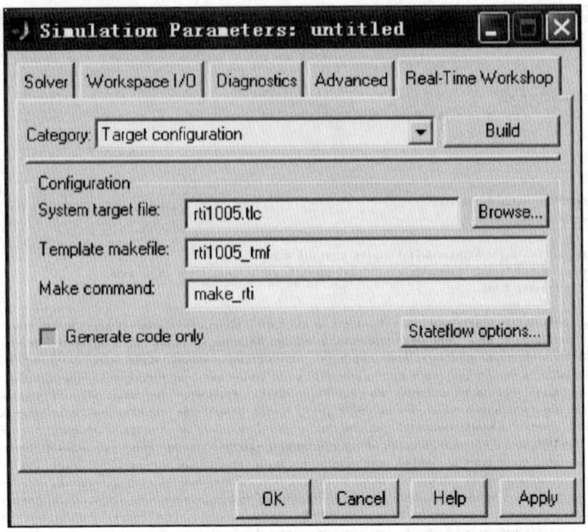

图 8-6　Simulation 的 Real-Time Workshop 配置

的监测和控制。

在本实例的整个仿真过程中，各种指令数据都是通过宿主计算机上的光纤接口与 dSPACE 仿真系统进行通信，并通过 ControlDesk 软件对指令进行监视和捕获。ControlDesk 软件和 dSPACE 组件系统之间采用共享内存的方式来交换数据。通过 ControlDesk 不仅可以实现对实时仿真数据的监视、捕获，还可以实现对在 dSPACE 硬件上运行的模型参数进行在线调整和交互修改以及对 dSPACE 仿真系统运行状态的控制等。

8.3　HiGale 实时仿真系统的功能与组成

在基于模型的设计开发流程中，实时仿真系统是支撑这个流程的载体之一[11]，HiGale 产品为该思想的具体化提供了一个优秀的实时仿真平台。HiGale 实时仿真系统为快速原型阶段和半物理仿真阶段提供了协调统一的一体化解决途径，即同一套 HiGale 系统，既可以用于快速控制原型，也可以实现硬件在回路中的仿真。

8.3.1　HiGale 产品简介

HiGale 系统是一套基于实时半物理仿真技术的控制系统开发及测试工作平台。HiGale 系统的软件与 MATLAB/Simulink 可实现完全无缝连接；高度自动化的代码生成和下载以及友好的实验调试软件环境使应用开发过程快速易行；性能强劲的专用硬件具有高速计算和信号 I/O 能力，能够应对各种控制工程和相关应用领域的开发与测试需求[12]。

　　HiGale 系统由控制主机和实时仿真机两部分组成。工程师在控制主机进行建模仿真。模型准备好以后，联合 HiGale 的核心软件之一——RTD 模块，通过 MATLAB/Simulink 的代码生成工具进行编译和下载。编译生成的 .sim 文件包含对模型变量的剖析信息，可以被 HiGale 的主控软件 HiGaleView 调用，实现对模型变量的在线调参和在线观测。编译生成的模型可执行文件通过 FTP 的方式进行文件传输下载，与 HiGaleView 一样，利用 XCP 的机制，通过 UDP 协议的方式与下位机进行通信连接。HiGale 实时仿真机主要由主处理器板和 I/O 板组成，主处理器上运行 VxWorks 系统内核，通过 CPCI 总线连接了 DAC、ADC、DIO 以及各种总线传输数据的板卡，用于与外围设备间的数据通信，具有高速计算和信号 I/O 能力。

　　HiGale 系统可支持建模分析软件 MATLAB/Simulink/Stateflow 所构建的数学模型的实时运行，通过一系列软件的相互配合，构建出一套具有良好人机界面的实时仿真系统。图 8-7 所示为 HiGale 产品的技术路线图。

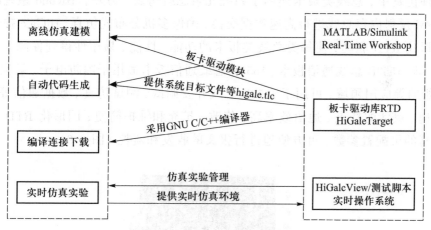

图 8-7　HiGale 产品的技术路线图

8.3.2　HiGale 硬件概述

　　HiGale 硬件主要由基于 CPCI/PXI 总线的工业计算机和相关接口板卡构成。系统通过处理器板卡为仿真系统提供模型仿真计算平台，通过通用 I/O 板卡、总线板卡以及行业应用板卡扩展仿真系统外围接口。此外，多台仿真机可以通过反射内存网络实现同步调度和数据交互，实现分布式仿真模型的运行。下面对 HiGale 所支持的部分硬件做简要介绍。

（1）通用 I/O 板卡。所支持的通用 I/O 板卡包括模拟量采集卡、模拟量输出卡、数字量 I/O 卡、定时器卡等（图8-8）。精度最高可达到 16 位分辨率，更新速率最高可达 2 MS/s（S 表示 Sample），具备模拟量采集自动校准功能，以及丰富的数字量 I/O、PWM/定时、模拟量 I/O 等功能。

图 8-8　通用 I/O 板卡

（2）总线类板卡。总线类板卡主要用于 HiGale 系统之间或 HiGale 与其他系统之间的实时数据交换。可以根据系统总线类型选择相应的总线类板卡。在半物理仿真中，总线类板卡还用于系统冗余总线仿真。另外，HiGale 系统间采用 RFM 反射内存总线进行高速数据交换，确保多机分布式仿真。HiGale 提供专用图形化 RTD 驱动，使每类总线类板卡的功能、性能、易用性得到保障。

（3）1553B 总线通信板卡。1553B 总线通信板卡适用于国防电子、航空、航天、船舶等应用领域，可用于 1553B 总线开发调试、测试仿真、数据通信等，具有高速、灵活的特点，通信效率高，修改、扩充和维护简便；图形化 RTD 提供了丰富的可配置参数，可方便地进行报文的收发和监控（图 8-9）。

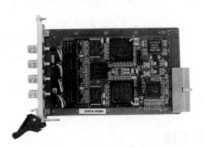

图 8-9　1553B 总线通信板卡

（4）电动机仿真卡。电动机仿真卡可以模拟电动机和逆变器的所有典型信号，用于实现电动机控制器的信号级 HIL 仿真测试（图 8-10）。该板卡集成了高性能的 FPGA，提供了更多的可编程逻辑资源和 DSP 运算单元，可满足电动机模型高速仿真的需求, 提供了电动机模型高速运行的能力; 具有电动机仿真所需的各种外围接口, 可方便地模拟各种速度/位置传感器和相电流/电压信号、采集 PWM 信号; 采用 HAC 软件, 可一键实现电动机模型下载到 FPGA, 并无缝支持 HiGale 实时仿真系统与 FPGA 的联合仿真。

图 8-10　电动机仿真卡

(5) 电动机控制卡。电动机控制卡是一款电动机控制的专用板卡 (图 8-11), 具有电动机控制所需的各种外围接口, 用于实现永磁同步、异步、直流无刷等电动机控制以及 RCP 开发应用; 通过 RTDMotorRCP 软件包, 用户可以将电动机控制算法的 Simulink 模型直接运行于 HiGale 实时仿真系统, 可以方便地实现电动机控制算法的仿真验证。

图 8-11　电动机控制卡

(6) 同步 422/485 通信卡。同步 422/485 通信卡是隔离型 RS422/RS485 通信卡, 可实现各种基于 RS422/RS485 电气特性的同步通信应用; 支持标准和非标准波特率, 最高可达 5 Mb/s。该板卡支持二线制或三线制 (图 8-12) 等同步通信方式, 可用于基带信号、星敏信号、弹上信号等仿真测试应用。

(7) 处理器板卡与机箱。处理器板卡主要用于运行 QNX/VxWorks 实时操作系统, 为仿真应用提供基础硬件平台。能够通过板载高性能 x86 架构处理器指令集对仿真模型进行求解计算。每个机箱提供一个系统插槽, 用于安装主处理器板卡, 其他槽位可用于安装基于 CPCI、PXI 总线的板卡。另外, 通过反射

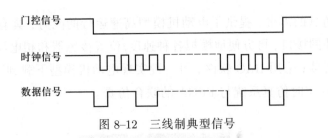

图 8–12　三线制典型信号

内存网可方便级联多个 CPCI/PXI 机箱,构成分布式仿真系统。处理器板卡与机箱如图 8–13 所示。

图 8–13　处理器板卡与机箱

8.3.3　HiGale 软件概述

HiGale 软件是 HiGale 实时仿真系统的核心,包括 RTD、HiGaleTarget 和 HiGaleView 3 个主要软件功能模块,另外还提供了 HiGale 自动化测试软件、HiGale 数据管理软件、高速模型仿真工具 HAC 等功能软件的接口。

RTD 软件集成于 MATLAB/Simulink 模块库,为用户提供丰富的硬件接口驱动库,采用图形化参数配置界面,如图 8–14 所示,实现模型与硬件接口的无缝关联。HiGaleTarget 软件实现与 MATLAB/Simulink 软件的无缝连接,提供仿真模型的代码生成、编译、下载等重要功能,并在仿真机上部署实时操作系统以及相关仿真服务。HiGaleView 软件通过图形化控件可快速建立仿真实验,可实时调整仿真模型的参数,在线监控参数和变量的实时信息。HiGale 自动化测试软件可以通过图形化的方式实现对 HiGale 仿真实验的自动化测试。HiGale 数据管理软件可实现对仿真实验数据的管理、分析和回放功能。高速模型仿真工具 HAC 软件可完成纳秒级的模型仿真。

下面简要介绍 HiGale 的 3 个主要软件模块。

(1) HiGaleTarget 软件。HiGaleTarget 软件(图8–15)是 Simulink 仿真与实时

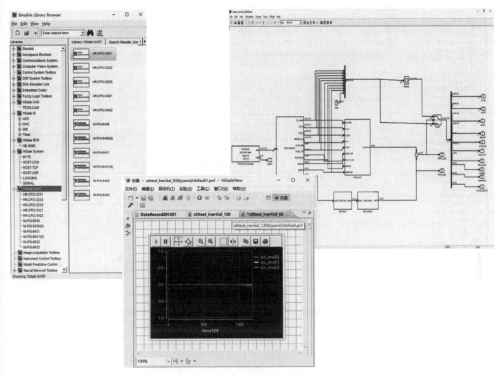

图 8-14 HiGale 图形化界面

仿真的桥梁，包括两个主要模块：模型代码生成模块与实时系统服务模块。模型代码生成模块集成在 MATLAB/Simulink 环境中，仅需通过编译按键即可实现模型代码生成、交叉编译、仿真模型下载等关键过程。实时系统服务模块安装在相应实时操作系统中，配合一键下载提供各种关键服务，如目标地址查询、仿真模型加载、仿真状态管理等。通过 HiGaleTarget 软件，用户能够非常方便地实现从 Simulink 离线仿真到在线实时仿真的模式转换。

（2）RTD 软件。RTD 软件为 HiGale 仿真系统通用 I/O 板卡的基础驱动库（图 8-16），HiGale 系统的通用 I/O 接口以 Simulink 模块形式封装于 Simulink 中，对 Simulink 库进行有效扩展。一方面，用户以 RTD 软件搭建的 Simulink 模型支持一键下载功能，即自动实现模型代码生成、交叉编译及模型下载功能；另一方面，RTD 软件对 Real-Time Workshop 的扩展可实现从 Simulink 模型到 HiGale 实时硬件代码的无缝自动下载。

（3）HiGaleView 软件。HiGaleView 软件（图 8-17）用于对实时仿真模型进行在线监控；通过丰富的控件，实现对仿真模型参数的在线调整和变量观测；提

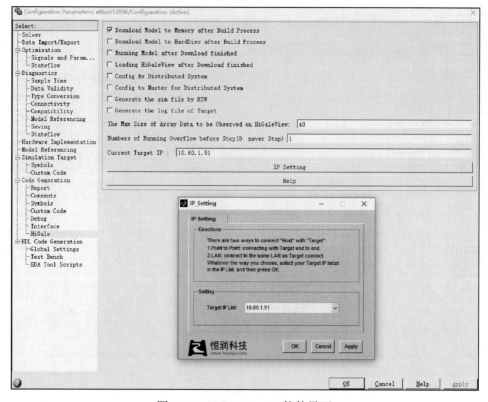

图 8-15　HiGaleTarget 软件界面

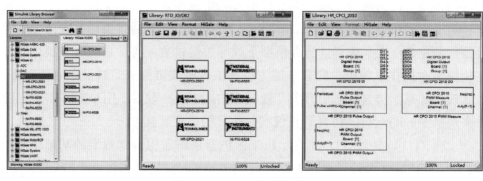

图 8-16　RTD 软件驱动库

供实验数据记录和数据快照功能；提供单工程和多工程仿真项目管理功能，包括对每个项目的模型文件、仿真设备信息和实现数据进行分类管理。

HiGaleView 软件主要分为七大功能模块：仿真项目管理、仿真模型管理、仿真设备管理、监控页面、数据记录、脚本测试和在线帮助。

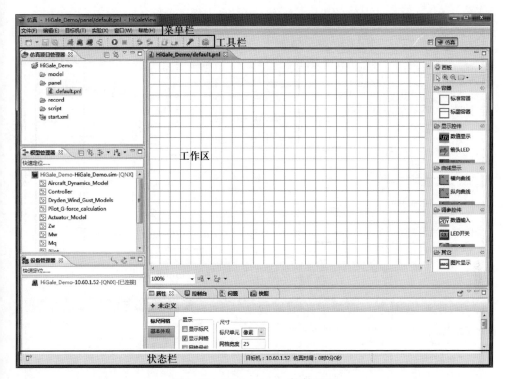

图 8–17　HiGaleView 软件界面

8.3.4　HiGale 应用实例

开发人员一般要经历以下几个步骤进行仿真：离线建模仿真、自动代码生成、编译连接下载、在线仿真实验。本节将结合具体实例，介绍如何使用 HiGale 软件进行仿真实验。

1）搭建模型

本节以火星接近段航天器自主导航任务为例，搭建 Simulink 模型如图 8–18 所示。

2）配置模型

HiGale 实时仿真的过程与 Simulink 环境下的仿真过程是不同的，HiGale 系统中被仿真的模型以可执行的目标代码在 HiGale 中运行，因此，仿真之前，需要对模型进行相关配置（图 8–19），包括选择 higale.tlc 文件、设置模型仿真步长、仿真机 IP 地址等，目的是为了生成在 HiGale 运行的目标代码。

3）Build 模型

配置完模型之后，需对模型进行"Build"操作，完成模型的代码生成、编

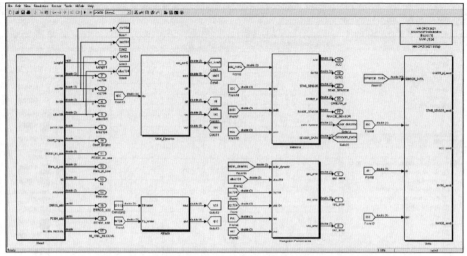

图 8–18　火星接近段航天器自主导航 Simulink 模型

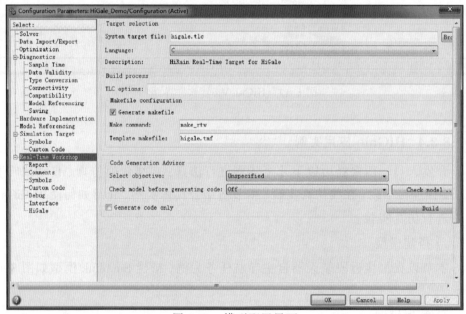

图 8–19　模型配置界面

译、链接和自动下载过程。

Starting Real-Time Workshop build procedure for model: demo

Generating code into build directory:

C: \Users\lu.chang\Documents\MATLAB\demo_higale

Invoking Target Language Compiler on demo.rtw

```
### Using System Target File:
C: \Hirain\HiGale\HiGaleTarget\Target\TLC\higale.tlc
.
### Loading TLC function libraries
....
### Initial pass through model to cache user defined code
..
### Caching model source code
................................................................
................................................................
### Created executable demo.x86 ### Creating sim file: demo.his
### Creating sim file: demo.sim
### Successful completion of Real-Time Workshop build
procedure for model: demo
### Downloading .\demo.x86 ......
### Download Successfully!
```

4) 创建仿真项目

打开 HiGaleView 软件, 新建仿真项目 (图 8-20), 选择模型 sim 文件, 即仿

图 8-20　新建仿真项目界面

真模型编译生成的模型信息文件。

5）编辑监控界面

打开仿真项目管理器中"panel"文件夹中的监控界面 default.pnl（图 8-21），从模型管理器中将要观测的变量和参数添加到监控界面中，并关联至合适的控件上。

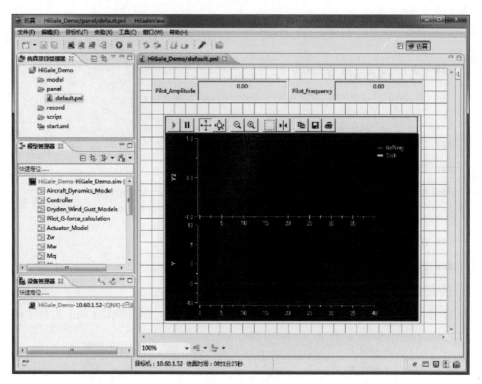

图 8-21　编辑监控界面

6）实验监控

监控界面编辑完成后，即可开始仿真实验。点击"开始实验"按钮，则仿真实验开始，仿真模型启动，如图 8-22 所示。

7）在线调参

在线调整观测参数，信号量的值产生相应变化，如图 8-23 所示。

8）数据记录

数据记录就是通过文件的形式记录仿真实验过程中用户关注的变量的数值。数据记录文件支持 txt/csv/mat 三种不同的格式。

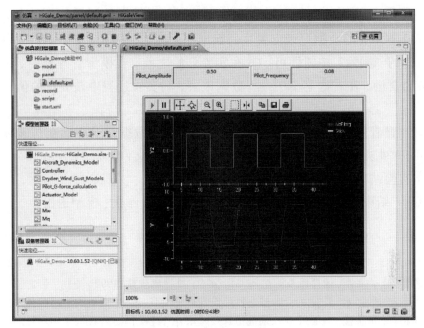

图 8-22 实时仿真界面

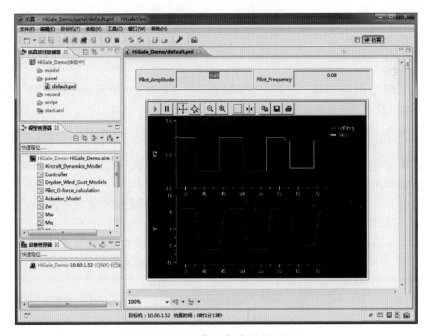

图 8-23 调参后仿真监控界面

（1）设定变量的数值被记录。① 在实验开始之前，将模型管理器中的变量拖拽至 start.xml 的数据记录配置页的数据记录变量列表中；若要删除，点击变量列表中的"删除"按钮即可。② 在实验开始之前，在模型管理器中，选中期望记录的变量，在右键菜单中选择数据记录，则实验过程中该变量的值将被记录。

（2）查看数据记录。仿真实验过程中产生的数据记录存储在仿真项目的"record"文件夹下，可在实验结束后查看数据记录文件。

9）实验结束

点击"结束实验"及"停止模型"按钮，则实验停止，模型退出。

参 考 文 献

[1] 孙强南, 孙昱东. 计算机系统结构 [M]. 北京: 科学出版社, 1992.

[2] 严隽薇, 严隽永. 计算机实时控制软件设计导论 [M]. 北京: 清华大学出版社, 1990.

[3] 黄柯棣, 张金槐, 李剑川, 等. 系统仿真技术 [M]. 长沙: 国防科技大学出版社, 1998.

[4] 康凤举. 现代仿真技术与应用 [M]. 北京: 国防工业出版社, 2001.

[5] 李兴玮, 曹娟. 仿真计算机的过去、现在和未来 [J]. 系统仿真学报, 2009, 21(S2): 106-111.

[6] 邱晓刚, 黄柯棣. HLA/RTI 功能评述 [J]. 系统仿真学报, 1998, 10(6): 1-6.

[7] 马培蓓, 吴进华, 纪军, 等. dSPACE 实时仿真平台软件环境及应用 [J]. 系统仿真学报, 2004, 16(4): 667-670.

[8] 杨旭, 孙兆伟, 朱承元, 等. 基于 dSPACE 的卫星控制实时仿真系统设计 [J]. 系统工程与电子技术, 2005, 27(2): 335-339.

[9] 雷叶红, 张记华, 张春明. 基于 dSPACE/MATLAB/Simulink 平台的实时仿真技术研究 [J]. 系统仿真技术, 2005, 1(3): 131-135.

[10] 潘峰, 薛定宇, 徐心和. 基于 dSPACE 半实物仿真技术的伺服控制研究与应用 [J]. 系统仿真学报, 2004, 16(5): 936-939.

[11] 谢道成, 王中伟, 程见童, 等. 基于 dSPACE 的飞行器控制半实物仿真系统快速搭建 [J]. 宇航学报, 2010, 31(11): 2557-2562.

[12] 邢培栋. 基于模型的控制系统开发验证平台设计 [D]. 上海: 上海交通大学, 2014.

[13] 张笑虹. 基于 HiGale 的导弹飞行控制软件测试环境仿真平台的开发 [D]. 上海: 上海交通大学, 2018.

第 9 章　航天器姿态确定与控制仿真分析

姿态确定与控制子系统是航天器控制系统中的重要组成部分,它与数据管理系统、能源系统、结构系统、有效载荷系统、温控系统等密切相关,对于航天器任务的顺利完成起重要作用。姿态控制系统的设计指标主要由有效载荷对航天器的要求决定,同时也为数据管理系统、通信系统、能源系统和温控系统等服务;在这样的背景下设计出来的姿态控制系统既要满足不同模式的姿态控制性能,也要具备一定的自主性和自适应能力。以下分别对航天器姿态确定和姿态控制两方面进行仿真及分析。

9.1　星敏感器和速率陀螺联合定姿方法

姿态确定是根据姿态敏感器元件提供的航天器的初始姿态信息,通过进一步的数据处理,得到航天器估计姿态的过程[1]。姿态确定的方法可分为两大类:确定性算法和状态估计算法。其中,状态估计算法将姿态作为随机量,把姿态确定表述为随机条件下的最优估计问题[2],比较常见的状态估计算法是基于卡尔曼理论的滤波算法[3-4]。

航天器由于其所处空间环境的复杂性,所采用的姿态敏感器元件受到很大的限制[5]。一般而言,航天器比较常用的敏感器为光纤速率陀螺、太阳敏感器、星敏感器。星敏感器和速率陀螺联合定姿是航天器常用的定姿方案,其特点是:算法简单、定姿精度高,便于星上使用[6]。

9.1.1　姿态四元数描述

在姿态确定滤波器设计中,采用四元数表示姿态具有以下优点:① 状态预测方程为线性方程;② 避免了欧拉角表示姿态的大角度奇异问题;③ 坐标变换矩阵可由四元数各分量通过代数运算得到,避免了计算超越函数[7]。

为简化滤波公式,通常用四元数表征航天器相对于某惯性参考系的惯性姿态,若需要相对于其他参考系的姿态(如对地姿态等),可通过坐标变换得到。

设 q 表示飞行器的惯性姿态四元数, 则航天器运动学方程为

$$\begin{cases} \dot{q} = \dfrac{1}{2} q \otimes \begin{pmatrix} 0 \\ \omega \end{pmatrix} \\ \|q\| = 1 \end{cases} \tag{9-1}$$

式中, $\otimes$ 为四元数乘法; ω 为航天器相对于惯性系的角速度矢量; q 为姿态四元数, $q = (q_0, q')^{\mathrm{T}} = (\cos(\theta/2), e \sin(\theta/2))^{\mathrm{T}}$, 其中, θ 是欧拉角, e 是瞬时欧拉转轴。

式 (9-1) 的矩阵形式为

$$\begin{pmatrix} \dot{q}_0 \\ \dot{q}_1 \\ \dot{q}_2 \\ \dot{q}_3 \end{pmatrix} = \frac{1}{2} \begin{pmatrix} q_0 & -q_1 & -q_2 & -q_3 \\ q_1 & q_0 & -q_3 & q_2 \\ q_2 & q_3 & q_0 & -q_1 \\ q_3 & -q_2 & q_1 & q_0 \end{pmatrix} \begin{pmatrix} 0 \\ \omega_1 \\ \omega_2 \\ \omega_3 \end{pmatrix} \tag{9-2}$$

式中, ω_1、ω_2、ω_3 为 ω 在航天器坐标系中的三个投影。

如果 ω 的方向保持不变或在时间间隔 Δt 内转角 $\Delta\theta = \int_t^{t+\Delta t} \omega(t') \mathrm{d}t'$ 很小 (速率陀螺相邻两次采样的情况符合这样的条件), 则式 (9-2) 的解近似为 $q(t + \Delta t) = M(\Delta\theta) q(t)$, 其中 $M(\Delta\theta) = \cos\left(\dfrac{|\Delta\theta|}{2}\right) I_{4\times 4} + \dfrac{\sin(|\Delta\theta|/2)}{\|\omega\|} \Omega(\omega)$, 该递推求解算法比较适用于滤波器中的状态预测过程。

9.1.2　姿态敏感器测量模型

1) 陀螺模型

在姿态确定滤波设计中, 陀螺测量模型是姿态确定算法建模中的一个重要问题。事实上, 不同类型陀螺的动态变化模型可能有很大的区别。目前, 速率陀螺的测量模型通常采用以下描述方式:

$$\omega = u - b - v_g \tag{9-3}$$

式中, u 为陀螺的测量输出; b 为陀螺漂移; v_g 为陀螺测量噪声, 假设为零均值白噪声, $v_g \sim N(0, \sigma_g^2)$。陀螺漂移 b 不是白噪声, 可视为由以下方程确定的二阶过程

$$\dot{b} = -\frac{1}{\tau} b + v_b \tag{9-4}$$

式中, τ 为时间常数; v_b 为高斯白噪声, $v_b \sim N(0, \sigma_b^2)$。

对于大多数情况, 滤波时间间隔远小于 τ, 因此, 可将 τ 视为无限大, 式 (9-4) 简化为

$$\dot{b} = v_b \tag{9-5}$$

2）星敏感器模型

矢量测量输出的是所测量对象在测量坐标系中的方向矢量，与卫星姿态的关系为

$$r_s = TA(q)r_r + v \tag{9-6}$$

式中，r_s 为测量坐标系中的方向矢量；r_r 为参考坐标系中的方向矢量；T 为敏感器的安装矩阵；$A(q)$ 为飞行器惯性姿态坐标变换矩阵；v 为测量噪声。

$A(q)$ 可由式（9-7）求得：

$$A(q) = (q_0^2 - \|q'\|^2)I + 2q'q'^T - 2q_0[q'\times]$$
$$= \begin{pmatrix} 2(q_0^2+q_1^2)-1 & 2(q_1q_2+q_0q_3) & 2(q_1q_3-q_0q_2) \\ 2(q_1q_2-q_0q_3) & 2(q_0^2+q_2^2)-1 & 2(q_2q_3+q_0q_1) \\ 2(q_1q_3+q_0q_2) & 2(q_2q_3-q_0q_1) & 2(q_0^2+q_3^2)-1 \end{pmatrix} \tag{9-7}$$

通常可假定各测量矢量是互不相关的，即测量误差的协方差矩阵为对角矩阵，且测量噪声与陀螺测量噪声不相关。

9.1.3 姿态确定滤波器设计

选取滤波器状态 $x = (q^T(t) \quad b^T(t))^T$，则根据式（9-2）、式（9-3）和式（9-5），得到系统的状态方程

$$\dot{q}(t) = \frac{1}{2}\Omega(u(t)-b(t)-\eta_1(t))q(t) \tag{9-8}$$
$$\dot{b}(t) = \eta_2(t) \tag{9-9}$$

再根据 Ω 矩阵函数的线性齐次性，式（9-8）可写为

$$\dot{q}(t) = \frac{1}{2}\Omega(u(t)-b(t))q(t) - \frac{1}{2}\Xi(q(t))\eta_1(t) \tag{9-10}$$

式中，$\Xi(q(t)) = \begin{pmatrix} -q_1 & -q_2 & -q_3 \\ q_0 & -q_3 & q_2 \\ q_3 & q_0 & -q_1 \\ -q_2 & q_1 & q_0 \end{pmatrix}$。

1）状态预测

根据扩展卡尔曼滤波理论和式（9-2）、式（9-3）、式（9-5）得到预测方程如下：

$$\dot{\hat{q}}(t) = \frac{1}{2}\Omega(\hat{\omega})\hat{q} \tag{9-11}$$
$$\hat{\omega} = u - \hat{b} \tag{9-12}$$
$$\dot{\hat{b}} = 0 \tag{9-13}$$

式中，"⌢" 表示估计值。

　　以前一滤波更新时刻后的值为初值，根据式 (9–2) 和陀螺的测量值，对式 (9–10) 进行积分，即得到该预测时间内的估计四元数。同时根据式 (9–13) 知，在该预测时间内陀螺漂移保持常值，将陀螺的测量值减去该漂移值，就获得对航天器角速度的估计值。因后面推导的需要，这里给出式 (9–11) 的形式解

$$\widehat{\boldsymbol{q}}(t) = \boldsymbol{\Theta}(t, t_k)\widehat{\boldsymbol{q}}(t_k) \tag{9–14}$$

式中，$\boldsymbol{\Theta}(t, t_k)$ 满足

$$\begin{cases} \dfrac{\partial}{\partial t}\boldsymbol{\Theta}(t, t_k) = \dfrac{1}{2}\boldsymbol{\Omega}(\widehat{\boldsymbol{\omega}}(t))\,\boldsymbol{\Theta}(t, t_k) \\ \boldsymbol{\Theta}(t_k, t_k) = \boldsymbol{I}_{4\times4} \end{cases} \tag{9–15}$$

　　定义滤波误差 $\Delta\boldsymbol{x} = \boldsymbol{x} - \widehat{\boldsymbol{x}}$，则根据式 (9–2)、式 (9–5)、式 (9–11) 和式 (9–13) 得

$$\frac{\mathrm{d}}{\mathrm{d}t}\Delta\boldsymbol{x}(t) = \boldsymbol{F}(t)\Delta\boldsymbol{x}(t) + \boldsymbol{G}(t)\boldsymbol{w}(t) \tag{9–16}$$

式中，

$$\boldsymbol{F}(t) = \begin{pmatrix} \dfrac{1}{2}\boldsymbol{\Omega}(\widehat{\boldsymbol{\omega}}) & -\dfrac{1}{2}\boldsymbol{\Xi}(\widehat{\boldsymbol{q}}) \\ \boldsymbol{0}_{3\times4} & \boldsymbol{0}_{3\times3} \end{pmatrix}$$

$$\boldsymbol{G}(t) = \begin{pmatrix} -\dfrac{1}{2}\boldsymbol{\Xi}(\widehat{\boldsymbol{q}}) & \boldsymbol{0}_{3\times3} \\ \boldsymbol{0}_{3\times3} & \boldsymbol{I}_{3\times3} \end{pmatrix}$$

$$\boldsymbol{w}(t) = \begin{pmatrix} \boldsymbol{\eta}_1(t) \\ \boldsymbol{\eta}_2(t) \end{pmatrix}$$

$\boldsymbol{w}(t)$ 的协方差矩阵为

$$\boldsymbol{Q}(t) = \begin{pmatrix} \boldsymbol{Q}_1(t) & \boldsymbol{0}_{3\times3} \\ \boldsymbol{0}_{3\times3} & \boldsymbol{Q}_2(t) \end{pmatrix} \tag{9–17}$$

　　对式 (9–16) 积分，得 $\Delta\boldsymbol{x}(t)$ 的状态转移矩阵

$$\boldsymbol{\Phi}(t, t_k) = \begin{pmatrix} \boldsymbol{\Theta}(t, t_k) & \boldsymbol{\Psi}(t, t_k) \\ \boldsymbol{0}_{3\times4} & \boldsymbol{I}_{3\times3} \end{pmatrix} \tag{9–18}$$

且

$$\begin{aligned} &\frac{\partial}{\partial t}\boldsymbol{\Psi}(t, t_k) = \frac{1}{2}\boldsymbol{\Omega}(\widehat{\boldsymbol{\omega}}(t))\,\boldsymbol{\Psi}(t, t_k) - \frac{1}{2}\boldsymbol{\Xi}(\widehat{\boldsymbol{q}}(t)) \\ &\boldsymbol{\Psi}(t_k, t_k) = \boldsymbol{0}_{4\times3} \end{aligned} \tag{9–19}$$

对式（9–19）积分，得到

$$\boldsymbol{\Psi}(t, t_k) = -\frac{1}{2} \int_{t_k}^{t} \boldsymbol{\Theta}(t, t') \boldsymbol{\Xi}(\widehat{\boldsymbol{q}}(t')) \mathrm{d}t' \qquad (9\text{--}20)$$

2）测量矩阵

设滤波器测量输入为矢量敏感器输出的函数，即

$$\boldsymbol{z} = \boldsymbol{h}(\boldsymbol{r}_{\mathrm{s}}) + \boldsymbol{v}' \qquad (9\text{--}21)$$

式中，$\boldsymbol{z}$ 为滤波器的测量输入，$\boldsymbol{z} \in \mathbb{R}^{m \times l}$，$m \leqslant 3$；$\boldsymbol{h}$ 为 m 维的向量函数；$\boldsymbol{v}'$ 为等效测量噪声，$\boldsymbol{v}' \in \mathbb{R}^{m \times l}$，并假定是方差为 $\boldsymbol{R}$ 的零均值白噪声。

又因 $\boldsymbol{z}$ 与陀螺漂移无关，则测量矩阵为

$$\boldsymbol{H} = (\boldsymbol{l}, \boldsymbol{0}_{m \times 3}) \qquad (9\text{--}22)$$

式中，$\boldsymbol{l} = \left(\dfrac{\partial^2 \boldsymbol{\Omega}}{\partial \boldsymbol{v}^2} \quad \dfrac{\partial^2 \boldsymbol{\Omega}}{\partial \boldsymbol{v}^2} \right) \bigg|_{\widehat{\boldsymbol{q}}^-} \in \mathbb{R}^{m \times 4}$，其中，" $-$ " 表示滤波更新前。

9.2 反作用飞轮姿态稳定控制方法

航天器在空间环境中需要完成空间目标探测、地面目标跟踪定向、对日定向补充能量、对地定向进行通信等机动任务，机动能力要求也在不断提高。姿态大角度机动是深空探测的关键技术之一，要求在各种约束（力矩幅值有限、飞轮转速饱和）的条件下，在最短的时间内达到目标姿态[8]。

为进行姿态大角度机动，大航天器通常采用喷气控制，需要专门的冷气或热气喷气系统作为执行机构，增加了航天器的质量、成本和技术复杂性，该方法不满足小航天器"快、好、省"的原则。但对于反作用飞轮三轴稳定的小航天器，在速率阻尼段后采用反作用飞轮进行姿态捕获具有不需要单独为姿态捕获设置喷气系统的优点，这样"一物多用"，提高了航天器的功能密度[9]。本节针对航天器大角度姿态机动需求，介绍了以绕瞬时欧拉轴为基础的姿态控制策略并进行仿真。

9.2.1 偏差四元数和瞬时欧拉角

假设在 t 时刻，航天器的姿态四元数为 $\boldsymbol{q}(t)$，目标四元数为 $\boldsymbol{q}_{\mathrm{f}}$，其共轭四元数为 $\boldsymbol{q}_{\mathrm{f}}^{-1}$（即与原四元数向量部分相差一个正负号），则偏差四元数 $\boldsymbol{q}_{\mathrm{e}}(t)$ 为

$$\boldsymbol{q}_{\mathrm{e}}(t) = \boldsymbol{q}_{\mathrm{f}}^{-1} \otimes \boldsymbol{q}(t) \qquad (9\text{--}23)$$

偏差四元数也表示一个坐标系或一个矢量相对于某一坐标系的旋转（姿态的偏差）。四元数标量部分表示了转角的一半的余弦值，而其向量部分则表示瞬时转轴的方向。

设 $\boldsymbol{\omega}_{\mathrm{e}}$ 表示偏差姿态角速度，$\boldsymbol{\omega}_{\mathrm{c}}$ 表示指令角速度，则有

$$\boldsymbol{\omega}_{\mathrm{e}} = \boldsymbol{\omega} - \boldsymbol{\omega}_{\mathrm{c}} \tag{9-24}$$

基于瞬时欧拉轴的姿态控制方法，要求实时计算当前四元数与目标四元数的误差四元数，得出瞬时的欧拉轴，并转动相应的角度，是一个逐渐逼近的过程。

偏差四元数的矢部代表了瞬时欧拉轴的方向矢量，计算可得到瞬时欧拉轴和偏差角的表达式

$$\begin{cases} \boldsymbol{r} = \dfrac{(q_{\mathrm{e1}}, q_{\mathrm{e2}}, q_{\mathrm{e3}})^{\mathrm{T}}}{\|\boldsymbol{q}'_{\mathrm{e}}\|} \\ \sigma_{\mathrm{e}} = 2\arccos q_{\mathrm{e0}} \end{cases} \tag{9-25}$$

9.2.2　基于瞬时欧拉轴的机动控制器设计

根据旋转姿态四元数的定义，即矢量 $\boldsymbol{n}$ 绕空间一轴 $\boldsymbol{r}$ 转过一个角度 σ，定义四元数 $\boldsymbol{q} = (\cos(\sigma/2), \boldsymbol{r}\sin(\sigma/2))$。依此，姿态偏差四元数 $\boldsymbol{q}_{\mathrm{e}}(t)$ 表达了航天器当前姿态与目标姿态的瞬时欧拉轴和偏差角的关系，即

$$\begin{cases} \sigma_{\mathrm{e}} = 2\arccos q_{\mathrm{e0}} \\ \boldsymbol{r}_{\mathrm{e}} = \dfrac{(q_{\mathrm{e1}}, q_{\mathrm{e2}}, q_{\mathrm{e3}})^{\mathrm{T}}}{\sin(\sigma_{\mathrm{e}}/2)} \end{cases} \tag{9-26}$$

由式（9-26）可知，机动角速度的方向应与 $\boldsymbol{r}_{\mathrm{e}}$ 同向，即瞬时欧拉轴的方向为 $(q_{\mathrm{e1}}, q_{\mathrm{e2}}, q_{\mathrm{e3}})^{\mathrm{T}}$ 的方向。需要将角速度沿着瞬时欧拉轴，方向是使 σ_{e} 减小的方向，即设计的控制信号为

$$\boldsymbol{T}_{\mathrm{c}} = -\mathrm{sign}(q_{\mathrm{e0}})K_{\mathrm{p}}\boldsymbol{q}'_{\mathrm{e}} - K_{\mathrm{d}}\boldsymbol{\omega}_{\mathrm{e}} \tag{9-27}$$

由式（9-27）可知，当 $\boldsymbol{q}'_{\mathrm{e}}$ 较大时，系统与 $\boldsymbol{q}'_{\mathrm{e}}$ 相反加速旋转，导致 $\boldsymbol{\omega}_{\mathrm{e}}$ 反向增大。根据系统角动量守恒定律，飞轮转速将增加。为了保证系统的响应速度，系统的阻尼项 K_{d} 不宜过大、比例项 K_{p} 不宜过小。因此，在考虑线性系统时，航天器角加速度穿越零的条件为

$$\mathrm{sign}(q_{\mathrm{e0}})K_{\mathrm{p}}\boldsymbol{q}'_{\mathrm{e}} + K_{\mathrm{d}}\boldsymbol{\omega}_{\mathrm{e}} = 0 \tag{9-28}$$

在航天器角加速度穿越零之前，飞轮转速持续增加。为了避免飞轮转速饱和，在不降低系统性能的前提下（K_{d}、K_{p} 按系统性能指标设计），强迫航天器

角加速度穿越零。因此，合理设计系统的偏差四元数：

$$q'_{e\,max} = (K_d/K_p)\boldsymbol{\omega}_{e\,max} = (K_d/K_p)\boldsymbol{I}^{-1}\boldsymbol{h}_{w\,max} \tag{9-29}$$

式中，$\boldsymbol{\omega}_{e\,max}$ 为航天器在姿态机动过程中的最大角速度；$q'_{e\,max}$ 为偏差四元数矢量部分 q'_e 的最大值。

又 $\boldsymbol{I}\boldsymbol{\omega} = \boldsymbol{I}_w\boldsymbol{\omega}_w$，所以有 $\boldsymbol{\omega}_{max} = \boldsymbol{I}_w\boldsymbol{\omega}_{w\,max}/\boldsymbol{I}$，其中，$\boldsymbol{I}_w$ 为飞轮的惯量矩阵，$\boldsymbol{\omega}_{w\,max}$ 为飞轮的最大角速度矢量，$\boldsymbol{I}$ 为航天器的惯量矩阵。

偏差四元数表达式为

$$q'_e = \begin{cases} q'_e, & \max(|q_{e1}|,|q_{e2}|,|q_{e3}|) \leqslant q'_{e\,max} \\ k_q q'_e, & \max(|q_{e1}|,|q_{e2}|,|q_{e3}|) > q'_{e\,max} \end{cases} \tag{9-30}$$

式中，k_q 为限幅调整系数；$k_q = q'_{e\,max}/\max(|q_{e1}|,|q_{e2}|,|q_{e3}|)$。

对偏差四元数进行矢量限幅，当偏差较大时，不引入全部偏差进行控制，而是截取其中一部分引入进行部分控制。沿瞬时欧拉轴逐步逼近目标值算法简单、易于实现。另外，系统控制输出不应该超出实际上可用的飞轮最大输出力矩，为了保证瞬时欧拉轴的旋转特性，对控制输出进行矢量限幅，即控制输出

$$\boldsymbol{T}_C = \begin{cases} \boldsymbol{T}_c, & \max(|\boldsymbol{T}_c|) \leqslant \boldsymbol{T}_{max} \\ k_u\boldsymbol{T}_c, & \max(|\boldsymbol{T}_c|) > \boldsymbol{T}_{max} \end{cases} \tag{9-31}$$

式中，k_u 为力矩调整限幅系数，$k_u = \boldsymbol{T}_{max}/\max(|\boldsymbol{T}_c|)$；$\boldsymbol{T}_{max}$ 为可用的最大控制力矩。

根据航天器结构和任务要求对系统简化模型进行 PD 系数的设计。加入 PD 环节后，开环传递函数为

$$G(s) = \frac{\boldsymbol{K}_P + \boldsymbol{K}_D s}{\boldsymbol{I}s^2} \tag{9-32}$$

由 $G(j\boldsymbol{\omega}_c) = e^{j(\gamma-180°)}$ 可以得到

$$\boldsymbol{K}_P = \boldsymbol{I}\boldsymbol{\omega}_c^2\cos\gamma \tag{9-33}$$

$$\boldsymbol{K}_d = \frac{1}{2}\boldsymbol{I}\boldsymbol{\omega}_c\sin\gamma \tag{9-34}$$

9.3 系统建模与仿真分析

9.3.1 Simulink 仿真模型

基于以上姿态确定及姿态控制方法设计的 Simulink 仿真总体模型如图 9-1 所示。总体模型由姿态确定及控制模型和数学计算模型两部分组成，两部分构

成闭合回路。

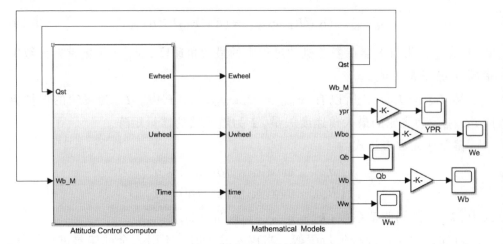

图 9-1　航天器姿态仿真总体模型

　　图 9-2 为姿态确定及控制模型，主要包括航天器二体轨道动力学模型、卡尔曼滤波模块和反作用飞轮姿态控制模块（如图 9-3 所示）。图 9-4 所示为数学计算模型，其主要功能有：飞轮力矩及角速度的计算；四元数及角速度在航天器本体系、轨道坐标系及惯性坐标系之间的转换；环境力矩的分析；星敏感器参数的计算等。

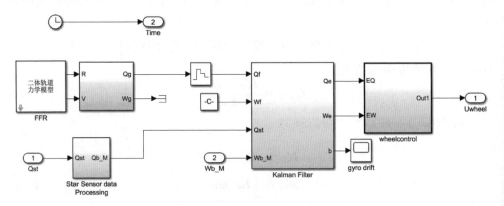

图 9-2　姿态确定及控制模型

9.3.2　仿真结果与分析

　　（1）姿态确定仿真。星敏感器测量均方差为 $\sigma_s = 0.02°$，采样频率为 5 Hz，研究对日三轴稳定情形。通过 9.1 节方法得到的仿真结果如图 9-5 至图 9-10 所示。由图 9-5 至图 9-8 可以看出，该算法能有效地修正陀螺的常值漂移，姿态确定的精度高（三轴姿态确定精度小于 0.01°，姿态稳定度精度小于 0.001°）。

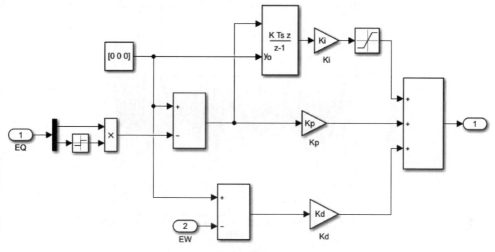

图 9-3　反作用飞轮姿态控制模块

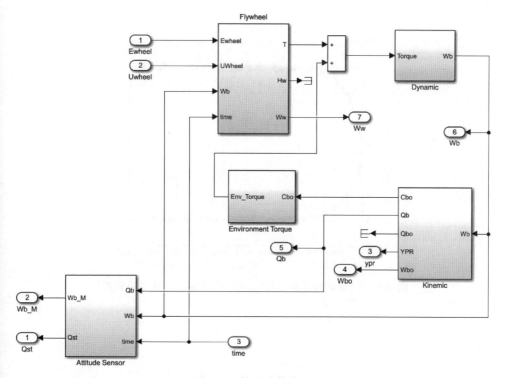

图 9-4　数学计算模型

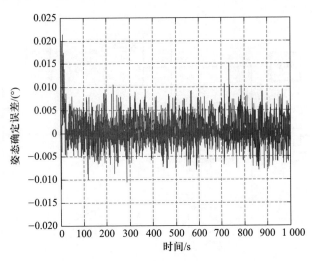

图 9-5　姿态确定误差时间历程曲线 (I) (见书后彩图)

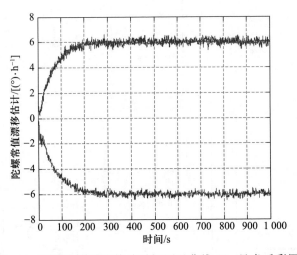

图 9-6　陀螺常值漂移估计时间历程曲线 (I) (见书后彩图)

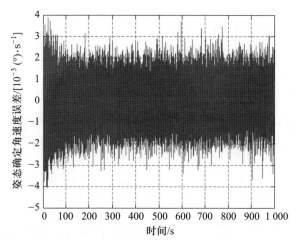

图 9–7 姿态确定角速度误差时间历程曲线 (见书后彩图)

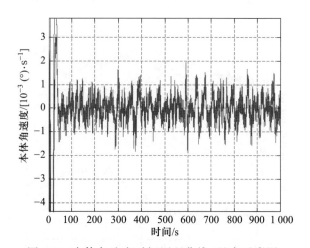

图 9–8 本体角速度时间历程曲线 (见书后彩图)

　　为了研究敏感器参数对定姿算法的影响，分别改变星敏感器测量均方差为 $\sigma_s = 0.1°$ 和陀螺随机游走过程白噪声方差为 $\sigma_b = 5 \times 10^{-7} \mathrm{rad/s}$，得到其仿真曲线如图 9–9 和图 9–10 所示。由图 9–9 可以看出，星敏感器均方差对姿态确定精度有着很直接的影响，当增大星敏感器测量均方差后，卡尔曼滤波对星敏感器测量数据的相信度降低，从而使得姿态确定精度下降，但是不会成比例下降。由图 9–10 可以看出，当增加陀螺随机游走过程白噪声方差后，仿真 10 000 s，发现对陀螺漂移的估计随着时间的增加而出现发散现象，但是改变陀螺随机游走噪声不会对姿态确定精度造成影响。

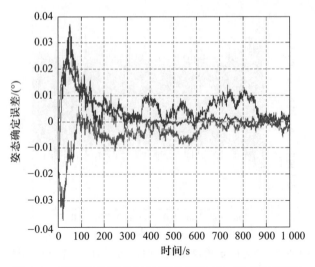

图 9-9　姿态确定误差时间历程曲线 (II) (见书后彩图)

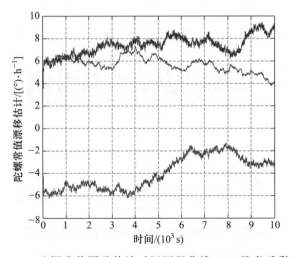

图 9-10　陀螺常值漂移估计时间历程曲线 (II) (见书后彩图)

（2）姿态控制仿真。以对日三轴稳定控制为例，航天器位置矢量在日心惯性坐标系下的分量为 (−0.553 9, 2.114 0, 0.000 7) AU，航天器的速度矢量在日心惯性坐标系下的分量为 (1.210 1, 0.093 5, −0.000 7) km/s，星敏感器测量均方差 $\sigma_s = 0.02°$，反作用飞轮的静摩擦力矩为 5×10^{-5} N·m，黏性系数为 6×10^{-6} N·ms/rad，气动阻尼系数为 3×10^{-8} N·ms$^{1.5}$，动不平衡力矩系数为 10^{-8} N·ms^2，航天器在巡航段干扰力矩给定为常值 2×10^{-5} N·m。仿真结果如图 9-11 至图 9-14 所示。由图 9-11 可以看出，在三轴初始偏差分别为 −0.2°、0.2° 和 0.2° 的情况下，姿态误差经过一段时间的动态过程后趋于稳定，最终控制精度达到 0.01°，在图 9–12 中，姿态稳定度为 0.001°。由图 9–13 可以看出，由于常值干扰力矩的存在，使得飞轮的转速不断增加，故而需要对其进行卸载。仿真结果显示该算法是合理的。

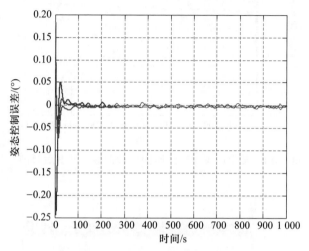

图 9–11 姿态控制误差时间历程曲线（见书后彩图）

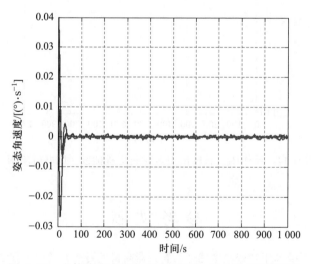

图 9–12 本体姿态角速度时间历程曲线（见书后彩图）

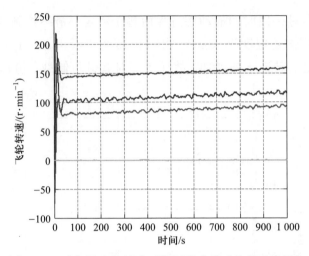

图 9-13　反作用飞轮转速时间历程曲线（见书后彩图）

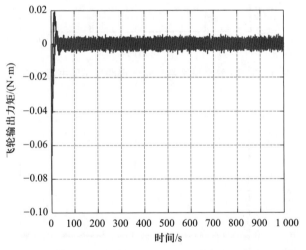

图 9-14　反作用飞轮输出力矩时间历程曲线（见书后彩图）

参 考 文 献

[1]　段宇恒, 管亮. 基于精密星敏感器的航天器高精度姿态测量标定方法 [J]. 计算机测量
　　　与控制, 2019, 27(11): 1-5.

[2]　李爽. 着陆小行星的视线测量自主光学相对导航算法及其可观性分析 [J]. 航空学报,
　　　2009, 30(9): 1711-1717.

[3]　于延波, 房建成. 基于 UKF 的航天器最小参数姿态矩阵估计方法 [J]. 宇航学报, 2006,
　　　27(1): 12-15.

[4] 张晓文, 王大轶, 黄翔宇. 利用小行星测量信息的深空探测器自主导航算法研究 [J]. 航天控制, 2009, 27(3): 17-22.

[5] 李潇, 胡维多. 基于小行星地形特征库的自主测距与定姿方法 [J]. 中国空间科学技术, 2010, 30(2): 68-75.

[6] 王小刚. 深空探测器姿态确定算法研究 [D]. 哈尔滨: 哈尔滨工业大学, 2006.

[7] 仲维国, 崔祜涛, 崔平远. 三轴稳定深空探测器的自主姿态制导 [J]. 宇航学报, 2006, 27(2): 286-290.

[8] 仲维国. 深空探测器自主姿态制导算法研究 [D]. 哈尔滨: 哈尔滨工业大学, 2007.

[9] 黄成, 王岩, 邓立为. 航天器姿态大角度机动有限时间控制 [J]. 宇航学报, 2020, 41(8): 1058-1066.

第 10 章　月球软着陆制导控制仿真分析

在月球探测带来的巨大利益的驱使下，世界各国纷纷出台了自己的探月计划，掀起了新一轮探月高潮。月球着陆的方式分为两种：一种称为硬着陆，顾名思义，就是探测器在接近月球时不利用制动发动机减速而直接撞击月球；另一种称为软着陆，这种着陆方式要求探测器在距月球表面一定高度时开启制动系统，把探测器的速度抵消至零，然后利用小推力发动机把探测器对月速度控制在很小的范围内，从而实现在月球表面软着陆[1]。对于科学研究，对探测器实施月球软着陆的科学价值要大于硬着陆。本章根据月球软着陆的任务特点，分析了月球软着陆过程，建立了月球软着陆轨道动力学模型，介绍了径向最优轨迹和燃耗次优的多项式显式制导律，并在此基础上，进行了月球软着陆制导控制仿真分析。

10.1　月球软着陆过程分析

目前，月球软着陆的方式主要有以下两种[2]。

第一种是直接着陆。探测器沿着击中轨道飞向月球，然后在适当的高度实施制动减速，最终使探测器软着陆于月球表面。采用该方案时，探测器需要在距离目标点很远时就选定着陆点，并进行轨道修正。不难发现，该方法所选的着陆点只限于月球表面上接近轨道能够击中的区域，所以能够选择的着陆区域是相当有限的。

第二种是先经过一条绕月停泊轨道，然后再伺机制动下降到月球表面，如图 10-1 所示。探测器首先沿着飞月轨道飞向月球，在距月球表面一定高度时，动力系统给探测器施加制动脉冲，使其进入一条绕月运行的停泊轨道；然后根据事先选好的着陆点，选择霍曼变轨起始点（离轨点），给探测器施加制动脉冲，使其进入一条椭圆形的下降轨道，最后在近月点实施制动减速以实现软着陆[2]。

与第一种方法相比，第二种方法具有以下几个方面的优越性[3]：

（1）探测器可以不受事先选定的着陆点的约束，可以在停泊轨道上飞行时再选择最佳着陆点，具有很大的选择余地；

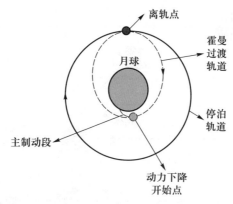

图 10-1 月球软着陆过程示意图

（2）在停泊轨道上，可以对探测器上的设备进行全面的检查、修正，为下一步的霍曼变轨段做好准备；如果是载人登月，停泊轨道还可以给航天员以充足的准备时间，做好心理等方面的准备；

（3）由于可以把轨道舱停留在停泊轨道上而只控制着陆舱（包括下降发动机、推进剂、GNC 系统和在月球表面上作业的有效载荷等）降到月球表面，故可以减少探测器着陆部分的质量，从而减少着陆过程推进剂的消耗；

（4）在载人登月时，如果发生紧急情况，飞船可以从停泊轨道转入返回地球的过渡轨道。

本章以第二种着陆方式为基础，将对主制动段的制导与控制进行建模仿真与分析。下面将对主制动段作简要说明。在停泊轨道上，探测器在脉冲制动的作用下，经霍曼变轨，下降到距月球表面大约 15 km 的近月点，该近月点就是主制动段的初始制动点。在主制动段，由于探测器的初始速度很大，所以主制动段制导律设计的主要目的就是高效抵消此速度，将探测器导引到期望的末端状态。主制动段以下是障碍规避段和最终着陆段，如图 10-2 所示。

在月球软着陆过程中，主制动段的制导至关重要，关系着探测器软着陆的成功与否。通过主制动段的制导，探测器被导引到距月面很近的高度（2 km 左右），速度近似为零，姿态尽可能垂直于月球表面。其次，考虑到探测器所带燃料的有限性，主制动段的制导还要实现燃耗的最优性。为了保证机载设备完好，制导律规划的最优或次优轨迹还要尽可能的平缓，以减小对机载设备的过载冲击[4]。此外，为了有效地实现月球软着陆，所设计的制导律还应对常见误差具有一定的鲁棒性。

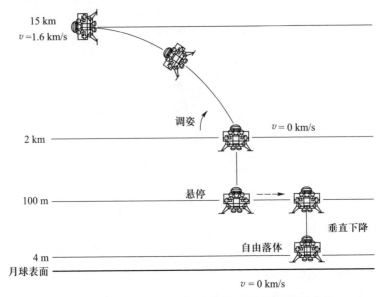

图 10-2　主制动段、障碍规避段和最终着陆段示意图

10.2　月球软着陆动力学模型

首先定义两个月球软着陆坐标系。一是月心惯性坐标系 $O_I\text{-}x_Iy_Iz_I$：原点 O_I 设在月心，x_I 轴指向动力下降起始点，y_I 轴垂直于 x_I 轴指向着陆点方向，z_I 轴遵循右手定则。探测器在空间的位置可由 (r, α, β) 表示成球坐标的形式，r 为从月心到探测器的距离，α、β 分别表示月球的经度和纬度。二是探测器轨道坐标系 $O\text{-}x_oy_oz_o$：原点 O 设在探测器质心，x_o 轴与从月心到探测器质心的矢径方向重合，指向背离月心方向，y_o 轴垂直于 x_o 轴指向运动方向，z_o 轴遵循右手定则。制动推力 $\boldsymbol{F}$ 的方向与探测器本体轴重合，ψ、φ 为在轨道坐标系中的推力方向角（如图 10-3 所示）。假设制动发动机为常推力液体发动机，忽略月球自转，则惯性坐标系下月球软着陆动力学方程可表示为

$$\ddot{\boldsymbol{r}} = \frac{\boldsymbol{F}U}{m} - \frac{\boldsymbol{r}}{r^3}\mu \tag{10-1}$$

式中，$\boldsymbol{r}$ 是探测器月心距矢径；U 为制动推力开关控制函数；μ 为月球引力常数；m 为探测器质量。利用探测器在轨道坐标系上三轴速度 u、v、w 可以得到轨道坐标系下动力学方程为

$$\begin{cases} \dot{r} = u \\ \dot{\beta} = v/r \\ \dot{\alpha} = w/(r\sin\beta) \\ \dot{u} = FU\cos\psi/m - \mu/r^2 + (v^2 + w^2)/r \\ \dot{v} = FU\sin\psi\cos\varphi/m - uv/r + w^2/(r\tan\beta) \\ \dot{w} = FU\sin\psi\sin\varphi/m - uw/r - vw/(r\tan\beta) \\ \dot{m} = -FU/C \end{cases} \tag{10-2}$$

式中，F 为常推力发动机推力的大小；ψ、φ 为轨道坐标系下的推力方向角；$C = I_{sp}g_e$，其中，I_{sp} 为发动机比冲，g_e 为地表重力加速度常数。

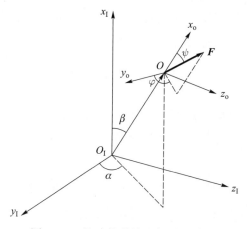

图 10–3   月球软着陆坐标系示意图

10.3   月球软着陆制导控制方法

在月球软着陆任务中，主制动段制导律设计是整个着陆任务中的重要环节之一。首先，在轨道坐标系下对探测器建立动力学模型，根据简化的动力学方程，提出探测器径向最优轨迹模型，然后根据该模型设计多项式显式制导方法。在设计过程中，对探测器各速度矢量和加速度矢量之间的几何关系进行分析[5]。

10.3.1   径向最优轨迹

由式（10–2）可以看出，月球软着陆动力学模型为非线性系统，为求得显式制导律，有必要在不影响着陆目标的前提下对上述模型再作更进一步简化[6]。对于径向运动，假设在软着陆过程中月球引力场是均匀的，且引力加速度为常值 μ/R_L^2，R_L 为月球平均半径，则由图 10–3 可直接列出径向动力学方程：

$$\begin{cases} \dot{r} = u \\ \dot{u} = \dfrac{F}{m}\cos\psi - \dfrac{\mu}{R_{\mathrm{L}}^2} \end{cases} \tag{10-3}$$

式中, r 和 u 分别表示垂直方向的位置和速度。

对于探测器, 有 $m = m_0 - Ft/C$ (m_0 为探测器初始质量), 当 $|Ft/C| \ll m_0$ 时, 可对推力加速度做一阶泰勒公式展开

$$\frac{F}{m} = \frac{F}{m_0}\left(1 + \frac{Ft}{m_0 C}\right) \tag{10-4}$$

最优控制方向角可以分为两部分: 一部分是用于满足目标点速度矢量所产生的控制角; 一部分是用于满足目标点位置矢量所产生的附加控制角, 且该部分为小量。由此, 可设最优控制角 ψ_{opt} 为

$$\psi_{\mathrm{opt}} = \psi_0 + p_1 + p_2 t \tag{10-5}$$

式中, ψ_0 为用于满足目标点速度矢量所产生的控制角; p_1 和 p_2 为用于满足目标点位置矢量所产生的附加控制角量值参数。考虑到 p_1 和 p_2 为小量, 由式 (10-5) 近似可得

$$\cos\psi_{\mathrm{opt}} = \cos\psi_0 - p_1\sin\psi_0 - p_2 t\sin\psi_0 \tag{10-6}$$

将式 (10-5) 和式 (10-6) 代入式 (10-3) 可得

$$\dot{u} = -\frac{F^2}{m_0^2 C}p_2\sin\psi_0 t^2 + \frac{F}{m_0}\left(\frac{F}{m_0 C}\cos\psi_0 - \frac{F}{m_0 C}p_1\sin\psi_0 - p_2\sin\psi_0\right)t + \frac{F}{m_0}(\cos\psi_0 - p_1\sin\psi_0) - \frac{\mu}{R_{\mathrm{L}}^2} \tag{10-7}$$

在径向方向的最优着陆轨迹可由关于时间 t 的四次多项式来表示[7]

$$r = k_0 + k_1 t + k_2 t^2 + k_3 t^3 + k_4 t^4 \tag{10-8}$$

式中, $k_i (i = 0,1,\cdots,4)$ 为多项式的系数, 可通过系统边值条件来确定。

在动力下降段, 制动推力主要用来满足探测器终端速度约束, 因此用于满足终端位置约束的控制推力仅占一小部分, 也就是说 $p_1 \to 0$。此外, 此阶段控制推力的设计要求高效率地抵消初始速度, 因此制动推力角 ψ_0 近似等于 $90°$, 则式 (10-7) 可近似表示为

$$\dot{u} = -\frac{F^2}{m_0^2 C}p_2 t^2 - \frac{F}{m_0}p_2 t - \frac{\mu}{R_{\mathrm{L}}^2} \tag{10-9}$$

对式（10–8）求二阶导数可得

$$\ddot{r} = 12k_4 t^2 + 6k_3 t + 2k_2 \tag{10-10}$$

由式（10–9）、式（10–10）可近似得

$$\frac{k_4}{k_3} = \frac{F}{2m_0 C} \tag{10-11}$$

而 $|Ft/C| \ll m_0$，所以可以忽略 k_4。由此，可以分别用一个三次多项式和一个二次多项式来近似表示探测器径向距离和径向速度。

10.3.2 燃耗次优控制方向角确定

根据 10.3.1 节的推导，分别用关于局部时间 τ 的一个三次多项式和一个二次多项式来近似表示月心到探测器质心之间的距离 r 和径向速度 u

$$\begin{cases} r = k_0 + k_1\tau + k_2\tau^2 + k_3\tau^3 \\ u = k_1 + 2k_2\tau + 3k_3\tau^2 \end{cases} \tag{10-12}$$

式中，τ 为局部时间，定义为探测器从当前时刻开始到达目标点所用的时间，其取值范围为 $[0, t_{\text{go}}]$，其中 t_{go} 为剩余时间。式（10–12）中各系数可由以下初始条件和终端条件确定[8]：

$$r(0) = r, \quad r(t_{\text{go}}) = r_{\text{f}}; \quad u(0) = u, \quad u(t_{\text{go}}) = u_{\text{f}}$$

r_{f} 表示径向距离终端约束，u_{f} 表示径向速度终端约束。由此可以求出式（10–12）中系数 k_2：

$$k_2 = \frac{3(r_{\text{f}} - r - ut_{\text{go}}) - (u_{\text{f}} - u)t_{\text{go}}}{t_{\text{go}}^2} \tag{10-13}$$

将式（10–13）代入式（10–12）中 u 的表达式中，然后求导可得当前时刻的径向加速度：

$$a = \frac{6(r_{\text{f}} - r - ut_{\text{go}}) - 2(u_{\text{f}} - u)t_{\text{go}}}{t_{\text{go}}^2} \tag{10-14}$$

分析探测器各瞬时加速度矢量与速度矢量之间的几何关系。图 10–4 和图 10–5 分别为探测器在轨道坐标系下垂直平面内的加速度矢量几何关系示意图和水平面内的速度矢量几何关系示意图。其中，a 为径向加速度矢量，a_{F} 为推力加速度矢量，a_{H} 为加速度水平分量，v 为速度矢量在水平面内的投影，v_{F} 为水平终端约束速度矢量，v_{C} 为由 v 变到 v_{F} 所需的速度增量。由式（10–2）第四式可以看出，径向加速度 a 是由月球引力加速度、向心加速度和推力加速度径

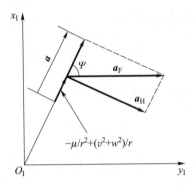

图 10–4　轨道坐标系下垂直平面内的加速度矢量几何关系

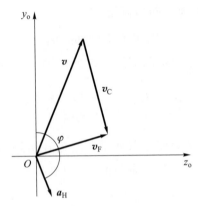

图 10–5　轨道坐标系下水平面内的速度矢量几何关系

向分量组成的，根据图 10–4 各个加速度矢量之间的几何关系即可写出推力角 ψ 的三角函数关系。在水平面中，水平加速度 $\boldsymbol{a}_{\mathrm{H}}$ 是产生水平速度增量 $\boldsymbol{v}_{\mathrm{C}}$ 的主要原因，故可令 $\boldsymbol{v}_{\mathrm{C}}$ 和 $\boldsymbol{a}_{\mathrm{H}}$ 同方向，由此可根据图 10–4 确定另一个控制角 φ 的三角函数关系表达式。综合上述分析，可以写出控制变量 ψ、φ 的表达式如下：

$$\begin{cases} \psi = \arccos((a + \mu/r^2 - (v^2 + w^2)/r)/a_{\mathrm{F}}) \\ \varphi = \arccos((v_{\mathrm{f}} - v)/\sqrt{(w_{\mathrm{f}} - w)^2 + (v_{\mathrm{f}} - v)^2}) \end{cases} \quad (10\text{--}15)$$

在动力下降段，制导律的设计要求高效率地抵消水平方向的速度，制动推力主要用来抵消探测器水平初始速度，因此，前面提到的剩余时间 t_{go} 可近似用下式来估计：

$$t_{\mathrm{go}} = \sqrt{(w_{\mathrm{f}} - w)^2 + (v_{\mathrm{f}} - v)^2}/a_{\mathrm{H}} \quad (10\text{--}16)$$

至此，式 (10–14) 至式 (10–16) 就构成了多项式制导公式，其中，a_{F} 和 a_{H} 可由加速度仪实时测得。分析上述公式可以看出：该制导律是剩余时间的函数，而剩余时间只与探测器当前状态和末端约束状态有关；上述制导公式对末端位置没有约束，而只对月心到探测器质心之间的距离作了约束，所以初始速度变化对制导终端位置影响很大，这就导致在执行实际的制导任务过程中，对初始速度的测量精度提出了较高要求[9-10]。

10.4　系统建模与仿真分析

在实际飞行过程中，导航测量误差和系统参数偏差是影响软着陆制导精度的主要原因。然而，对闭环控制系统而言，测量误差可以通过滤波来消除，对系统的影响相对来说较小；而系统参数，如制动发动机的推力和比冲等都无法测量，它们都是事先标定给出的，在实际飞行过程中，这些参数会由于某些因素的影响而产生一定的偏差，所以，研究这些参数偏差对制导过程的影响就显得非常重要了[11]。本节将结合上述制导律，对制动发动机推力 F 和比冲 I_{sp} 偏差（±10%）进行分析。此外，考虑到 10.3 所述制导律对终端位置没有约束，所以本节还对初始纵向速度方向偏差对终端着陆位置的影响做了仿真分析[12]。初始条件及末端约束条件如下：

（1）推力器参数：$F = 1\,500$ N，$I_{sp} = 300$ s，地表引力加速度 $g_E = 9.8$ m/s^2，$C = I_{sp}g_E$；

（2）月球常数：月球引力常数 $\mu = 4.887\,75 \times 10^{12}$ m^3/s^2，月球半径 $R_L = 1\,738$ km；

（3）初始参数：$r_0 = 1\,753$ km，$\beta_0 = 0°$，$\alpha_0 = 5°$，$u_0 = 0$ m/s，$v_0 = 1\,692$ m/s，$w_0 = 0$，$m_0 = 600$ kg；

（4）终端参数：$r_f = 1\,740$ km（探测器终止于离月球表面 2 km 的高度），$u_f = 0$ m/s，$v_f = 0$ m/s，$w_f = 0$ m/s。

建立月球软着陆制导与控制系统仿真模型并进行仿真，Simulink 模型如图 10-6 所示，其中，左半部分为月球软着陆动力学模型，右半部分为软着陆制导律模型，同时设定了仿真停止条件。

基于以上的初始参数设定及 Simulink 仿真建模对月球软着陆制导与控制系统进行仿真分析，分别分析了推力、比冲和初始速度方向角的变化对着陆过程的影响。得到的仿真结果如图 10-7 至图 10-17 所示。

分析仿真结果，可以得到如下结论：

（1）由图 10-7 至图 10-10 可知，在着陆过程中，随着推力的增大，探测器

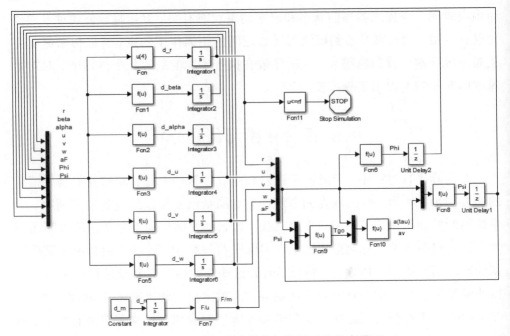

图 10-6　月球软着陆制导与控制系统仿真模型

到达终端位置所需时间越短，速度变化得越快。

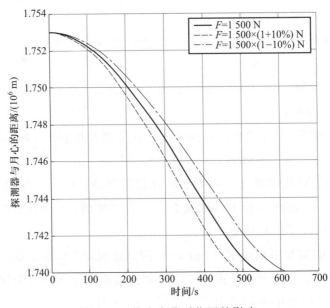

图 10-7　推力变化对位置的影响

（2）由图 10-11 至图 10-14 可知，在着陆过程中，随着比冲的增大，探测器的剩余质量会越大，说明燃耗会减少。

(3)由图 10-15 至图 10-17 可知，在着陆过程中，初始速度方向偏差对航天器的 x 轴、z 轴坐标的影响较小，而对 y 轴坐标的影响较大。

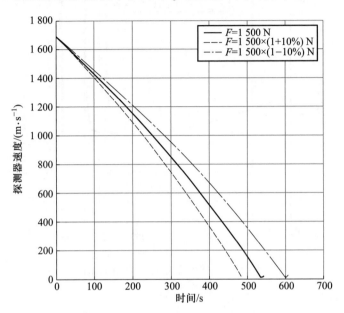

图 10-8　推力变化对速度的影响

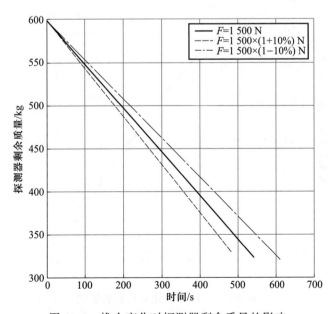

图 10-9　推力变化对探测器剩余质量的影响

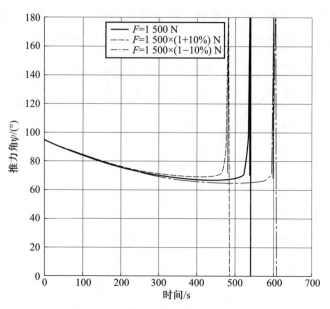

图 10–10　推力变化对推力角的影响

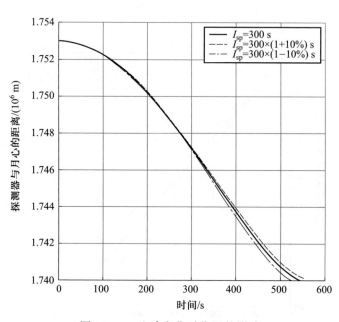

图 10–11　比冲变化对位置的影响

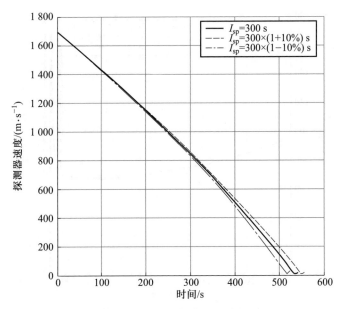

图 10-12 比冲变化对速度的影响

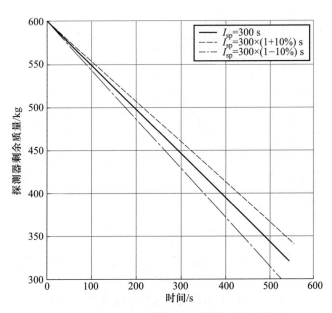

图 10-13 比冲变化对探测器剩余质量的影响

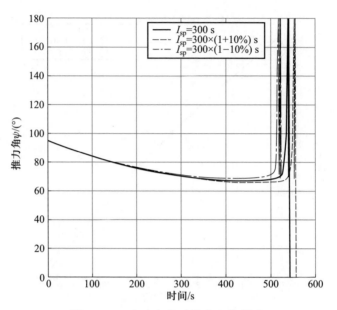

图 10–14　比冲变化对推力角的影响

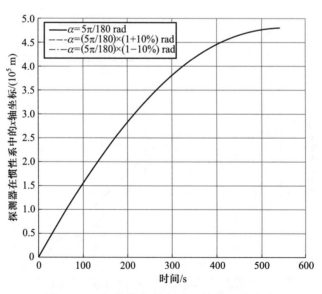

图 10–15　初始速度方向对 x 轴位置的影响

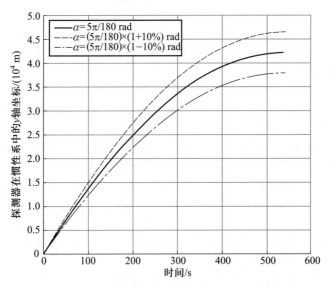

图 10-16 初始速度方向对 y 轴位置的影响

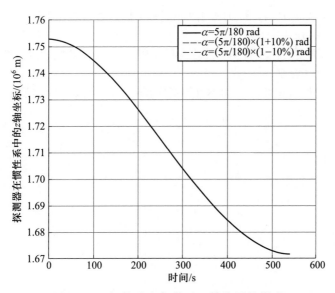

图 10-17 初始速度方向对 z 轴位置的影响

参 考 文 献

[1]　褚桂柏, 张熇. 月球探测器技术 [M]. 北京: 中国科学技术出版社, 2007.

[2]　黄翔宇, 张洪华, 王大轶, 等. 月球软着陆的高精度自主导航与控制方法研究 [J]. 空间控制技术与应用, 2012, 38(2): 5-9.

[3]　宗红, 李铁寿, 王大轶. 月球卫星 GNC 系统方案设想 [J]. 航天控制, 2005, 23(1): 2-6.

[4]　孙军伟, 崔平远. 月球软着陆多项式制导控制方法 [J]. 宇航学报, 2007, 28(5): 1171-1174.

[5]　王大轶, 李铁寿, 马兴瑞, 等. 月球软着陆的显式制导控制研究 [J]. 高技术通讯, 2000, 10(7): 88-91.

[6]　MISO T, HASHIMOTO T, NINOMIYA K. Optical guidance for autonomous landing of spacecraft [J]. IEEE Transactions on Aerospace and Electronic Systems, 1999, 35(2): 459-473.

[7]　FOING B H. The moon as a platform for astronomy and space science [J]. Advances in Space Research, 1996, 18(11): 17-23.

[8]　王大轶, 李铁寿, 严辉, 等. 月球软着陆的一种燃耗次优制导方法 [J]. 宇航学报, 2000, 21(4): 55-63.

[9]　黄翔宇, 王大轶, 关轶峰. 月球软着陆的二次型最优制导方法 [J]. 航天控制, 2006, 24(6): 11-16.

[10]　王大轶, 李铁寿, 严辉, 等. 月球引力转弯软着陆的制导控制研究 [J]. 中国空间科学技术, 2000, 20(5): 17-23.

[11]　陈金宝, 万峻麟, 李立春, 等. 月球探测器着陆性能若干影响因素分析 [J]. 宇航学报, 2010, 31(3): 669-673.

[12]　蒋万松, 黄伟, 沈祖炜, 等. 月球探测器软着陆动力学仿真 [J]. 宇航学报, 2011, 32(3): 462-469.

第 11 章　火星接近段轨道确定与控制仿真分析

接近段是从探测器进入火星引力影响球至探测器到达大气进入点或制动捕获点的飞行阶段。在此期间,探测器需要完成导航状态确定、轨道修正、姿态调整、导航控制参数上传等工作。探测器的导航控制性能会直接影响接近任务的精度,进而关系到后续捕获、环绕、着陆等任务的成败。传统基于地面测控的导航制导控制方法在精度和实时性等方面受到限制,难以满足火星接近段精度高、实时性强的迫切需求,因此需通过自主导航控制技术提高探测器的生存能力[1-2]。本章根据火星接近段的任务特点,建立了火星接近段轨道动力学模型,设计了自主光学观测方案,给出了基于预测制导的轨道控制算法,并在此基础上,进行了火星探测器接近段轨道确定和轨道控制的仿真分析。

11.1　火星接近段运动分析

探测器进入火星引力影响球后开始接近段飞行。在火星引力的影响下,探测器从日心椭圆转移轨道进入以火星为中心的受摄双曲轨道,直至火星近心点附近执行捕获机动进入环绕轨道,捕获制动或大气进入时刻标志着接近段的结束[3]。通常将太阳与火星作用在探测器上的引力相等处到火星的距离定义为火星引力影响球半径,其表达式为

$$R_{\mathrm{SOI}} = \left(\frac{m_{\mathrm{M}}}{m_{\mathrm{S}}}\right)^{\frac{1}{2}} R_{\mathrm{S-M}} \tag{11-1}$$

式中,m_{M}, m_{S} 分别表示火星和太阳的质量;$R_{\mathrm{S-M}}$ 为火星与太阳之间的平均距离。

以从地球飞往火星为例,当探测器与火星之间的距离小于火星引力作用半径时,即认为探测器进入火星探测接近段的飞行过程。

在接近段过程中,探测器轨道主要受火星引力作用,此外,还应考虑太阳、地球和木星等第三体摄动引力的影响。在接近火星的过程中,探测器的位置、速度等状态量可以定义在火星中心惯性坐标系下。根据探测任务的需求,火星中心惯性坐标系可采用 J2000 火星平赤道,其参考坐标系原点为火星中心,火星 J2000 惯性系以火星质心为坐标原点,历元 J2000 对应的火星平赤道面为基

本平面，x 轴指向火星 J2000 平赤道与地球 J2000 平赤道的升交点方向，z 轴垂直于基本平面指向火星北极，y 轴遵循右手定则。

因此，在 J2000 火星惯性坐标系中，建立如下以火星为中心天体，太阳、地球和其他大天体引力为摄动力的深空轨道动力学模型

$$\begin{cases} \dot{\boldsymbol{r}} = \dot{\boldsymbol{v}} \\ \ddot{\boldsymbol{r}} = -\mu_{\mathrm{M}} \dfrac{\boldsymbol{r}}{|\boldsymbol{r}|^3} + \boldsymbol{a}_{\mathrm{S}} + \boldsymbol{a}_{\mathrm{G}} \end{cases} \tag{11-2}$$

式中，$\boldsymbol{a}_{\mathrm{S}}$ 和 $\boldsymbol{a}_{\mathrm{G}}$ 分别表示在火星惯性坐标系下的太阳引力加速度和太阳光压加速度；μ_{M} 为火星引力常数。

除此之外，针对接近段轨道的特殊几何构型，也可以将探测器状态量定义在 B 平面坐标系下。B 平面坐标系是深空探测行星接近交会过程中常用的参考坐标系统。B 平面参数与轨道状态偏差量之间存在线性关系，可用于计算轨道修正的速度增量。与传统的行星中心直角坐标系相比，B 平面坐标系更易于描述期望轨道、真实轨道、估计轨道以及各轨道之间的偏差，能够直接提供探测器到达目标点的信息[4-5]。

B 平面定义为通过目标天体的质心且垂直探测器进入渐近线方向的平面，由于渐近线方向与无穷远处的速度 $\boldsymbol{V}_\infty$ 方向一致，因此 B 平面垂直于 $\boldsymbol{V}_\infty$，如图 11–1 所示，B 平面坐标系的原点在目标天体的质心上，B 平面坐标系 S 轴垂直于 B 平面并设定沿探测器进入轨迹的渐近线方向为正，T 轴在目标天体公转

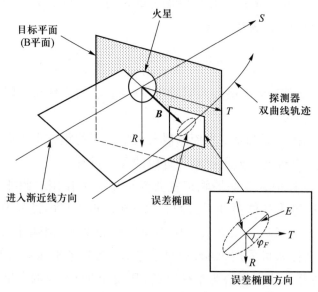

图 11–1　B 平面坐标系

轨道平面与 B 平面的交线上，R 轴遵循右手定则。B 表示 $\boldsymbol{B}$ 矢量，E 为误差椭圆长轴，F 为误差椭圆短轴。由上述定义得到 B 平面坐标系三轴在 J2000 惯性坐标系下的指向表示

$$\boldsymbol{S} = \boldsymbol{V}_\infty/|\boldsymbol{V}_\infty|, \quad \boldsymbol{T} = \boldsymbol{S} \times \boldsymbol{h}, \quad \boldsymbol{R} = \boldsymbol{S} \times \boldsymbol{T} \tag{11-3}$$

式中，$\boldsymbol{h}$ 为目标天体的公转轨道角动量矢量。

11.2 自主光学导航观测模型

由于接近段的目标是火星，是星载光学相机最容易拍摄到的天体，所以光学导航方法主要通过相机拍摄火星的图像并进行处理。通过噪点剔除、星图匹配、目标识别、边缘拟合等图像处理技术，即可得到火星光心在相机平面上的像元、像线，结合探测器动力学模型，对观测数据进行滤波处理，则可以预测探测器的位置和速度[6]。

在相机二维焦平面上可以将二维坐标转换成像元、像线值，具体步骤如下。

（1）将惯性视线矢量 $\boldsymbol{r}_{pt}$ 旋转到相机坐标系，转换矩阵 $\boldsymbol{R}_{cl} = \boldsymbol{R}_{cb}\boldsymbol{R}_{bl}$。其中：$\boldsymbol{R}_{bl}$ 是惯性系到航天器本体坐标系的转换矩阵，由姿态控制系统确定；$\boldsymbol{R}_{cb}$ 是航天器本体坐标系到相机坐标系的转换矩阵，由该历元相机相对航天器的位置决定；$\boldsymbol{R}_{cl}$ 是惯性系到相机坐标系的转换矩阵。

$$\boldsymbol{r}_{pt}^{c} = \begin{pmatrix} x_{pt}^{c} \\ y_{pt}^{c} \\ z_{pt}^{c} \end{pmatrix} = \boldsymbol{R}_{cl}\boldsymbol{r}_{pt} \tag{11-4}$$

（2）利用球投影关系式，将 $\boldsymbol{r}_{pt}^{c}$ 投影到相机二维焦平面得到二维平面矢量[7]：

$$\begin{pmatrix} x \\ y \end{pmatrix} = \frac{f}{z_{pt}^{c}} \begin{pmatrix} x_{pt}^{c} \\ y_{pt}^{c} \end{pmatrix} \tag{11-5}$$

式中，f 为相机镜头焦距；x_{pt}^{c}、y_{pt}^{c}、z_{pt}^{c} 为惯性视线矢量在相机坐标系中的分量；x、y 为惯性视线矢量在相机焦平面的投影。考虑到电磁和光学畸变，修正相机焦平面的投影为

$$\begin{pmatrix} x' \\ y' \end{pmatrix} = \begin{pmatrix} x \\ y \end{pmatrix} + \begin{pmatrix} -yr & xr^2 & -yr^3 & xr^4 & xy & x^2 \\ xr & yr^2 & xr^3 & yr^4 & y^2 & xy \end{pmatrix} \begin{pmatrix} e_1 & e_2 & e_3 & e_4 & e_5 & e_6 \end{pmatrix}^{\mathrm{T}}$$

$$\tag{11-6}$$

式中，$r^2 = x^2 + y^2$；e_i $(i = 1, 2, \cdots, 6)$ 是畸变系数。

（3）将视线方向从相机焦平面坐标系转换成像元和像线：

$$\begin{pmatrix} p \\ l \end{pmatrix} = \boldsymbol{K} \begin{pmatrix} x' \\ y' \\ x'y' \end{pmatrix} + \begin{pmatrix} p_0 \\ l_0 \end{pmatrix} \tag{11-7}$$

式中，$\boldsymbol{K}$ 为由毫米转换为像元、像线的转换矩阵；p_0、l_0 为 CCD 相机中心的像元和像线。

11.3　轨道确定滤波估计方法

11.3.1　状态方程和观测方程

根据接近段动力学方程设计的自主光学观测方案，可将导航滤波的状态变量取为火星探测器相对于火星的位置、速度，即 $\boldsymbol{X} = (x, y, z, \dot{x}, \dot{y}, \dot{z})$，设系统噪声和观测噪声均为加性噪声，则离散化的非线性状态方程和观测方程可分别写成如下形式[3, 8]

$$\boldsymbol{X}_k = f(\boldsymbol{X}_{k-1}, t) + \boldsymbol{W}_{k-1} = \begin{pmatrix} \dot{x} \\ \dot{y} \\ \dot{z} \\ -\mu_{\mathrm{M}} \dfrac{x}{|\boldsymbol{r}|^3} + a_{\mathrm{S}} + a_{\mathrm{G}} \\ -\mu_{\mathrm{M}} \dfrac{y}{|\boldsymbol{r}|^3} + a_{\mathrm{S}} + a_{\mathrm{G}} \\ -\mu_{\mathrm{M}} \dfrac{z}{|\boldsymbol{r}|^3} + a_{\mathrm{S}} + a_{\mathrm{G}} \end{pmatrix} + \boldsymbol{W}_{k-1} \tag{11-8}$$

$$\boldsymbol{Z}_k = h(\boldsymbol{X}_k) + \boldsymbol{V}_k = \begin{pmatrix} f \dfrac{x_{\mathrm{pt}}^{\mathrm{c}}}{z_{\mathrm{pt}}^{\mathrm{c}}} & f \dfrac{y_{\mathrm{pt}}^{\mathrm{c}}}{z_{\mathrm{pt}}^{\mathrm{c}}} \end{pmatrix}^{\mathrm{T}} + \boldsymbol{V}_k \tag{11-9}$$

式中，$\boldsymbol{X}_k$ 为 k 时刻的状态变量；$\boldsymbol{Z}_k$ 为 k 时刻的观测量；$\boldsymbol{W}_{k-1}$、$\boldsymbol{V}_k$ 分别为系统本身噪声矢量和观测噪声矢量，其均为加性高斯白噪声。

11.3.2　扩展卡尔曼滤波器设计

为了抑制测量噪声以及初始误差带来的不确定性，在短时间内使估计量收敛，这里选用扩展卡尔曼滤波方法设计滤波器。扩展卡尔曼滤波是将非线性系统在当前估计状态处展开成泰勒级数并取一阶近似的非线性滤波方法，由于状

态方程和观测方程是状态变量的非线性函数,因此首先对状态方程进行线性化,可以获得状态估计误差的传播方程[9-10]

$$\Delta \dot{\boldsymbol{X}} = \boldsymbol{F} \Delta \boldsymbol{X} \tag{11-10}$$

式中,

$$\boldsymbol{F} = \frac{\partial \dot{\boldsymbol{X}}(t)}{\boldsymbol{X}(t)} = \begin{pmatrix} 0 & \boldsymbol{I} \\ -\dfrac{\mu_{\mathrm{M}}}{r^3}\boldsymbol{I} + \dfrac{3\mu_{\mathrm{M}}}{r^5}\boldsymbol{r}\boldsymbol{r}^{\mathrm{T}} + \dfrac{\partial(a_{\mathrm{S}} + a_{\mathrm{G}})}{\partial r} & 0 \end{pmatrix} \tag{11-11}$$

取观测量 $\boldsymbol{Z} = (\rho, p, l)^{\mathrm{T}}$,则可以求得观测偏差与状态变量的关系

$$\Delta \boldsymbol{Z} = \boldsymbol{H} \Delta \boldsymbol{X} \tag{11-12}$$

式中,

$$\boldsymbol{H} = \begin{pmatrix} \dfrac{\partial p}{\partial x} & \dfrac{\partial p}{\partial y} & \dfrac{\partial p}{\partial z} & 0 & 0 & 0 \\ \dfrac{\partial l}{\partial x} & \dfrac{\partial l}{\partial y} & \dfrac{\partial l}{\partial z} & 0 & 0 & 0 \end{pmatrix} \tag{11-13}$$

从第 $k-1$ 步到第 k 步的状态转移矩阵近似为

$$\boldsymbol{\Phi}_{k,k-1} \approx \boldsymbol{I}_{6\times6} + \boldsymbol{F}|_{\boldsymbol{X}_{k,k-1}} \cdot (t_k - t_{k-1}) \tag{11-14}$$

根据上述状态矩阵和观测矩阵设计扩展卡尔曼滤波器,滤波方程如式 (11-15) 所示。

$$\begin{cases} \widehat{\boldsymbol{X}}_{k/k-1} = f(\widehat{\boldsymbol{X}}_{k-1}) \\ \boldsymbol{P}_{k/k-1} = \boldsymbol{\Phi}_{k,k-1}\boldsymbol{P}_{k-1}\boldsymbol{\Phi}_{k,k-1}^{\mathrm{T}} + \boldsymbol{Q}_{k-1} \\ \boldsymbol{K}_k = \boldsymbol{P}_{k/k-1}\boldsymbol{H}_k^{\mathrm{T}}(\boldsymbol{H}_k\boldsymbol{P}_{k/k-1}\boldsymbol{H}_k^{\mathrm{T}} + \boldsymbol{R}_k)^{-1} \\ \widehat{\boldsymbol{X}}_k = \widehat{\boldsymbol{X}}_{k/k-1} + \boldsymbol{K}_k(\boldsymbol{Z}_k - \boldsymbol{H}_k\widehat{\boldsymbol{X}}_{k/k-1}) \\ \boldsymbol{P}_k = (\boldsymbol{I} - \boldsymbol{K}_k\boldsymbol{H}_k)\boldsymbol{P}_{k/k-1} \end{cases} \tag{11-15}$$

式中, $\boldsymbol{X}_{k/k-1}$ 表示状态一步预测值; $\boldsymbol{X}_k$ 表示状态估计值; $\boldsymbol{K}_k$ 表示滤波增益; $\boldsymbol{P}_{k/k-1}$ 表示一步预测误差协方差矩阵; $\boldsymbol{P}_k$ 表示估计误差协方差矩阵。

11.4 自主接近预测制导方法

火星探测器在接近段过程中执行轨道修正机动时,利用探测器当前相对于火星的位置、速度状态,基于预测制导技术可以对修正速度进行计算。预测制导的基本思想是在探测器上定时计算探测器的接近轨道,将计算得到的预测点与期望的目标点进行比较,利用其偏差产生控制信号,在保证燃耗和探测器指

向满足要求的条件下，施加机动速度，改变探测器的接近轨迹，达到消除目标点偏差的目的[11]。选取系统状态 $\boldsymbol{X} = (x, y, z, \dot{x}, \dot{y}, \dot{z})$，其中，$(x, y, z)$ 为探测器在 B 平面坐标系下的三轴位置，$(\dot{x}, \dot{y}, \dot{z})$ 为探测器三轴速度，可以建立探测器的非线性动力学模型如下：

$$\dot{\boldsymbol{X}} = f(\boldsymbol{X}) \tag{11-16}$$

在初始状态 $\boldsymbol{X}(0) = \boldsymbol{X}_0$ 处，对式（11-16）进行线性化，有

$$\dot{\boldsymbol{X}} = f(\boldsymbol{X}_0) + \left. \frac{\partial f}{\partial \boldsymbol{X}} \right|_{\boldsymbol{X}_0} (\boldsymbol{X} - \boldsymbol{X}_0) \tag{11-17}$$

式中，$f(\boldsymbol{X}_0) = \dot{\boldsymbol{X}}_0$。令 $\Delta \boldsymbol{X} = \boldsymbol{X} - \boldsymbol{X}_0$，$\boldsymbol{A} = \left. \dfrac{\partial f}{\partial \boldsymbol{X}} \right|_{\boldsymbol{X}_0}$，式（11-17）可化为

$$\Delta \dot{\boldsymbol{X}} = \boldsymbol{A} \Delta \boldsymbol{X} \tag{11-18}$$

该系统的解为 $\boldsymbol{X} = \phi \Delta \boldsymbol{X}_0$，其中 $\dot{\phi} = \boldsymbol{A}\phi$，$\phi(0) = \boldsymbol{I}_{6 \times 6}$。利用 $\Delta \boldsymbol{X}_f = \phi \boldsymbol{X}_0$，有

$$\Delta \boldsymbol{r}_f = \phi(1:3, 1:3)\Delta \boldsymbol{r}_0 + \phi(1:3, 4:6)\Delta \boldsymbol{v}_0 \tag{11-19}$$

$$\Delta \boldsymbol{v}_f = \phi(4:6, 1:3)\Delta \boldsymbol{r}_0 + \phi(4:6, 4:6)\Delta \boldsymbol{v}_0 \tag{11-20}$$

由于该制导方式为脉冲制导，即在初始时刻近似 $\Delta \boldsymbol{r}_0 = \boldsymbol{0}$，并且由于在任务中对末速度没有约束，因此对式（11-19）和式（11-20）中的第一项不予考虑，有

$$\Delta \boldsymbol{r}_f = \phi(1:3, 4:6)\Delta \boldsymbol{v}_0 \tag{11-21}$$

$$\Delta \boldsymbol{v}_f = \phi(4:6, 4:6)\Delta \boldsymbol{v}_0 \tag{11-22}$$

对探测器制导律进行分解设计后仅需要使用预测制导方法控制最终时刻的相对位置，则可以通过式（11-21）得出所需控制量使探测器到达目标天体附近某点。期望的机动速度为

$$\Delta \boldsymbol{v}_0 = \phi^{-1}(1:3, 4:6)\Delta \boldsymbol{r}_f \tag{11-23}$$

式中，$\Delta \boldsymbol{r}_f$ 为预测点与期望点的位置矢量差，预测点由火星星历与当前探测器状态通过数值积分得到，期望点由火星星历和目标点在 B 平面上的位置给出。考虑到线性化方程是在未对状态 $\boldsymbol{X}$ 修正 $\Delta \boldsymbol{v}_0$ 处展开的，其系统矩阵 $\boldsymbol{A}$ 并不精确，因此需在修正 $\Delta \boldsymbol{v}_0$ 后的状态处对动力学方程重新线性化展开，并进行 $\Delta \boldsymbol{v}_0$ 迭代计算，直至达到期望精度为止[12]。

11.5　系统建模与仿真分析

已知日心惯性坐标系下探测器的初始位置和初始速度分别为

$$\boldsymbol{r}_0 = \begin{pmatrix} 48\ 791\ 244.207\ 595\ 8 \\ 9\ 029\ 153.477\ 691\ 7 \\ -20\ 352\ 935.481\ 308 \end{pmatrix} \text{m},$$

$$\boldsymbol{v}_0 = \begin{pmatrix} -3\ 477.167\ 880\ 8 \\ -251.590\ 006\ 8 \\ 1\ 452.063\ 157\ 2 \end{pmatrix} \text{m/s}$$

设光学相机分辨率 1024×1024，相机视场角为 $3°$，焦距 $f = 78\,\text{mm}$，相机拍照的间隔为 $15\,\text{s}$，相机测量精度为 0.01 像素。探测器三轴的初始位置误差为 $200\,\text{km}$，速度误差为 $10\,\text{m/s}$。

火星接近段轨道确定仿真模型如图 11–2 所示，由 3 个子系统构成，分别是轨道动力学模块、轨道确定模块和轨道控制模块，3 个子系统形成了闭环回路。

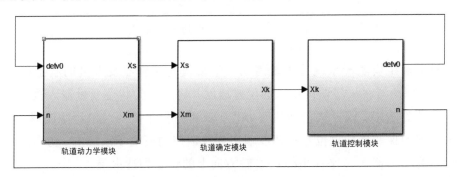

图 11–2　火星接近段轨道确定仿真模型

轨道动力学模块子系统如图 11–3 所示，它接收轨道控制模块中的预测机动速度及机动指令，输出探测器及火星的状态量给轨道确定模块。在轨道动力学模块中，通过 4 个 Integrator 积分器模块完成基本的动力学方程的建模，积分器中的初值分别设定为探测器及火星的位置与速度，探测器及火星的摄动加速度分别通过第一个积分器得到速度，再通过第二个积分器得到位置。考虑了探测器受到的摄动力主要有火星引力、太阳引力、太阳光压引力，火星受到的摄动力有太阳引力、太阳光压引力，并对各摄动力分别进行了精确的建模。

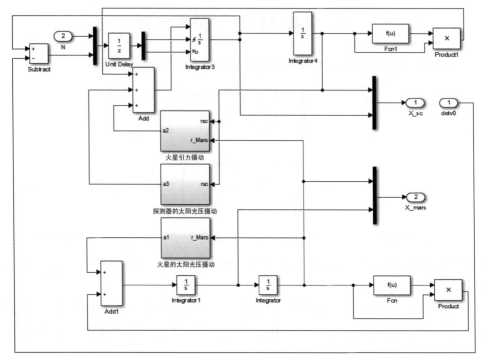

图 11-3　轨道动力学模块子系统

　　轨道确定模块子系统接收轨道动力学模块的探测器及火星的状态量并作差，表示探测器在火星惯性系下的位置速度并将其作为状态变量输入轨道确定模块滤波算法中，该算法包括状态方程、观测方程和扩展卡尔曼滤波器，之后将估计出的探测器相对位置和速度输出到轨道控制模块子系统中，仿真停止条件设定为探测器在 B 平面坐标系 S 轴方向上的位置到达火星。

　　轨道控制模块子系统接收轨道确定模块的状态估计值，通过预测制导算法得到预测机动速度及机动指令并将其输出给轨道动力学模块进行轨道控制。

　　最终得到的位置估计误差曲线、速度估计误差图及探测器在火星惯性系中的位置变化分别如图 11-4、图 11-5 和图 11-6 所示。

　　由图可看出，最终的三轴位置估计误差在 100 m 以内，速度估计误差在 0.05 m/s 以内，采用预测制导后的探测器能够精确地到达火星附近，其 B 平面上两轴的位置精度在 1 000 m 左右。

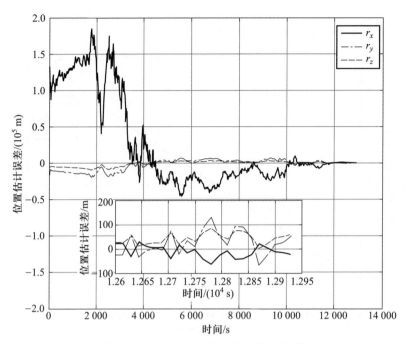

图 11-4 轨道确定位置估计误差曲线

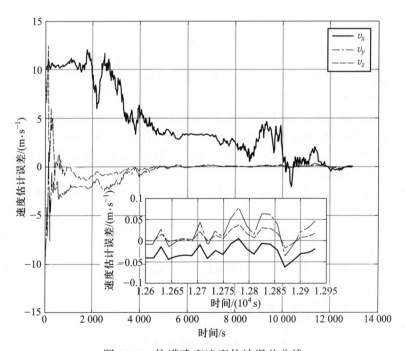

图 11-5 轨道确定速度估计误差曲线

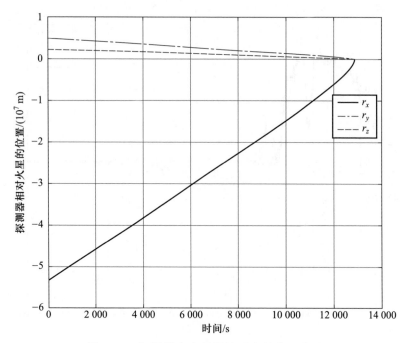

图 11-6   探测器在火星惯性系中的位置曲线

参 考 文 献

[1]   于登云, 孙泽洲, 孟林智, 等. 火星探测发展历程与未来展望 [J]. 深空探测学报, 2016, 3(2): 108-113.

[2]   JAI B, WENKERT D, HALBROOK T, et al. The Mars Reconnaissance Orbiter mission operation: architecture and approach [C]// SpaceOps 2006 Conference. 2006.

[3]   唐青原, 王晓磊. 基于视线矢量测量的火星接近段自主导航算法 [J]. 空间控制技术与应用, 2015, 41(3): 38-41.

[4]   崔平远, 高艾, 朱圣英. 深空探测器自主导航与制导 [M]. 北京: 中国宇航出版社, 2016: 161-169.

[5]   刘宇飞. 深空自主航方法研究及在接近小天体中的应用 [D]. 哈尔滨: 哈尔滨工业大学, 2007.

[6]   王大轶, 黄翔宇, 魏春岭. 基于光学成像测量的深空探测自主控制原理与技术 [M]. 北京: 中国宇航出版社, 2012: 302-308.

[7]   朱圣英, 常晓华, 崔祜涛, 等. 基于视线矢量的深空自主导航算法研究 [J]. 空间科学学报, 2011, 31(4): 534-540.

[8]   崔文, 张少愚, 张树瑜, 等. 火星探测接近段的光学自主导航研究 [J]. 空间科学学报, 2013, 33(2): 313-319.

[9]   CHRISTIAN J A. Accurate planetary limb localization for image-based spacecraft

navigation [J]. Journal of Spacecraft and Rockets, 2017, 54(3): 708-730.

[10] RUSH B, BHASKARAN S, SYNNOTT S P. Improving Mars approach navigation using optical data [J]. Advances in the Astronautical Sciences, 2002, 109(2): 1651-1660.

[11] QUADRELLI M B, WOOD L J, RIEDEL J E, et al. Guidance, navigation, and control technology assessment for future planetary sciences missions [J]. Journal of Guidance, Control, and Dynamics, 2015, 38(7): 1165-1186.

[12] PSIAKI M L. Autonomous orbit determination for two spacecraft from relative position measurements [J]. Journal of Guidance, Control, and Dynamics, 1999, 22(2): 305-312.

第 12 章　小天体绕飞光学导航半物理
仿真实验分析

目前，国内外的小天体探测任务普遍会使用仿真系统平台进行相关的技术验证，由于航天器结构的复杂性，使得数学模型很难精准地描述真实系统的所有细节，有时某个细节的局部误差可能导致系统性能发生质的变化，这就需要利用半物理仿真进行实验验证。由于实物系统的引入，半物理仿真较之数学仿真可以更精准地反映出过程噪声和测量噪声对系统性能的影响。将光学导航部分接入半物理仿真系统，使其最大程度地模拟真实的航天器导航过程，能够对航天器导航的可行性、合理性和有效性做出更全面的分析。

12.1　小天体绕飞光学导航方案

小天体绕飞阶段是小天体探测任务的核心阶段，主要的科学考察任务将在该阶段完成，因此需要较高的探测器轨道确定精度，以便实现对科学观测数据的采集与处理[1]。由于小天体自旋状态、引力场模型等动力学参数的不确知性以及未建模干扰力的存在，探测器所采用的导航方法必须具备较强的鲁棒性。同时，小天体一般距离地球较远，采用传统的基于深空网的导航模式已无法满足高精度绕飞的实时性要求，这要求探测器具有自主导航能力[2-3]。小天体表面存在大量的弹坑，其具有较高的可见性与可分辨性，利用这种地形特征作为导航路标的自主导航方法，具有良好的轨道确定性能[4]。

12.1.1　动力学方程与观测模型

1）动力学方程

在小天体固联坐标系下，绕飞探测器的轨道动力学方程可以表示为

$$\begin{cases} \ddot{x} = \omega^2 x + 2\omega\dot{y} + \dfrac{\partial V}{\partial x} + T_x + n_x \\[2mm] \ddot{y} = \omega^2 y - 2\omega\dot{x} + \dfrac{\partial V}{\partial y} + T_y + n_y \\[2mm] \ddot{z} = \dfrac{\partial V}{\partial z} + T_z + n_z \end{cases} \tag{12-1}$$

式中，(x, y, z) 为探测器的三轴位置；ω 为小天体的自旋角速度；(T_x, T_y, T_z) 为控制加速度；(n_x, n_y, n_z) 为未建模的干扰加速度；V 为小天体的引力势函数，利用球体调和函数表示如下

$$V = \frac{GM}{a} \sum_{n=0}^{\infty} \sum_{m=0}^{n} \left(\frac{a}{R}\right)^{n+1} (C_{nm}V_{nm} + S_{nm}W_{nm}) \tag{12-2}$$

式中，

$$V_{nm} = P_{nm}(\sin\phi)\cos m\theta \tag{12-3}$$

$$W_{nm} = P_{nm}(\sin\phi)\sin m\theta \tag{12-4}$$

a 为小天体名义半径；θ、ϕ 为探测器所处的经纬度；P_{nm} 为缔结勒让德多项式；R 为探测器与小天体质心之间的距离；C_{nm}、S_{nm} 为各阶引力谐系数。

2）观测模型

在地面站的支持下，高轨道绕飞阶段探测器对目标小天体物理参数进行评估，在确定轨道动力学参数的同时，通过对小天体表面图像进行分析，建立目标天体表面地形特征库，确定导航路标的三维位置[5]。在低轨道绕飞的自主导航阶段，通过光学相机拍摄到的导航路标像元、像线信息可以获得导航路标在探测器本体坐标系下的指向方向。姿态确定系统给出探测器相对于惯性空间的姿态，结合事先估计的小天体自旋姿态状态，能够确定探测器相对于小天体固联坐标系的姿态[6]。这样在导航路标三维位置已知的前提下，最少利用两个路标的像元、像线坐标就能构建出探测器在小天体固联坐标系中的位置。

设小天体固联坐标系下，第 i 个导航路标的位置为 $\boldsymbol{\rho}_i$，探测器相对于路标的位置为 $\boldsymbol{r}_i$，如图 12-1 所示，探测器本体坐标系相对于小天体固联坐标系的转

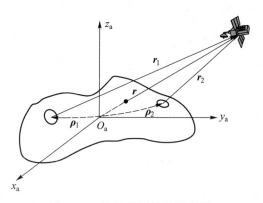

图 12-1 导航观测关系示意图

换矩阵为 $\boldsymbol{C}_{\mathrm{ba}}$，则在探测器本体坐标系下，导航路标的位置为

$$\boldsymbol{r}_i^{\mathrm{b}} = \boldsymbol{C}_{\mathrm{ba}}(\boldsymbol{r} - \boldsymbol{\rho}_i) \tag{12--5}$$

为不失一般性，假设相机坐标系与探测器本体坐标系重合，则导航路标的像元、像线坐标可以表示为

$$\begin{cases} p_i = f\dfrac{c_{11}(x - x_i^1) + c_{12}(y - y_i^1) + c_{13}(z - z_i^1)}{c_{31}(x - x_i^1) + c_{32}(y - y_i^1) + c_{33}(z - z_i^1)} \\[3mm] l_i = f\dfrac{c_{21}(x - x_i^1) + c_{22}(y - y_i^1) + c_{23}(z - z_i^1)}{c_{31}(x - x_i^1) + c_{32}(y - y_i^1) + c_{33}(z - z_i^1)} \end{cases} \tag{12--6}$$

式中，c_{ij} 为转换矩阵 $\boldsymbol{C}_{\mathrm{ba}}$ 中相应元素；(x_i^1, y_i^1, z_i^1) 为第 i 个路标的三轴位置坐标。设跟踪观测的导航路标共有 n 个，则相应的观测方程为

$$\boldsymbol{y} = \boldsymbol{h}(\boldsymbol{r}) = (p_1, l_1, \cdots, p_n, l_n) \tag{12--7}$$

12.1.2 导航滤波器设计

绕飞小天体探测器轨道动力学方程具有严重的非线性特性，因此采用传统的基于线性化模型进行轨道确定，不可避免地将会引入线性化误差，导致轨道确定性能变差，甚至引起轨道确定算法发散[7]。通过无迹卡尔曼滤波来解决轨道确定中非线性模型带来的问题。利用探测器的状态方程和观测方程可得到递推的无迹卡尔曼滤波算法如下：

1) 根据 $\widehat{\boldsymbol{x}}_k^+$ 和 $\boldsymbol{P}_k^+$ 构造 Sigma 点 $\boldsymbol{\chi}_k^i$ $(i = 0, \cdots, 2l)$

$$\begin{cases} \boldsymbol{\chi}_k^0 = \widehat{\boldsymbol{x}}_k^+ \\[2mm] \boldsymbol{\chi}_k^i = \widehat{\boldsymbol{x}}_k^+ + \left(\sqrt{(l + \lambda)\boldsymbol{P}_k^+}\right)_i, \quad i = 1, \cdots, l \\[2mm] \boldsymbol{\chi}_k^i = \widehat{\boldsymbol{x}}_k^+ - \left(\sqrt{(l + \lambda)\boldsymbol{P}_k^+}\right)_{i-l}, \quad i = l + 1, \cdots, 2l \end{cases} \tag{12--8}$$

式中，λ 为控制 Sigma 点分布参数；根号符号代表平方根运算，可通过 Cholesky 分解算法求取；下标 i、$i - l$ 分别代表矩阵的第 i 列、第 $i - l$ 列。

2) 时间更新

$$\begin{cases} \boldsymbol{\chi}_{k+1}^i = f_k(\boldsymbol{\chi}_k^i, \boldsymbol{u}_k) \\[2mm] \widehat{\boldsymbol{x}}_{k+1}^- = \displaystyle\sum_{i=0}^{2l} \boldsymbol{w}_m^i \boldsymbol{\chi}_{k+1}^i \\[2mm] \boldsymbol{P}_{x,k+1}^- = \displaystyle\sum_{i=0}^{2l} \boldsymbol{w}_c^i (\boldsymbol{\chi}_{k+1}^i - \widehat{\boldsymbol{x}}_{k+1}^-)(\boldsymbol{\chi}_{k+1}^i - \boldsymbol{x}_{k+1}^-)^{\mathrm{T}} \end{cases} \tag{12--9}$$

式中，$\boldsymbol{w}_m^i$、$\boldsymbol{w}_c^i$ 为 Sigma 点加权系数。

3）测量更新

$$
\begin{cases}
\boldsymbol{\gamma}_{k+1}^i = h_k(\boldsymbol{\chi}_{k+1}^i) \\[4pt]
\widehat{\boldsymbol{y}_{k+1}^-} = \sum_{i=0}^{2l} \boldsymbol{w}_m^i \boldsymbol{\gamma}_{k+1}^i \\[4pt]
\boldsymbol{P}_{y,k+1} = \sum_{i=0}^{2l} \boldsymbol{w}_c^i (\boldsymbol{\gamma}_{k+1}^i - \widehat{\boldsymbol{y}_{k+1}^-})(\boldsymbol{\gamma}_{k+1}^i - \widehat{\boldsymbol{y}_{k+1}^-})^{\mathrm{T}} \\[4pt]
\boldsymbol{P}_{xy,k+1} = \sum_{i=0}^{2l} \boldsymbol{w}_c^i (\boldsymbol{\chi}_{k+1}^i - \widehat{\boldsymbol{x}}_{k+1}^-)(\boldsymbol{\gamma}_{k+1}^i - \widehat{\boldsymbol{y}_{k+1}^-})^{\mathrm{T}} \\[4pt]
\boldsymbol{K}_{k+1} = \boldsymbol{P}_{xy,k+1}\boldsymbol{P}_{y,k+1}^{-1} \\[4pt]
\widehat{\boldsymbol{x}}_{k+1}^+ = \widehat{\boldsymbol{x}}_{k+1}^- + \boldsymbol{K}_{k+1}(\boldsymbol{y}_{k+1} - \widehat{\boldsymbol{y}_{k+1}^-}) \\[4pt]
\boldsymbol{P}_{x,k+1}^+ = \boldsymbol{P}_{x,k+1}^- - \boldsymbol{K}_{k+1}\boldsymbol{P}_{y,k+1}\boldsymbol{K}_{k+1}^{\mathrm{T}}
\end{cases}
\tag{12-10}
$$

无迹卡尔曼滤波利用高斯随机变量来近似轨道参数的分布，挑选一个最小样本点集合来表达，利用这些样本点通过真实的非线性系统预测轨道参数的均值和方差，因此能避免扩展卡尔曼滤波等算法引入线性化误差问题。

12.2　半物理仿真实验系统结构与方案设计

由于模拟探测器与小天体绕飞的飞行实验不仅难度大，而且成本高，因此国内外均采用半物理仿真技术进行验证分析。由于小天体的绕飞探测器在飞行测试之前必须经过在地面上模拟绕飞运行的环节，同时进行仿真和验证导航控制算法的过程，因此在地面实验室内，必须创建一个能够模拟探测器绕飞运行轨迹和小天体表面信息的仿真实验系统。利用该系统可以更准确地模拟导航测量信息及各种误差来源，完成自主光学导航系统在半物理条件下的仿真测试。

12.2.1　半物理仿真实验系统结构

依据已探测小天体表面的测量数据，借鉴国外发布的相关图像和成果，同时结合光照模拟器，利用小天体外形模拟器来模拟其外形及地形地貌；针对小天体表面地形特征的形状特点及分布特性，利用导航相机获取小天体表面导航图像。使用敏感器模拟器和执行机构模拟器构建绕飞导航与控制系统半物理仿真实验系统。基于该系统可进行小天体绕飞过程的模拟，开展基于表面特征的小天体绕飞导航方法实验，分析和处理实验数据，实现对小天体光学自主导航方法的验证与评估。

　　整个小天体绕飞半物理仿真实验系统由导航计算机、光学成像传感器、激光测距仪、小天体模拟器、绕飞运动模拟器、光照模拟器等组成。图 12-2 所示为半物理仿真实验系统的结构。

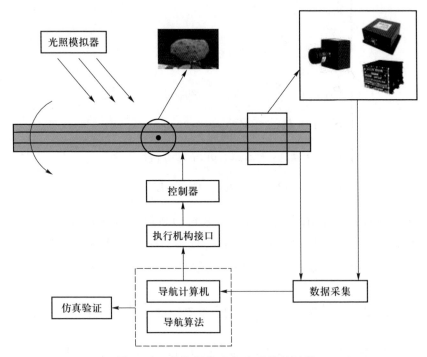

图 12-2　半物理仿真实验系统的结构

　　半物理仿真实验系统由硬件部分和软件部分组成，由光照模拟器和小天体模拟器共同实现小天体环境的模拟，直线导轨上搭载光学导航设备可以对小天体的表面信息进行采集，把数据传输给导航计算机，仿真程序通过接口将指令传输给控制器，控制器作用于驱动器使转台运动，用转台的运动模拟小天体绕飞运动的轨迹，并且将转台的运动数据实时反馈给计算机，计算机对数据进行保存并分析。

　　运动模拟器的各转动部分如图 12-3 所示，模拟探测器光学导航部分与丝杠上的滑块固联，可以随滑块的移动形成探测器与小天体之间的相对直线运动，同时探测器导航设备放置于转盘上，可以模拟探测器的姿态变化运动。通过分析小天体的地形地貌特征，设计出小天体模拟器，将小天体模拟器放置于可以360° 自由转动的转台中心转盘上，从而模拟小天体的自转运动。大悬臂与气浮

轴承连接，阻力很小，通过控制伺服电动机转速可以模拟探测器与小天体的相
对旋转运动。

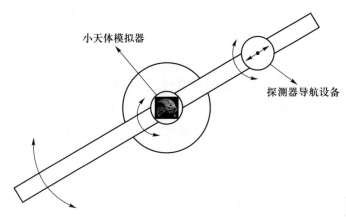

图 12-3　运动模拟器的各转动部分

根据以上对转台各运动部件的分析，转台可以实现对小天体探测器各飞行
轨迹的运动模拟，如图 12-4 所示。

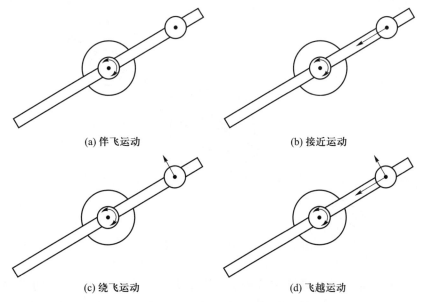

(a) 伴飞运动　　　　　　　　　　　　(b) 接近运动

(c) 绕飞运动　　　　　　　　　　　　(d) 飞越运动

图 12-4　探测器飞行轨迹运动模拟

12.2.2　半物理仿真实验方案设计

小天体一般都存在自转现象，在实际的探测器绕飞小天体的过程中，由于
探测器受到空间环境的扰动力以及自身控制力的影响，会使得探测器的位置和

姿态发生变化,同时探测器与小天体之间也存在相对运动。这就需要设计一套半物理仿真实验方案来完成探测器的绕飞模拟运动。模拟光学导航的方法对探测器实现导航时,需要将光学敏感器、导航计算机、运动模拟器等接入半物理仿真实验系统。

对于探测器与小天体的相对位置的模拟,可以通过控制伺服电动机丝杠部分的运动实现探测器与小天体的相对直线运动,同时控制大悬臂转动模拟小天体与探测器的相对转动,从而完成探测器的位置变化模拟。对于探测器与小天体的偏航方向的姿态变化模拟,可以通过控制伺服电动机使滑块的转盘转动来完成。

图 12-5 为小天体绕飞运动模拟示意图,利用伺服转台和直线导轨的复合运动模拟探测器相对位置的变化。伺服电动机控制丝杠做直线运动,使探测器与小天体做相对直线运动;同时伺服电动机控制转台使其做旋转运动,实现探测器相对于小天体的旋转运动模拟。根据速度合成定理对探测器复合运动进行模拟,此时探测器相对于惯性坐标系做曲线运动,从而实现了探测器绕飞小天体过程的运动模拟。

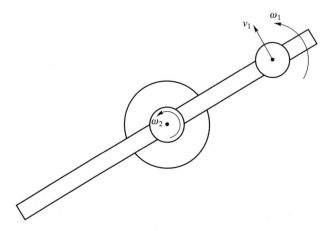

图 12-5　小天体绕飞运动模拟示意图

在小天体绕飞光学导航实验中,利用小天体绕飞运动模拟器、小天体模拟器和绕飞动力学仿真器对光学自主导航及内置导航算法进行实验与测试,通过对比自主导航算法给出的位置及模拟的探测器运动状态,主要验证自主导航方案的可行性及光学自主导航算法的精度。图 12-6 所示为小天体绕飞自主导航方法实验原理。

在该实验过程中:首先设计小天体绕飞的运动轨迹,通过编程实现探测器

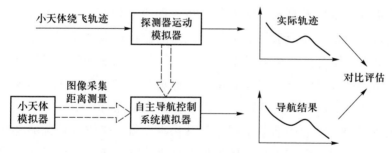

图 12-6 小天体绕飞自主导航方法实验原理

运动模拟器的轨迹控制；其次在小天体绕飞时为了获取小天体的有用信息，通过制导控制使探测器运动到达预定轨道，并将探测器的实时运动状态（即探测器的实际轨迹）反馈给导航计算机，同时通过光学导航相机对小天体模拟器进行不断拍摄，获取小天体的表面图像信息，再利用导航算法得到导航结果；最后对比探测器实际轨迹与导航算法的导航结果，并对得到的结果进行分析，从而完成小天体绕飞导航方法的半物理仿真实验。

12.3 半物理仿真实验结果与分析

运用气浮转台半物理仿真实验系统来进行小天体绕飞段探测运动模拟，在之前建立的小天体表面模拟地形的基础上，利用敏感器获取小天体的图像并对信息进行处理，进行小天体绕飞导航方法仿真实验。分析和处理实验数据，对自主导航方法进行验证分析。

实验过程：① 将系统上电，确保通信成功后打开仿真系统软件；② 选择模拟运动方式，启动运动控制器并开始绕飞运动模拟；③ 激光测距仪与导航相机对小天体模拟器进行数据与图像采集，将采集到的信息传递给导航计算机，由导航计算机进行图像、数据处理以及导航计算，解算系统当前的位置、速度信息；④ 将导航解算信息传递给控制台，与转台实时反馈数据对比，得到导航误差。图 12-7 所示为半物理仿真实验过程。

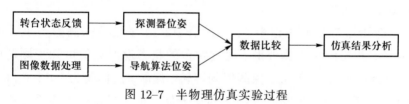

图 12-7 半物理仿真实验过程

为了更加有效地验证前文导航方法以及距离对导航精度的影响，利用半物理仿真转台对其进行仿真验证，主要验证探测器在小天体绕飞段的导航。仿真实验分为 3 次，分别在距离小天体 20 km、15 km、10 km 处使用导航相机对小天体进行拍摄，对获取的小天体表面特征图像进行图像处理，并对小天体表面的特征点进行提取，选取最佳的特征点组合作为导航路标。

在进行半物理仿真系统实验时，打开仿真系统，待仿真系统的各部分器件均正常工作时，用相机采集小天体图像并处理，应用导航算法对探测器该时刻的位置和姿态进行解算，同时记录保持转台的实时状态返回数据，利用导航算法得到探测器位姿的测量值并与转台的记录值进行对比，从而得到该导航算法的导航误差。通过对比分析 3 次不同距离下的导航算法对位姿解算的误差，可以初步分析小天体与探测器的距离对导航精度的影响。

（1）探测器与小天体相距 20 km。图 12–8 是模拟探测器与小天体相距 20 km 绕飞时拍摄的小天体外形，通过转台的状态返回数值可知探测器此时的位置为 $(10, 17.320\,5, 0)$ km，探测器的滚转、偏航、俯仰角为 $(0°, 6°, 0°)$。

图 12–8   相距 20 km 时拍摄的小天体外形

图 12–9 所示为经过特征点标记的小天体表面，圆圈处为绕飞过程中选取的 3 个导航路标。通过导航相机对小天体表面的特征点信息进行解算，得到探测器此时刻的位置为 $(10.008\,3, 17.327\,0, 0)$ km，探测器的滚转、偏航、俯仰角为 $(0°, 6.002\,5°, 0°)$，计算可得该导航方法解算的位置误差为 $(83, 65, 0)$ m、姿态误差为 $(0°, 0.002\,5°, 0°)$。

（2）探测器与小天体相距 15 km。图 12–10 是模拟探测器与小天体相距 15 km 绕飞时拍摄的小天体外形，通过转台的状态返回数值可知探测器此时的位置为 $(12.990\,3, 7.5, 0)$ km，探测器的滚转、偏航、俯仰角为 $(0°, 3°, 0°)$。

图 12–11 所示为经过特征点标记的小天体表面，圆圈处为绕飞过程中选取的 3 个导航路标。通过导航相机对小天体表面的特征点信息进行解算，得到探

图 12-9 相距 20 km 时的路标特征提取

图 12-10 相距 15 km 时拍摄的小天体外形

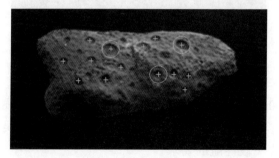

图 12-11 相距 15 km 时的路标特征提取

测器此时刻的位置为 $(12.985\,1, 7.494\,7, 0)\,\mathrm{km}$，探测器的滚转、偏航、俯仰角为 $(0°, 3.027\,3°, 0°)$，计算可得该导航方法解算的位置误差为 $(52, 53, 0)\,\mathrm{m}$、姿态误差为 $(0°, 0.027\,3°, 0°)$。

（3）探测器与小天体相距 10 km。图 12-12 是模拟探测器与小天体相距 10 km 绕飞时拍摄的小天体外形图，通过转台的状态返回数值可知探测器此时的位置为 $(8.661\,7, 5, 0)\,\mathrm{km}$，探测器的滚转、偏航、俯仰角为 $(0°, 5°, 0°)$。

图 12-13 为经过特征点标记的小天体表面，圆圈处为绕飞过程中选取的 3 个导航路标。通过导航相机对小天体表面的特征点信息进行解算，得到探测

图 12-12　相距 10 km 时拍摄的小天体外形

器此时刻的位置为 (8.660 3, 4.997 5, 0) km, 探测器的滚转、偏航、俯仰角为 (0°, 4.923 3°, 0°), 计算可得此导航方法解算的位置误差为 (14, 25, 0) m、姿态误差为 (0°, 0.076 7°, 0°)。

图 12-13　相距 10 km 时的路标特征提取

　　通过 3 次不同距离的导航实验可知, 探测器与小天体的距离对探测器的位置和姿态确定的影响; 分析导航数据可知, 探测器的导航误差在允许范围内, 可以满足小天体绕飞段导航的要求。

参 考 文 献

[1] 吴伟仁, 李骥, 黄翔宇, 等. 惯导/测距/测速相结合的安全软着陆自主导航方法 [J]. 宇航学报, 2015, 36(8): 893-899.

[2] 崔平远, 朱圣英, 崔祜涛. 小天体软着陆自主光学导航与制导方法研究 [J]. 宇航学报, 2009, 30(6): 2159-2164.

[3] 黄翔宇, 崔祜涛, 崔平远. 探测器着陆小天体的自主光学导航研究 [J]. 电子学报, 2003, 31(5): 659-661.

[4] 朱圣英, 常晓华, 崔祜涛, 等. 基于视线矢量的深空自主导航算法研究 [J]. 空间科学学报, 2011, 31(4): 534-540.

[5] 朱圣英. 小天体探测器光学导航与自主控制方法研究 [D]. 哈尔滨: 哈尔滨工业大学, 2009.

[6] 常晓飞, 符文星, 闫杰. RT-LAB 在半实物仿真系统中的应用研究 [J]. 测控技术, 2008, 27(10): 75-78.

[7] 潘峰, 薛定宇, 徐心和. 基于 dSPACE 半实物仿真技术的伺服控制研究与应用 [J]. 系统仿真学报, 2004, 16(5): 936-939.

郑重声明

高等教育出版社依法对本书享有专有出版权。任何未经许可的复制、销售行为均违反《中华人民共和国著作权法》，其行为人将承担相应的民事责任和行政责任；构成犯罪的，将被依法追究刑事责任。为了维护市场秩序，保护读者的合法权益，避免读者误用盗版书造成不良后果，我社将配合行政执法部门和司法机关对违法犯罪的单位和个人进行严厉打击。社会各界人士如发现上述侵权行为，希望及时举报，本社将奖励举报有功人员。

反盗版举报电话　（010）58581999　58582371　58582488

反盗版举报传真　（010）82086060

反盗版举报邮箱　dd@hep.com.cn

通信地址　北京市西城区德外大街 4 号
　　　　　高等教育出版社法律事务与版权管理部

邮政编码　100120

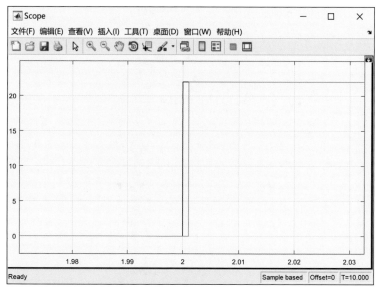

(a) 推力开启时延

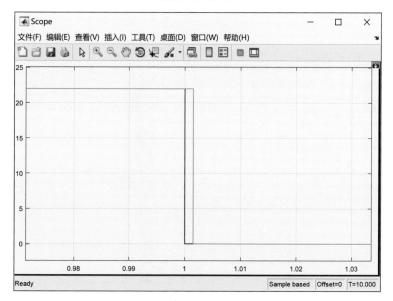

(b) 推力关闭时延

图 5-17　带有时延开关特性的推力器仿真结果

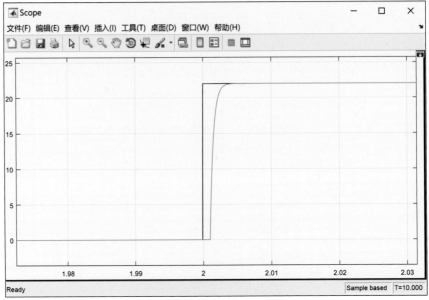

(a) 开启时延指数近似推力曲线

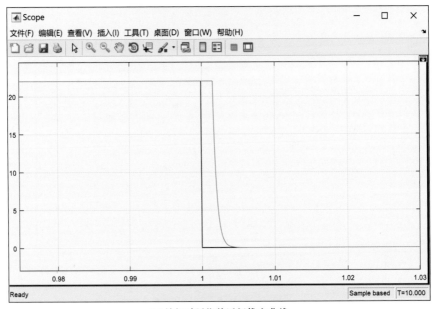

(b) 关闭时延指数近似推力曲线

图 5-19　考虑时延的指数近似推力器仿真结果

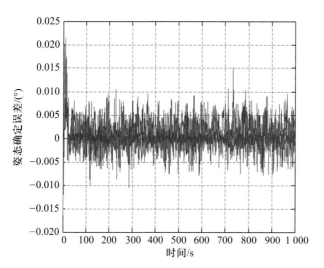

图 9-5 姿态确定误差时间历程曲线 (I)

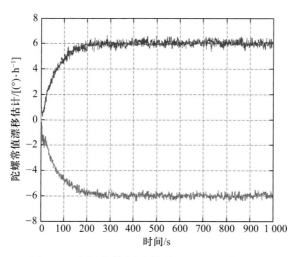

图 9-6 陀螺常值漂移估计时间历程曲线 (I)

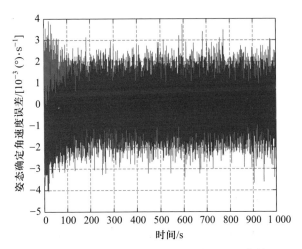

图 9-7 姿态确定角速度误差时间历程曲线

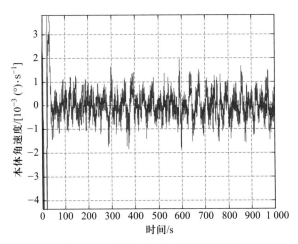

图 9-8 本体角速度时间历程曲线

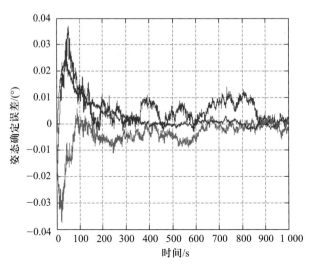

图 9-9 姿态确定误差时间历程曲线 (II)

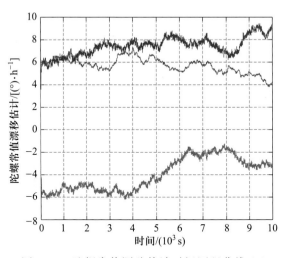

图 9-10 陀螺常值漂移估计时间历程曲线 (II)

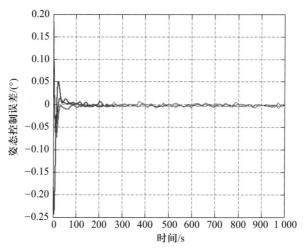

图 9–11　姿态控制误差时间历程曲线

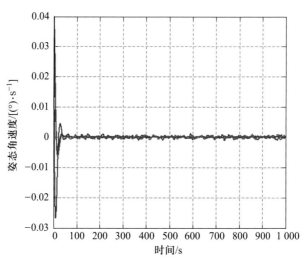

图 9–12　本体姿态角速度时间历程曲线

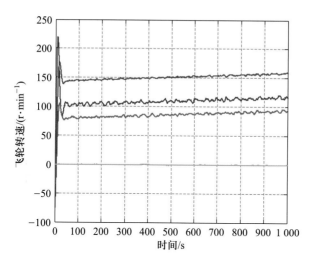

图 9-13 反作用飞轮转速时间历程曲线

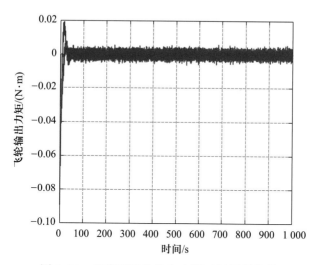

图 9-14 反作用飞轮输出力矩时间历程曲线